Das bietet Ihnen die CD-ROM

 Tabellen und Übersichten

- AfA-Tabelle
- Auslandsreisekosten 2009 und 2010
- Sachentnahmen: Pauschbeträge
- Vorsteuerpauschalierung

 Rechner

- Einkommensteuerrechner
- Gewerbesteuer-Rückstellung

 Schreiben und BilMoG

- BMF-Schreiben und sonstige Schreiben
- Bilanzrechtsmodernisierungsgesetz (BilMoG)

 Arbeitshilfen

- Kontenübersicht SKR 03/04
- Formulare (Anlage EÜR, Umsatzsteuer)
- Zahlreiche Übungen mit Lösungen
- ABC der Betriebsvorrichtungen und der Rückstellungen
- Beschränkter Schuldzinsenabzug
- u. v. m.

Bibliografische Information der Deutschen Nationalbibliothek

Die Deutsche Nationalbibliothek verzeichnet diese Publikation in der Deutschen Nationalbibliografie; detaillierte bibliografische Daten sind im Internet über http://dnb.d-nb.de abrufbar.

ISBN: 978-3-448-10175-1

Bestell-Nr. 01168-0005

5. Auflage 2010

© 2010, Haufe-Lexware GmbH & Co. KG, Munzinger Straße 9, 79111 Freiburg

Redaktionsanschrift: Postfach, 82142 Planegg/München
Hausanschrift: Fraunhoferstraße 5, 82152 Planegg/München
Telefon: (089) 895 17-0
Telefax: (089) 895 17-290
www.haufe.de
online@haufe.de
Lektorat: Dipl.-Kffr. Kathrin Menzel-Salpietro

Desktop-Publishing: Agentur: Satz & Zeichen, Karin Lochmann, 83129 Höslwang
Umschlaggestaltung: Kienle gestaltet, Stuttgart
Druck: Bosch-Druck GmbH, 84030 Ergolding

Zur Herstellung dieses Buches wurde alterungsbeständiges Papier verwendet.

Schwierige Geschäftsvorfälle richtig buchen

von

Iris Thomsen

5. überarbeitete Auflage

Haufe Mediengruppe
Freiburg · Berlin · München

Inhaltsverzeichnis

Vorwort

Geschäftsvorfälle sind immer nur dann schwierig, wenn sie selten oder noch nicht vorgekommen sind. In der Praxis heißt es dann T-Konten aufmalen und probieren. Aus diesem Grund stelle ich neben dem Buchungssatz die Bilanz und die Gewinn- und Verlust-Rechnung bildlich dar, damit Sie die Auswirkungen der Buchungen sofort sehen können.

Die Erfahrungen aus Seminaren, die ich seit einiger Zeit unter anderem bei der Haufe Akademie durchführe, waren für diesen Ratgeber eine ganz wesentliche Quelle. Wie viel Theorie ist nötig? Wo liegen die potenziellen Fehlerquellen beim Buchen? Wie sieht neben dem Abschlussjahr das Vor- und das Folgejahr aus – eine wichtige Information um die Auswirkungen einer Buchung zu erkennen. Welche steuerlichen Betrachtungen müssen mit einbezogen werden?

Ich habe für meine Leserinnen und Leser eine Internetseite eingerichtet. Änderungen bzw. Neuerungen zu Themen, die in diesem Buch beschrieben sind, finden Sie unter www.iris-thomsen.de. Gerne können Sie auch per E-Mail Fragen stellen oder Feedback geben.

Hinweise zu den Seminaren der Haufe Akademie finden Sie im Internet unter www.haufe-akademie.de.

Ich möchte mich ganz herzlich bei Silke Mages-Gräber, Nicole von der Brüggen und Knut Wichert für ihre Unterstützung bedanken. Weiterhin danke ich meinen aufmerksamen Leserinnen und Lesern, die mir durch Fragen und Feedback viele Anregungen für die neue Auflage gegeben haben.

Ihnen, liebe Leserin, lieber Leser, viel Erfolg beim Buchen schwieriger Geschäftsvorfälle.

Iris Thomsen

So arbeiten Sie mit Buch und CD

In den ersten beiden Kapiteln werden die Grundlagen behandelt. Hier können Sie Ihre „Basics" auffrischen:

- das buchhalterische Grundwissen sowie die verschiedenen Arten der Gewinnermittlung und
- die Fragen zur Umsatzsteuerpflicht.

Die weiteren Kapitel beschäftigen sich, geordnet nach den Bilanzpositionen – vom Anlagevermögen bis zu den passiven Rechnungsabgrenzungsposten – mit spezielleren Sachverhalten, eben mit „schwierigen Geschäftsvorfällen".
Selbstverständlich eignet sich der Ratgeber dafür, ihn von vorne bis hinten zu lesen. Doch darüber hinaus bietet Ihnen das Buch die Möglichkeit, es wie ein Nachschlagewerk zu nutzen.
Da die Materie komplex ist und die verschiedenen Themen immer wieder ineinander übergreifen, arbeitet der Ratgeber mit exakten Querverweisen.
Die zahlreichen Beispiele erfüllen mehrere Funktionen:

- Sie veranschaulichen die dargelegten Sachverhalte.
- Fast alle Beispiele enden mit einer Frage, z. B.: „Wie ist zu buchen?" Sie eignen sich deshalb sehr gut zum selbstständigen Üben. Die Antworten finden Sie dann jeweils unmittelbar im Anschluss an die Fragen.
- Auf der CD-ROM finden Sie zu allen Beispielen jeweils eine Übung sowie die Lösung.

Siehe CD-ROM

| Hinweis:
Auf der CD-ROM finden Sie nicht nur die Übungen, sondern auch zahlreiche Zusatzinformationen wie Urteile, BMF-Schreiben, Berechnungsbeispiele und Arbeitshilfen zu den entsprechenden Themen. Sie werden durch das Icon am Textrand auf die passenden Inhalte der CD-ROM aufmerksam gemacht.

Für alle Leser, die das Vorwort übersprungen haben, soll an dieser Stelle noch einmal darauf hingewiesen werden: Änderungen bzw. Neuerungen zu Themen, die in diesem Buch beschrieben sind, werden auf meiner Website www.iris-thomsen.de unter dem Punkt

„Aktuelles" eingestellt und können ausgedruckt werden. Sie können auch gerne per E-Mail Fragen stellen oder ein Feedback geben.

Hinweise zum neuen Handelsrecht (BilMoG)

Das Handelsrecht wurde reformiert. Alle Unternehmen müssen das neue Handelsrecht also spätestens für den Jahresabschluss 2010 anwenden. Freiwillig dürfen Sie das neue Recht auch schon beim Jahresabschluss 2009 anwenden.

In diesem Buch erhalten Sie an den entsprechenden Stellen Hinweise zum alten und neuen Handelsrecht. So sehen Sie, ob und wie Ihr Unternehmen davon betroffen ist.

Die meisten Unternehmen werden erst den Jahresabschluss 2010 nach den Regeln des neuen Handelsrechts erstellen. In diesem Fall werden Sie also beim Jahresabschluss 2009 noch die alten Regeln beachten. Hier stellt sich die Frage, in welcher Form der Übergang stattfindet.

In der Eröffnungsbilanz zum 1.1.2010 übernehmen Sie die Schlussbilanzwerte aus dem Jahresabschluss 2009. Danach erst, zum Beispiel im Januar 2010, wird der Übergang stattfinden. Alle Bilanzpositionen werden umgerechnet bzw. neu bewertet, eben nach den Regeln des neuen Handelsrechts. Die Differenzen, die sich aus den Neubewertungen ergeben, werden auf die Konten außerordentliche Erträge bzw. außerordentliche Aufwendungen gebucht. Der daraus verbleibende Ertrag oder Aufwand kann auf mehrere Jahre verteilt werden.

1 Von der Buchführung bis zum Jahresabschluss

Schön an der Ausbildung im Bereich Buchführung und Bilanzierung ist, dass sehr viel des Gelernten tatsächlich in der Praxis gebraucht wird: Buchungssätze bilden und interpretieren, Eröffnungsbilanzen erstellen, Vermögen und Schulden bewerten und Jahresabschlussbuchungen vornehmen.

Allerdings weichen die Arbeitsabläufe in der Praxis in vielen Fällen von der Reihenfolge des Schulbuchs ab. Das erschwert den Einstieg in die Praxis und es fehlt der gewisse Überblick. In diesem Kapitel möchte ich Ihnen zeigen, wofür Sie das Gelernte benötigen und wie Sie es in der Praxis anwenden.

Zunächst zeige ich Ihnen die Grundlagen, die Sie in der Ausbildung gelernt haben. Anschließend erfahren Sie, was davon für die Erstellung der Einnahme-Überschussrechnung notwendig ist und welche Mehrarbeit erforderlich ist, wenn bei der Bilanzierung neben dem Steuerrecht auch das Handelsrecht zu beachten ist.

1.1 Grundregeln der doppelten Buchführung

So fängt es an, „Soll an Haben" heißt der Buchungssatz. Grundsätzlich muss mindestens ein Konto im Soll und ein Konto im Haben gebucht werden. Außerdem wird im Soll und im Haben der gleiche Betrag gebucht.

1.1.1 Buchung im SOLL

In welchem Fall buchen Sie auf die Sollseite (linke Seite) eines Kontos?

Soll	Haben
• Anfangsbestand und Zugänge Anlagevermögen • Anfangsbestand und Zugänge Umlaufvermögen • Aufwand (Ausgaben) • Erlösminderung (gewährte Rabatte, Gutschriften) • Schlussbestand Eigenkapital • Schlussbestand Fremdkapital --------------------- oder --------------------------- • Anschaffung Anlagevermögen • Kassenstand oder Banksaldo steigen • Warenbestand steigt • Forderungen steigen • Aufwand steigt • Erlös sinkt • Eigenkapital sinkt • Fremdkapital sinkt	

1.1.2 Buchung im HABEN

In welchem Fall buchen Sie auf die Habenseite (rechte Seite) eines Kontos?

Soll	Haben
	• Anfangsbestand und Zugänge Eigenkapital • Anfangsbestand und Zugänge Fremdkapital • Erlöse (Einnahmen) • Aufwandsminderung (erhaltene Rabatte, Gutschriften) • Schlussbestand und Abgänge Anlagevermögen • Schlussbestand und Abgänge Umlaufvermögen --------------------- oder ---------------------------- • Einlage – Eigenkapital steigt • Verbindlichkeiten steigen • Erlöse steigen • Aufwand sinkt • Kassenstand oder Banksaldo sinken • Abgang Anlagevermögen • Warenbestand sinkt • Forderungen sinken

1.1.3 Buchungssatz

Um einen Buchungssatz zu bilden, müssen Sie zwei Konten finden, die auf Ihren Geschäftsvorfall zutreffen. D. h., bei jedem Geschäftsvorfall trifft eine Aussage unter „Buchung im Soll" und eine Aussage unter „Buchung im Haben" zu.[1]

Soll	an	Haben
Anfangsbestand- und Zugänge AV und UV		Anfangsbestand- und Zugänge EK und FK
Abgänge und Schlussbestand EK und FK		Abgänge und Schlussbestand AV und UV
Aufwand oder Erlösminderung		Erlös oder Aufwandsminderung

Den Rechnungseingang zu erfassen ist ein Geschäftsvorfall, und der Zahlungsausgang für diese Rechnung ist ein weiterer Geschäftsvorfall. Hier sind also zwei Buchungen erforderlich.

Wer diese Regeln ganz einfach akzeptiert und nicht hinterfragt, wird ganz schnell erkennen, dass das Bilden von Buchungssätzen eine reine Übungssache ist. Wer genug geübt hat, kann umgekehrt anhand des Buchungssatzes den Geschäftsvorfall erkennen. Beides ist sehr wichtig für die Praxis.

1.2 Die Gewinnermittlungsarten

Das Ziel der Buchführung ist neben der ordnungsgemäßen Erfassung der Belege und Geschäftsvorfälle auch das Ermitteln des Gewinns. Betriebseinnahmen oder Erlöse abzüglich Betriebsausgaben bzw. Aufwendungen ergeben den Gewinn oder Verlust.

Das Gesetz schreibt zwei verschiedene Gewinnermittlungsarten vor. Welche Gewinnermittlungsart trifft auf das Unternehmen zu?

---

[1] Zitat: „Taschenguide Buchführung Trainer", Iris Thomsen.

Einnahme-Überschussrechnung § 4 (3) EStG	Bilanz mit Gewinn- und Verlust-Rechnung § 4 (1) oder § 5 (1)
• alle Freiberufler • Unternehmen, die nicht im Handelsregister eingetragen sind und deren Umsatz nicht über 500.000 Euro oder deren Gewinn nicht über 50.000 Euro liegt • Vereine, deren Umsatz oder Gewinn nicht über den o. g. Grenzen liegt • Land- und forstwirtschaftliche Betriebe, deren Gewinn nicht über 50.000 Euro oder deren Wirtschaftswert der selbst bewirtschafteten Flächen nicht über 25.000 Euro liegt	• alle Freiwilligen sowie die folgenden buchführungspflichtigen Unternehmen: – alle Kapitalgesellschaften – alle Unternehmen, die im Handelsregister eingetragen sind – Unternehmen, die nicht im Handelsregister eingetragen sind, sowie Vereine, die eine der links genannten Umsatz- oder Gewinngrenzen überschreiten – Land- und forstwirtschaftliche Betriebe, die eine der links genannten Grenzen überschreiten

Hinweis zum neuen Handelsrecht (BilMoG)

Im Handelsregister eingetragene Einzelfirmen, deren Umsatz **in zwei aufeinander folgenden Geschäftsjahren** nicht über 500.000 Euro **und** deren Gewinn nicht über 50.000 Euro liegt, können bereits für 2008 eine Einnahme-Überschussrechnung erstellen (§ 241a HGB). Ausnahme: Bei Neugründung genügt es, wenn im ersten Abschlussjahr diese Grenzen nicht überschritten werden.

1.2.1 Einnahme-Überschussrechnung

Die Einnahme-Überschussrechnung § 4 (3) EStG ist bis auf wenige Ausnahmen eine einfache Buchführung, die nur **Betriebseinnahmen bzw. Betriebsausgaben erfasst, die tatsächlich geflossen sind.** Ganz gleich, ob sie wirtschaftlich in das Abschlussjahr gehören oder nicht. Auch das Rechnungsdatum beeinflusst ihr Ergebnis nicht.
Außerdem sind nur in Einzelfällen Aufzeichnungen über das Vermögen erforderlich.

Einnahme-Überschussrechnung	
	Betriebseinnahmen
–	Betriebsausgaben
=	Gewinn oder Verlust

Die Reihenfolge, in der die einzelnen Positionen in der Einnahme-Überschussrechnung dargestellt werden, bestimmt ein amtliches Formular „Anlage EÜR", das Sie Ihrer Einkommensteuererklärung beifügen müssen. Das Formular finden Sie auf der beiliegenden CD-ROM.

Siehe CD-ROM

Betriebseinnahmen Einnahme-Überschussrechnung

- Alle Erlöse Ihres Unternehmens, die im Abschlussjahr geflossen sind, egal in welches Jahr sie wirtschaftlich gehören
- Tatsächlich erhaltene Anzahlungen für nicht erbrachte Leistungen
- Erlöse aus dem Verkauf von Anlagevermögen
- Sachbezüge Arbeitnehmer: Waren, Kfz
- Privatnutzung durch Unternehmer: Waren, Kfz, Telefon
- Vereinnahmte Umsatzsteuer sowie Umsatzsteuer-Erstattungen

Betriebsausgaben Einnahme-Überschussrechnung

- Alle Ausgaben, die angefallen sind, um die Erlöse zu erzielen, soweit diese nach allgemeiner Verkehrsauffassung angemessen sind und im Abschlussjahr tatsächlich gezahlt wurden
- Wareneinkauf in voller Höhe, unabhängig vom Lagerbestand
- Geleistete Anzahlungen für nicht erbrachte Leistungen zum Zeitpunkt der Zahlung
- Abschreibung von Anlagevermögen, wenn die Rechnung vorliegt und das Anlagegut zur Verfügung steht bzw. betriebsbereit ist. Die Zahlung ist nicht erforderlich.
- Gezahlte Vorsteuer sowie Umsatzsteuer-Zahlungen
- Rückstellungen dürfen nicht gebildet werden

Ausnahme: Regelmäßig wiederkehrende Einnahmen und Ausgaben (Mieten, Löhne, USt-Vorauszahlungen), die 10 Tage vor oder nach dem 31.12. geflossen sind, werden in dem Jahr erfasst, in das sie wirtschaftlich gehören. Für Zinsen gilt diese 10-Tage-Frist nicht, diese werden immer im entsprechenden Abschlussjahr erfasst, unabhängig vom Zahlungszeitpunkt.

Darstellung Einnahme-Überschussrechnung

Beispiel:

Umsatz bar	4.760 Euro inkl. 19 % USt
Umsatz in Rechnung gestellt	2.380 Euro inkl. 19 % USt
Rechnung Kfz-Versicherung noch offen	1.000 Euro ohne USt
Kauf Büromaterial bar	595 Euro inkl. 19 % USt

Wie werden diese vier Geschäftsvorfälle nun im Rahmen der Einnahme-Überschussrechnung erfasst?

Einnahme-Überschussrechnung	
Betriebseinnahmen	
Erlöse (tatsächlich eingenommen)	+ 4.000 €
vereinnahmte Umsatzsteuer	+ 760 €
Summe Betriebseinnahmen	**+ 4.760 €**
Betriebsausgaben	
Büromaterial (tatsächlich gezahlt)	– 500 €
gezahlte Vorsteuer	– 95 €
Summe Betriebsausgaben	**– 595 €**
Gewinn	**4.165 €**

Möchten Sie mehr über die Einnahme-Überschussrechnung erfahren, empfehle ich Ihnen mein Buch „Schnelleinstieg Einnahme-Überschussrechnung".

Wechsel zur Bilanz

Jeder kann zu Beginn des Jahres freiwillig zur doppelten Buchführung und damit zur Bilanz mit Gewinn- und Verlust-Rechnung (G+V) wechseln. Es gibt aber auch Gründe, da müssen Sie zur Bilanzierung wechseln.

- Sie überschreiten die Umsatz- oder die Gewinngrenzen und das Finanzamt fordert Sie auf, zur Bilanzierung zu wechseln.
- Im Falle der Betriebsaufgabe müssen Sie eine Aufgabebilanz erstellen.

- Wird das Unternehmen veräußert, müssen Sie ebenfalls eine Aufgabebilanz erstellen und den Veräußerungsgewinn ermitteln.

- Seit 2008 besteht die Möglichkeit der Gewinnthesaurierung für Personenfirmen, wie im Kapitel „Kapital" beschrieben. Von dieser Regelung sind Einnahme-Überschussrechner ausgeschlossen und vielleicht ist das ein Grund für den Wechsel zur Bilanz.

Findet der Wechsel z. B. zum 1.1.2011 statt, sind folgende Schritte notwendig:

- Die Einnahme-Überschussrechnung für das Jahr 2010 wird fertig gestellt.

- Der Übergangsgewinn oder -verlust am 1.1.2011 wird ermittelt.

- Eine Eröffnungsbilanz zum 1.1.2011 wird erstellt.

Im Übergangsergebnis werden Einnahmen und Ausgaben erfasst, die weder in der letzten Einnahme-Überschussrechnung erfasst wurden, weil der Geldfluss fehlte, noch in der neuen Gewinn- und Verlust-Rechnung bzw. Bilanz erfasst werden können, weil sie wirtschaftlich in das Vorjahr gehören.

Beispiel:

Ein Auftrag wurde im Jahr 2010 abgeschlossen und berechnet. Der Kunde zahlt erst im Jahr 2011.

Bei einem Wechsel zum 1.1.2011 würde dieser Erlös weder in der Einnahme-Überschussrechnung 2010 (kein Geldfluss in 2010) noch in der Gewinn- und Verlust-Rechnung 2011 (kein Auftrag aus 2011) erfasst. Daher wird diese offene Forderung im Übergangsergebnis erfasst.

Übergangsergebnis, Ermittlung am 01.01.

Hinzurechnungen
+ Warenanfangsbestand
+ Kundenforderungen brutto
+ Sonstige Forderungen brutto
+ Umsatzsteuer-Guthaben aus Übergangsergebnis
+ Geleistete Anzahlungen für nicht erbrachte Leistungen brutto
+ Aktive Rechnungsabgrenzung
Abrechnungen
– Lieferantenschulden brutto
– Sonstige Verbindlichkeiten brutto
– Umsatzsteuer-Zahllast aus Übergangsergebnis
– Erhaltene Anzahlungen für nicht erbrachte Leistungen brutto
– Rückstellungen
– Passive Rechnungsabgrenzung
= Übergangsergebnis

Siehe CD-ROM

Im Jahr des Wechsels wird das Übergangsergebnis zusammen mit dem Ergebnis der ersten Bilanz versteuert. Ein ausführliches Berechnungsbeispiel dazu finden Sie auf der CD-ROM.

> **Tipp:**
> Das Übergangsergebnis können Sie im Jahr des Wechsels ansetzen oder auf 2 bis 3 Jahre verteilen.

1.2.2 Bilanz mit Gewinn- und Verlust-Rechnung

Die Bilanz ist eine Aufstellung von Vermögen und Schulden des Unternehmens zu einem bestimmten **Zeitpunkt** (Stand 31.12.).

Die Gewinn- und Verlust-Rechnung zeigt die Aufwendungen und Erlöse eines bestimmten **Zeitraums** (das aktuelle Abschlussjahr).

In der G+V werden nur Aufwendungen und Erlöse erfasst, die wirtschaftlich in das Abschlussjahr gehören, alles andere verbleibt in der Bilanz. Weder der Zahlungszeitpunkt noch das Rechnungsdatum verändert Ihr Ergebnis, es kommt lediglich auf den Rechnungsinhalt an.

Handelsbilanz zum 31.12.	
Vermögen	Kapital
Anlagevermögen	(Eigen)Kapital
	$$\frac{G + V}{\text{Aufwand} \quad | \quad \text{Erlöse}}$$
Umlaufvermögen	Sonderposten mit Rücklageanteil bis 2009
Aktive Rechnungsabgrenzungsposten	Rückstellungen
Aktive Latente Steuern seit 2010	Verbindlichkeiten
Aktiver Unterschiedsbetrag aus der Vermögensverrechnung seit 2010	Passive Rechnungsabgrenzungsposten
	Passive Latente Steuern seit 2010

Für Kapitalgesellschaften ist nach § 266 und § 275 HGB die Reihenfolge der Positionen in der Bilanz und der G+V genau vorgeschrieben. Diese Reihenfolge hat sich durchgesetzt, sodass in der Regel alle Bilanzierenden diese Reihenfolge einhalten.

In der Gewinn- und Verlust-Rechnung nennt man Betriebseinnahmen Erlöse und Betriebsausgaben Aufwendungen. In den folgenden Abschnitten sehen Sie, was bei der Gewinn- und Verlust-Rechnung zu den Betriebseinnahmen und zu den Betriebsausgaben zählt.

Erlöse (Betriebseinnahmen)

- Alle Erlöse Ihres Unternehmens, die wirtschaftlich in das Abschlussjahr gehören, unabhängig vom Zahlungszeitpunkt und vom Rechnungsdatum.

- Erhaltene Anzahlungen verbleiben solange in der Bilanz, bis der Auftrag abgeschlossen ist, erst dann zählen diese zu den Erlösen.

- Sonstige geflossene Erlöse, die wirtschaftlich in Folgejahre gehören, werden in der Bilanz über passive Rechnungsabgrenzungsposten in Folgejahre transferiert.

- Erlöse aus dem Verkauf von Anlagevermögen.

- Sachbezüge Arbeitnehmer: Waren, Kfz.

- Privatnutzung durch Unternehmer: Waren, Kfz, Telefon.
- Umsatzsteuer sowie Umsatzsteuer-Erstattungen werden nicht in der Gewinn- und Verlust-Rechnung, sondern in der Bilanz erfasst.

Aufwendungen (Betriebsausgaben)

- Alle Ausgaben, die wirtschaftlich in das Abschlussjahr gehören, unabhängig vom Zahlungszeitpunkt. D. h. die Ausgaben, die angefallen sind, um die Erlöse zu erzielen, soweit diese nach allgemeiner Verkehrsauffassung angemessen sind.
- Rückstellungen werden gebildet, um Kosten zu erfassen, die wirtschaftlich in das Abschlussjahr gehören, aber noch nicht in Rechnung gestellt wurden. Die Höhe ist vorsichtig zu berechnen.
- Nur die Waren, die tatsächlich verkauft wurden, der Rest verbleibt im Vorratsvermögen in der Bilanz.
- Geleistete Anzahlungen verbleiben solange in der Bilanz, bis der Auftrag abgeschlossen ist, und zählen erst dann zu den Aufwendungen.
- Tatsächlich gezahlte Ausgaben, die wirtschaftlich in Folgejahre gehören, werden in der Bilanz über aktive Rechnungsabgrenzungsposten in Folgejahre transferiert.
- Abschreibung von Anlagevermögen, wenn die Rechnung vorliegt und das Anlagegut dem Unternehmen zur Verfügung steht bzw. betriebsbereit ist.
- Enthaltene Vorsteuer und Umsatzsteuer-Zahlungen werden in der Bilanz erfasst.

Darstellung Bilanz mit Gewinn- und Verlust-Rechnung

Beispiel:

Umsatz bar	4.760 Euro	inkl. 19 % USt
Umsatz in Rechnung gestellt	2.380 Euro	inkl. 19 % USt
Rechnung Kfz-Versicherung noch offen	1.000 Euro	ohne USt
Kauf Büromaterial bar	595 Euro	inkl. 19 % USt

Wie werden diese vier Geschäftsvorfälle nun im Rahmen der Bilanz mit Gewinn- und Verlust-Rechnung erfasst?

Bilanz			
Vermögen (Aktiva)		Kapital (Passiva)	
Kasse		**Kapital**	
+ Erlöse bar	+ 4.760 €	+ Gewinn	+ 4.500 €
– Büromaterial bar	– 595 €	Stand nachher	**4.500 €**
Stand nachher	**4.165 €**	**Umsatzsteuer**	
Forderungen		+ berechnete USt	+ 1.140 €
+ Rechnung	+ 2.380 €	– Vorsteuer	– 95 €
Stand nachher	**2.380 €**	Stand nachher	**1.045 €**
		Verbindlichkeiten	
		+ Rechnung Vers.	+ 1.000 €
		Stand nachher	**1.000 €**
Bilanzsumme	6.545 €	Bilanzsumme	6.545 €

Gewinn- und Verlust-Rechnung			
Aufwendungen		Erlöse	
Kfz-Versicherung	1.000 €	Erlöse	6.000 €
Bürobedarf	500 €		
Gewinn	4.500 €		
Summe	6.000 €	Summe	6.000 €

Wechsel zur Einnahme-Überschussrechnung

Haben Sie bisher freiwillig Bücher geführt oder fällt die Buchführungspflicht weg, können Sie zur Einnahme-Überschussrechnung wechseln. Diese Entscheidung können Sie auch erst beim Erstellen des Jahresabschlusses treffen.

Findet der Wechsel zum 1.1.2011 statt, sind folgende Schritte notwendig:

• Die Bilanz mit Gewinn- und Verlust-Rechnung für das Jahr 2010 wird fertig gestellt.

• Der Übergangsgewinn oder -verlust am 1.1.2011 wird ermittelt.

- Am 1.1.2011 wird mit der Einnahme-Überschussrechnung begonnen. Alle Einnahmen und Ausgaben, die tatsächlich geflossen sind, zählen zu den Betriebseinnahmen und Betriebsausgaben.

Im Übergangsergebnis werden Einnahmen und Ausgaben erfasst, die sich bereits in der Gewinn- und Verlust-Rechnung ausgewirkt haben, aber noch nicht geflossen sind, wie Forderungen und Verbindlichkeiten. Außerdem werden Einnahmen und Ausgaben erfasst, die bereits geflossen sind, sich aber bisher noch nicht auf den Gewinn ausgewirkt haben, wie Anzahlungen, Warenbestände und Abgrenzungsposten.

> **Beispiel:**
> Ein Auftrag wurde im Jahr 2010 abgeschlossen und berechnet. Der Kunde zahlt erst im Jahr 2011.
> Bei einem Wechsel zum 1.1.2011 würde dieser Erlös einmal in der Gewinn- und Verlust-Rechnung 2010 erfasst (Auftrag 2010) und noch einmal in der Einnahme-Überschussrechnung 2011 (Geldfluss 2011). Um diese Doppelerfassung zu vermeiden, wird dieser Erlös im Übergangsergebnis abgezogen.

Übergangsergebnis, Ermittlung am 01.01.:

Hinzurechnungen
+ Lieferantenschulden brutto
+ Sonstige Verbindlichkeiten brutto
+ Umsatzsteuer-Zahllast aus Übergangsergebnis
+ Erhaltene Anzahlungen für nicht erbrachte Leistungen brutto
+ Rückstellungen
+ Passive Rechnungsabgrenzung
Abrechnungen
– Warenanfangsbestand
– Kundenforderungen brutto
– Sonstige Forderungen brutto
– Umsatzsteuer-Guthaben aus Übergangsergebnis
– Geleistete Anzahlungen für nicht erbrachte Leistungen brutto
– Aktive Rechnungsabgrenzung
= Übergangsergebnis

Im Jahr des Wechsels wird das Übergangsergebnis zusammen mit dem Ergebnis der ersten Einnahme-Überschussrechnung versteuert. Ein ausführliches Berechnungsbeispiel dazu finden Sie auf der CD-ROM.

Siehe CD-ROM

Achtung:
Die Verteilung des Übergangsergebnisses auf mehrere Jahre ist nicht möglich.

1.2.3 Zwei Gewinnermittlungsarten, ein Gewinn

Die Einnahme-Überschussrechnung erfordert weniger Arbeitsaufwand als die Bilanzierung. Einnahmen werden erst versteuert, wenn sie tatsächlich geflossen sind, während bilanzierende Unternehmen den Umsatz bereits versteuern, wenn die Aufträge ausgeführt sind. Das heißt aber nicht, dass Sie im Rahmen der Bilanzierung mehr Gewinn versteuern. Über alle Jahre des Firmenbestehens wird bei beiden der nahezu gleiche Gewinn versteuert, allerdings zu unterschiedlichen Zeitpunkten.
Ein Beispiel dazu finden Sie auf der CD-ROM.

Siehe CD-ROM

1.2.4 Bilanz nach Steuer- und Handelsrecht

Für bestimmte Unternehmen genügt eine Steuerbilanz, die ausschließlich nach den Regeln des Steuerrechts erstellt wird. Von den meisten Unternehmen verlangt das Finanzamt mehr. Für die Erstellung der Steuerbilanz gelten neben den Regeln des Steuerrechts auch die Regeln des Handelsrechts.

Bilanz nach Steuerrecht § 4 (1) EStG	Bilanz nach Steuer- und Handelsrecht § 5 (1) EStG
• Freiberufler, die freiwillig Bücher führen • Land- und forstwirtschaftliche Betriebe, die buchführungspflichtig sind oder freiwillig Bücher führen	• alle Kapitalgesellschaften • alle Gewerbebetriebe, die buchführungspflichtig sind oder freiwillig Bücher führen.

Das Handelsrecht dient dem Schutz der Gläubiger, daher sind in der Handelsbilanz die Vermögenswerte eher niedriger und die Verbindlichkeiten eher höher auszuweisen.

Maßgeblichkeit Das Steuerrecht verlangt, das Vermögen nicht zu niedrig und Schulden nicht zu hoch auszuweisen, um hohe Steuern zu erzielen. Da zwei Gesetze zu beachten sind und diese fast gegensätzliche Ziele verfolgen, gilt laut § 5 EStG die Maßgeblichkeit der Handelsbilanz für die Steuerbilanz. Was heißt das?

Zunächst werden die Regeln der Handelsbilanz herangezogen und die drei folgenden Grundsätze beachtet:

1. Grundsatz Schreibt das Handelsrecht Gebote oder Verbote vor, gelten diese auch für die Steuerbilanz, soweit das Steuerrecht nicht dagegen spricht.

Beispiele für Gebote und Verbote	Handelsrecht	Steuerrecht
Die Bewirtung dient der Geschäftsanbahnung oder Geschäftserhaltung	100 % Betriebsausgabe	70 % Betriebsausgabe
Geschenke über 35 Euro	100 % Betriebsausgabe	keine Betriebsausgabe
Aktivierung von Anlagevermögen	Das gesamte Anlagevermögen des Unternehmens.	Personenfirmen dürfen Anlagevermögen nur aktivieren bei ausreichend betrieblicher Nutzung.
Aktivierung von Herstellungskosten	Mindestansatz: Material- und Fertigungseinzelkosten. Seit 2010 zählen auch Material- und Fertigungsgemeinkosten dazu.	Mindestansatz: Material- und Fertigungseinzelkosten zuzüglich Material- und Fertigungsgemeinkosten.
Drohende Verluste aus schwebenden Geschäften	Rückstellungen müssen gebildet werden.	Bildung von Rückstellungen ist verboten.
Rückstellungen mit einer Restlaufzeit von über 12 Monaten	Seit 2010 besteht Abzinsungspflicht, allerdings zum Marktzins der Bundesbank. Bisher bestand Abzinsungsverbot.	Abzinsungspflicht mit dem Zinssatz von 5,5 %
Unverzinste Verbindlichkeiten mit einer Laufzeit über 12 Monate	Abzinsungsverbot	Abzinsungspflicht mit dem Zinssatz von 5,5 %

Beispiele für Gebote und Verbote	Handelsrecht	Steuerrecht
Bis 2009, der Handelsbilanzgewinn ist höher als der Steuerbilanzgewinn.	Latente Steuern müssen ausgewiesen werden.	Latente Steuern gibt es in der Steuerbilanz nicht.
Seit 2010, in der Handelsbilanz wird das Vermögen höher bzw. das Fremdkapital niedriger ausgewiesen als in der Steuerbilanz.	Latente Steuern müssen ausgewiesen werden.	Latente Steuern gibt es in der Steuerbilanz nicht.

Besteht im Handelsrecht ein Wahlrecht, ist in der Steuerbilanz der Wertansatz zu wählen, der zu einem höheren Gewinn führt. Das heißt, Rückstellungen, für die ein Wahlrecht besteht, sind im Steuerrecht verboten, da das Bilden von Rückstellungen den Gewinn mindert. Das neue Handelsrecht hat viele Wahlmöglichkeiten gestrichen.

2. Grundsatz

Beispiele für Wahlrechte	Handelsrecht	Steuerrecht
Bis 2009, der Handelsbilanzgewinn ist niedriger als der Steuerbilanzgewinn	Latente Steuer dürfen ausgewiesen werden	Latente Steuern gibt es in der Steuerbilanz nicht
Seit 2010, in der Handelsbilanz wird das Vermögen niedriger bzw. das Fremdkapital höher ausgewiesen als in der Steuerbilanz	Latente Steuer dürfen ausgewiesen werden	Latente Steuern gibt es in der Steuerbilanz nicht
Unterlassene Instandhaltungen, die innerhalb von 12 Monaten nachgeholt werden	Rückstellungen dürfen seit 2010 nicht mehr gebildet werden	Bildung von Rückstellungen verboten
Nutzungsdauer von Anlagevermögen	Die Nutzungsdauer wird vom Kaufmann vorsichtig geschätzt	Die amtliche AfA-Tabelle schreibt die Nutzungsdauer zunächst vor.

Steuerrechtliche Wahlrechte sind nur dann erlaubt, wenn diese auch in der Handelsbilanz angewandt werden (umgekehrte Maßgeblichkeit). Diese Regelung wurde abgeschafft. Steuerrechtliche Wahlrechte werden seit 2010 nur noch in der Steuerbilanz erfasst, allerdings ist darüber in einer Anlage zu berichten.

3. Grundsatz

Umgekehrte
Maßgeblichkeit

Beispiele für steuerrechtliche Wahlrechte
Sonderposten mit Rücklageanteil (§ 6 b Rücklage)
Sonderabschreibung
verschiedene Abschreibungsarten von beweglichen Anlagegütern

Mehr dazu erfahren Sie später bei den verschiedenen Bilanzpositionen.

Was ist zu tun, wenn kein gemeinsamer Nenner zu finden ist? Das folgende Beispiel zeigt diesen Fall. Erwarten Sie zum Beispiel Verluste aus schwebenden Geschäften, müssen Sie laut Handelsrecht in Höhe des zu erwartenden Verlusts eine Rückstellung bilden, während das Steuerrecht diesen Wertansatz verbietet. Das gleiche gilt für die Bewirtungskosten, diese sind laut Handelsrecht in voller Höhe Aufwendungen, während laut Steuerrecht nur 70 % abzugsfähig sind. In diesem Fall gibt es zwei Möglichkeiten:

- Sie erstellen zwei Bilanzen, was natürlich die teurere Variante ist.

- Sie erstellen nur eine Handelsbilanz und ermitteln außerhalb dieser Bilanz das steuerliche Ergebnis, wie das folgende Beispiel zeigt, § 60 EStDV.

Beispiel:		
Ergebnis laut Handelsbilanz		80.000 €
+ Rückstellungen für Verluste aus schwebenden Geschäften	+	10.000 €
+ nicht abzugsfähige Bewirtungskosten 30 %	+	300 €
= zu versteuerndes Ergebnis		90.300 €

Diese kostengünstigere Möglichkeit wenden sehr viele Unternehmen an. Allerdings wird die neue Handelsbilanz ab 2010 in weiteren Bereichen von der Steuerbilanz abweichen. Für manche Unternehmen wird dann eine Einheitsbilanz nicht mehr möglich sein.

Alle Unternehmen müssen Steuerbilanzen beim Finanzamt einreichen.

Handelsbilanzen von Kapitalgesellschaften und GmbH & Co. KGs sind beim Handelsregister einzureichen. Die Einreichung muss innerhalb von zwölf Monaten nach Ende des entsprechenden Geschäftsjahres erfolgen. Welche Daten einzureichen sind, ist abhängig von der Größe des Unternehmens:

kleine Kapitalgesellschaft	mittelgroße Kapitalgesellschaft	große Kapitalgesellschaft
Bilanz ohne G+V Anhang in Kurzform	Bilanz und G+V Anhang in Kurzform Lagebericht Gewinnverwendungs- vorschlag	Bilanz und G+V vollständiger Anhang Lagebericht Gewinnverwendungs- vorschlag

Die Größenmerkmale für kleine, mittelgroße und große Kapitalgesellschaften wurden rückwirkend zum 31.12.07 um ca. 20 % erhöht, was für viele Unternehmen Erleichterungen bringt (§ 267 HGB). Werden an zwei aufeinander folgenden Abschlussstichtagen zwei der drei Merkmale überschritten, zählt man zur nächsten Gruppe.

	klein	mittelgroß	groß
Bilanzsumme	bis 4.840.000 €	bis 19.250.000 €	über 19.250.000 €
Umsatzerlöse	bis 9.680.000 €	bis 38.500.000 €	über 38.500.000 €
Arbeitnehmer	bis 50	bis 250	über 250

Seit 2007 gibt es das zentrale elektronische Unternehmensregister. Seitdem müssen alle Handelsbilanzen elektronisch an den Bundesanzeiger unter www.ebundesanzeiger.de übermittelt werden.

1.3 Eröffnungsbuchungen

Die Schlussbilanz des Vorjahres ist gleichzeitig die Eröffnungsbilanz des aktuellen Jahres. Da die Schlussbilanz in der Regel erst einige Monate nach dem 31.12. fertig gestellt wird, gibt es am 01.01. noch keine vollständige Eröffnungsbilanz.
Am 01.01. erfasst man lediglich die Anfangssalden der Geldkonten laut Kassenbuch und Kontoauszügen vom 31.12. Alle anderen Anfangsbestände können Sie erst erfassen, wenn die Schlussbilanz fertig gestellt ist.

Hier sehen Sie die Buchungssätze, um die Anfangssalden zu erfassen:

Soll	an	Haben
Aktivkonto		Saldovortrag Sachkonten 9000
Saldovortrag Sachkonten 9000		Passivkonto
Debitorenkonto		Saldovortrag Debitoren 9008
Saldovortrag Kreditoren 9009		Kreditorenkonto

Beispiel:

Die Kontoauszüge und das Kassenbuch liegen Ihnen vor. An diesen Beständen wird sich nichts mehr ändern. Buchen Sie die Anfangssalden von Kasse 340 Euro und Bank - 3.500 Euro.

Buchungen

Konto SKR 03 Soll	Konto SKR 04 Soll	Konten-bezeichnung	Betrag	an	Konto SKR 03 Haben	Konto SKR 04 Haben	Konten-bezeichnung	USt oder VSt
1000	1600	Kasse	340		9000	9000	Saldovortrag Sachkonten	keine
9000	9000	Saldovortrag Sachkonten	3.500		1200	1800	Bank	keine

In der Gewinn- und Verlust-Rechnung werden keine Anfangsbestände, sondern nur Aufwendungen und Erlöse des laufenden Jahres erfasst.

Bilanz			
Vermögen (Aktiva)		Kapital (Passiva)	
Forderungen		**Kapital**	
Stand vorher	? €	Stand vorher	? €
Stand nachher	? €	Stand nachher	**? €**
Bank		**Verbindlichkeiten**	
Stand vorher	3.500 €	Stand vorher	? €
Stand nachher	**3.500 €**	Stand nachher	**? €**
Kasse			
Stand vorher	340 €		
Stand nachher	**340 €**		
Bilanzsumme	? €	Bilanzsumme	? €

Beispiel

Im März fordert Ihre Bank eine vorläufige Bilanz bzw. Gewinn- und Verlust-Rechnung des aktuellen Jahres. Die Bilanz des Vorjahres ist noch nicht endgültig fertig gestellt, also ist auch die Eröffnungsbilanz nicht vollständig erfasst. Wie aussagekräftig sind Ihre aktuelle Bilanz und die Gewinn- und Verlust-Rechnung?

Ohne Anfangsbestände sehen Sie in der Bilanz nur die Zugänge und Abgänge des aktuellen Jahres, die Bilanz ist nicht brauchbar.

In der Gewinn- und Verlust-Rechnung dagegen sehen Sie die Erlöse und Aufwendungen des aktuellen Jahres, diese zeigt ein vorläufiges Ergebnis und kann z. B. an die Bank weitergeleitet werden.

1.3.1 Anpassung nach einer Betriebsprüfung

Grundsätzlich muss die Eröffnungsbilanz der Schlussbilanz des Vorjahres entsprechen. Das kann sich durch eine Betriebsprüfung ändern. Angenommen, Sie haben bei einem Anlagegut eine zu niedrige Nutzungsdauer gewählt, die der Betriebsprüfer korrigiert. In diesem Fall steigen der Wert Ihres Anlagevermögens sowie Ihr Gewinn. Dadurch erhöht sich auch Ihr Kapital.

Nach einer Betriebsprüfung erhalten Sie einen Prüfungsbericht zusammen mit einer Mehr- und Wenigerrechnung sowie einer Steuer- und Prüferbilanz. In der Mehr- und Wenigerrechnung stellt das Finanzamt dar, welche Positionen sich durch die Prüfung in Ihren Gewinn- und Verlust-Rechnungen und Bilanzen der Prüfungsjahre verändert haben. Hier sehen Sie auch auf einen Blick, wie sich die Jahresergebnisse nach der Prüfung verändert haben, ob mehr oder weniger Gewinn zu versteuern ist.

In der Steuer- und Prüferbilanz sehen Sie alle Bilanzpositionen vor und nach der Prüfung. Diese Aufstellung ist die Grundlage für die Angleichsbuchungen nach der Betriebsprüfung. Vergleichen Sie die Ergebnisse des letzten Prüfungsjahres und stellen Sie die Differenzen fest.

Steuer- und Prüferbilanz			
Stand 31.12. vor der Prüfung		Stand 31.12. nach der Prüfung	
Pkw	47.500 €	Pkw	50.000 €
Bank	10.000 €	Bank	10.000 €
Kasse	500 €	Kasse	500 €
Summe Aktiva	**58.000 €**	**Summe Aktiva**	**60.500 €**
Kapital	30.000 €	Kapital	31.500 €
Rückstellungen	8.000 €	Rückstellungen	9.000 €
Verbindlichkeiten	20.000 €	Verbindlichkeiten	20.000 €
Summe Passiva	**58.000 €**	**Summe Passiva**	**60.500 €**

Beispiel:

Nach einer Betriebsprüfung müssen Sie den Buchwert für einen Pkw um 2.500 Euro erhöhen. Außerdem ist eine Rückstellung, die zu niedrig angesetzt wurde, um 1.000 Euro zu erhöhen. Wie ist am 01.01. zu buchen?

Buchungen

Konto SKR 03 Soll	Konto SKR 04 Soll	Kontenbezeichnung	Betrag	an	Konto SKR 03 Haben	Konto SKR 04 Haben	Kontenbezeichnung	USt oder VSt
320	520	Pkw	2.500		0880	2010	Variables Kapital	keine
880	2010	Variables Kapital	1.000		0970	3070	Sonstige Rückstellungen	keine

Bilanz			
Vermögen (Aktiva)		**Kapital (Passiva)**	
Pkw		**Kapital**	
Stand vorher	47.500 €	Stand vorher	30.000 €
+ Gewinnerhöhung	+ 2.500 €	+ Gewinnerhöhung	+ 2.500 €
Stand nachher	50.000 €	- Gewinnminderung	- 1.000 €
		Stand nachher	**31.500 €**
Bank			
Stand	10.000 €	**Rückstellungen**	
		Stand vorher	8.000 €
Kasse		+ Gewinnminderung	+ 1.000 €
Stand	500 €	Stand nachher	**9.000 €**
		Verbindlichkeiten	
		Stand	20.000 €
Bilanzsumme	60.500 €	Bilanzsumme	60.500 €

1.4 Laufende Buchführung

Hier werden alle Belege und Geschäftsvorfälle gebucht, die im aktuellen Jahr anfallen: Kundenrechnungen, Lieferantenrechnungen, Kontoauszüge, Kassenbuch.

Es werden überwiegend Standard-Buchungssätze verwendet, die sich oft wiederholen.

Standard-Buchungssätze

Kundenrechnungen	Rechnung	Debitor an „Erlöskonto X"
	Gutschrift	„Erlöskonto X" an Debitor
Lieferantenrechnung	Rechnung	„Aufwandskonto X" an Kreditor
	Gutschrift	Kreditor an „Aufwandskonto X"
Kontoauszug	Geldeingang	Bank an „Debitor oder Konto X"
	Zahlung	„Kreditor oder Konto X" an Bank
Kassenbuch	Geldeingang	Kasse an „Debitor oder Konto X"
	Zahlung	„Kreditor oder Konto X" an Kasse

Hinsichtlich der Buchführungsregeln fällt die Praxis durch die vielen Wiederholungen tatsächlich leichter als die Übungen im Schulbuch. Allerdings sind neben den Soll- und Haben-Kenntnissen auch die

Regeln der Bilanzierung zu beachten, was die Sache schon schwieriger macht.

- In der Gewinn- und Verlust-Rechnung werden nur Aufwendungen erfasst, die wirtschaftlich in das Abschlussjahr gehören.

- Waren sind erst zum Zeitpunkt des Verkaufs als Aufwand zu erfassen und bis dahin in der Bilanz als Vorratsvermögen (Umlaufvermögen) auszuweisen.

- Auch Frachtkosten zählen zu den Anschaffungskosten von Waren und

- vieles mehr ...

Liegt Ihnen nun tatsächlich eine Lieferantenrechnung vor, genügt es nicht, den Buchungssatz zu bilden „Wareneinkauf an Verbindlichkeiten". Sie müssen die Rechnung genau ansehen. Das Lieferdatum bzw. der Leistungszeitraum bestimmt das Jahr, in dem die Rechnung zu erfassen ist, soweit das Vorjahr noch nicht abgeschlossen ist. Werden die Waren zunächst eingelagert, buchen Sie diese in das Umlaufvermögen, werden sie dagegen direkt verkauft, buchen Sie sie in den Aufwand.

Ist das Unternehmen zum Vorsteuerabzug berechtigt, müssen Sie vor allem auf das Datum des Rechnungseingangs achten, denn im Jahr des Rechnungseingangs ist die Vorsteuer in die Umsatzsteuerformulare einzutragen.

In den Kapiteln 3 ff. lernen Sie viele Praxisbeispiele kennen, mit deren Hilfe Sie Ihre Buchführungs- und Bilanzierungskenntnisse bestens auffrischen können.

Handelt es sich um die Anschaffung von Anlage- oder Umlaufvermögen, erhalten Sie in der Regel nicht nur eine Rechnung. Oft fallen in diesem Zusammenhang weitere Kosten an, und Sie stehen vor der Entscheidung, diese Ausgaben entweder in der Bilanz zu erfassen (zu aktivieren) oder direkt als Aufwand in die Gewinn- und Verlust-Rechnung zu buchen.

Dafür haben Sie zunächst gelernt, was überhaupt zu den Anschaffungs- und Herstellungskosten zählt.

1.4.1 Anschaffungs- und Herstellungskosten

Aktiviert werden nicht nur **Anschaffungs- oder Herstellungskosten** von Wirtschaftsgütern, sondern auch alle Kosten, die mit der Planung und Beschaffung zusammenhängen, sowie die Aufwendungen, die bis zur Betriebsbereitschaft notwendig sind.

In den Kapiteln 3 und 4 „Anlagevermögen" bzw. „Umlaufvermögen" werden viele Beispiele für Anschaffungs- und Herstellungskosten sowie Nebenkosten gezeigt. Und Sie sehen, welche Kosten zu nachträglichen Anschaffungs- oder Herstellungskosten zählen oder direkt als Aufwand erfasst werden können.

Was schreiben nun die Gesetze vor?

Anschaffungskosten nach Steuer- und Handelsrecht

Das Handels- und das Steuerrecht verlangen hier den gleichen Wertansatz.

Anschaffungskosten nach Handelsrecht § 255 (1) HGB und Steuerrecht § 6 EStG	
Anschaffungskosten	Kaufpreis netto
+ Anschaffungsnebenkosten	Kosten, die unmittelbar mit der Anschaffung zusammenhängen
− Nachlässe	Gutschriften, Rabatt, Skonto, Bonus
= Aktivierung Anschaffungskosten	

Herstellungskosten nach Steuer- und Handelsrecht

Bei Herstellungskosten verlangte das Steuerrecht bisher einen höheren Mindestansatz als das Handelsrecht. In der neuen Handelsbilanz ist der Mindestansatz genau so hoch wie in der Steuerbilanz. Beide erlauben nach wie vor den gleichen Höchstansatz.

Herstellungskosten	
Steuerrecht § 6 EStG R 6.3 EStR	Handelsrecht § 255 HGB
Fertigungsmaterial + Fertigungslöhne + Sondereinzelkosten der Fertigung + Materialgemeinkosten + Fertigungsgemeinkosten	Fertigungsmaterial + Fertigungslöhne + Sondereinzelkosten der Fertigung + Materialgemeinkosten (seit 2010) + Fertigungsgemeinkosten (seit 2010)
= Mindestansatz in der Steuerbilanz	= Mindestansatz in der Handelsbilanz
+ Verwaltungsgemeinkosten	+ Materialgemeinkosten (bis 2009) + Fertigungsgemeinkosten (bis 2009) + Verwaltungsgemeinkosten
= Höchstwert in der Steuerbilanz	= Höchstwert in der Handelsbilanz

Fertigungsmaterial:
Kaufpreis, Material, Verpackung, Transport, abzüglich Nachlässe
Fertigungslöhne:
Löhne, Zuschläge und Lohnnebenkosten
Sondereinzelkosten der Fertigung:
Entwicklungs-, Versuchs- und Konstruktionskosten
Materialgemeinkosten:
Kosten der Einkaufsabteilung, der Warenannahme, der Lagerhaltung, der Material- und Rechnungsprüfung
Fertigungsgemeinkosten:
Energiekosten, Betriebsstoffe, Hilfsstoffe, Arbeitsvorbereitung, Sachversicherung für Fertigungsanlagen, Lohnbüro, Werkstattverwaltung, Fertigungskontrolle, Abschreibung der Anlagegüter, die mit der Produktion zusammenhängen.

Achtung:
Während der Bauphase sind alle Herstellungskosten auf das Konto „Anlagen im Bau" zu buchen. Erst zum Zeitpunkt der Fertigstellung werden die Gesamtkosten auf das entsprechende Konto (zum Beispiel „Gebäude oder Maschinen") umgebucht.

Mögliche Buchungsfehler bei Bilanzierenden

Welche Auswirkungen haben folgende Fehlbuchungen bei Bilanzierenden?

Fehlbuchung	Auswirkung
Die Kundenrechnung wurde bereits gebucht und Sie buchen den Geldeingang auf der Bank gegen Erlöse.	Die Forderung bleibt in der Bilanz stehen und in der G+V ist der Erlös doppelt erfasst.
Sie erhalten eine Anzahlung für nicht erbrachte Leistungen und buchen diese auf Erlöse.	Es wird ein Erlös erfasst, der wirtschaftlich nicht in das Abschlussjahr gehört.
Waren, die noch nicht verkauft wurden, werden nicht zum Vorratsvermögen gebucht, sondern als Aufwand.	Der Gewinn wird gemindert, obwohl die Waren noch auf Lager sind.
Sie buchen die Steuerberaterrechnung über die Bilanzerstellung des Vorjahres auf Rechts- und Beratungskosten.	Sicher wurde im Vorjahr eine Rückstellung für die Bilanzerstellung gebildet. Diese muss zunächst aufgelöst werden, nur der übersteigende Betrag wird als Aufwand gebucht.
Alle zwölf Monate sind erfasst und in Ihrer Gewinn- und Verlust-Rechnung stehen nur Mieten für elf Monate.	Die aktiven Rechnungsabgrenzungsposten wurden am 01.01. nicht aufgelöst.

1.4.2 Die richtigen Kontonummern finden

Eine weitere Schwierigkeit ist die Wahl des richtigen Kontos. Die Kontenpläne von Buchführungsprogrammen bieten Ihnen bis zu 1000 Konten zur Auswahl. Da alle Konten in verschiedene Kontenklassen eingeteilt sind wie Anlagevermögen, Umlaufvermögen, Aufwendungen usw., sollten Sie sich darüber den Überblick verschaffen. Dann wissen Sie, in welchem Nummernkreis Sie suchen müssen.

In den folgenden Kapiteln werden viele Buchungen mit Kontonummern von zwei verschiedenen Standardkontenrahmen SKR 03 und SKR 04 gezeigt. Diese Kontenübersicht finden Sie auf der beiliegenden CD-ROM.

Siehe CD-ROM

Grundsätzlich sollten Sie nicht zu viele Konten verwenden und das Sammeln von Kosten auf einem Konto sowie die Aufteilung der Kosten auf verschiedene Konten sinnvoll planen. Optimale Buchführungsauswertungen erleichtern den Jahresabschluss.

Bei Einrichtung einer neuen Buchführung

Sie entscheiden sich, ggf. mit Absprache Ihres Steuerberaters, für einen Standardkontenrahmen. Diesen sollten Sie ausdrucken, sich einen Überblick über den Aufbau verschaffen und vielleicht vorab die notwendigsten Konten anstreichen.

Bei einer bestehenden Buchführung

Hier ist das wesentlich einfacher. Anhand der Bilanz oder der Summen- und Saldenliste des Vorjahres sehen Sie, welche Konten bisher verwendet wurden. In der Bilanz von Kapitalgesellschaften werden die Zahlen des aktuellen Jahres und die des Vorjahres erfasst, deshalb ist es sinnvoll, einmal gewählte Konten beizubehalten.

> **Tipp:**
>
> Bei Überweisungen an Lieferanten ist es sinnvoll, die Kreditorennummer auf dem Überweisungsträger zu erfassen. Diese erscheint dann auf dem Kontoauszug. So sehen Sie auf einen Blick, dass die Rechnung bereits erfasst wurde, und die notwendige Kreditorennummer steht schon da.

1.5 Jahresabschlussbuchungen und Bewertung

Für die Jahresabschlussbuchungen hat es sich gelohnt, die vielen verschiedenen Buchungssätze zu üben, denn hier wird viel gebucht. Doch bevor Sie buchen können, sind viele Berechnungen erforderlich wie Abschreibung, private Nutzungsanteile etc. Hier ist es wichtig, dass alle Zahlen auf Anlagen nachvollziehbar dargestellt werden.

Außerdem müssen Sie wissen, ob die Erkenntnisse, die Sie zwischen dem Bilanzstichtag und dem Tag der Bilanzerstellung erlangen, mit in die Bewertung einfließen oder nicht.

Die folgende Aufstellung gibt Ihnen einen Überblick über die Jahresabschlussarbeiten und verweist jeweils auf die Kapitel dieses Buches, in denen Sie die entsprechenden Erläuterungen finden.

In welcher Form der Wechsel von alten zum neuen Handelsrecht stattfindet, ist auf Seite 10 kurz beschrieben.

	Kapitel
Anlagevermögen	3
• Verkaufte Anlagegüter bis zum Verkaufsmonat planmäßig abschreiben und den Restbuchwert ausbuchen.	
• Alle vorhandenen Anlagegüter planmäßig abschreiben.	
• Das Anlagevermögen bewerten. Frage: „Entsprechen die Buchwerte im Anlageverzeichnis bzw. in der Bilanz der Realität?"	
• Ggf. außerplanmäßige Abschreibungen vornehmen.	
Umlaufvermögen	4
• Inventur durchführen und überprüfen, ob die buchmäßigen Bestände mit den tatsächlichen Beständen übereinstimmen.	
• Das Umlaufvermögen wie Vorräte, fertige und unfertige Erzeugnisse, Forderungen bewerten. Frage: „Entsprechen die Werte in der Bilanz der Realität?"	
• Ggf. außerplanmäßige Abschreibungen vornehmen.	
• Saldenkontrolle Ihrer Geldkonten.	
Privatnutzung von Arbeitnehmern und Unternehmern	6
• Spätestens beim Jahresabschluss die enthaltene Umsatzsteuer aus Sachbezügen der Mitarbeiter abführen.	
• Buchen der Warenentnahmen für private Zwecke des Unternehmers und seiner Familienangehörigen.	
• Ermittlung und Erfassung der privaten Nutzungsanteile bei Privatnutzung Kfz und Telefon durch den Unternehmer und seine Familienangehörigen.	
Korrekte Erfassung der beschränkt abzugsfähigen Betriebsausgaben wie Bewirtungskosten, Geschenke, Reisekosten und Zinsaufwendungen.	7
Ggf. Sonderposten mit Rücklageanteil bilden oder auflösen (Rücklagen nach § 6 b EStG, Rücklage nach Abschnitt 6.6. EStR, Investitionsabzugsbetrag). Seit 2010 nur noch in der Steuerbilanz.	9
Verbindlichkeiten bewerten und in der Steuerbilanz ggf. abzuzinsen.	11
Erlöse abgrenzen	
• Einnahmen, die im Folgejahr fließen und in das Abschlussjahr gehören. Rechnung liegt vor und der Erlös steht fest (Forderungen).	4
• Einnahmen, die im Abschlussjahr fließen und in das Folgejahr gehören (passive Rechnungsabgrenzung).	5

	Kapitel
Ausgaben abgrenzen	
• Ausgaben, die im Folgejahr fließen und in das Abschlussjahr gehören. Rechnung liegt vor und der Aufwand steht fest (Verbindlichkeiten).	11
• Ausgaben, die im Abschlussjahr fließen und in das Folgejahr gehören. Rechnung liegt nicht vor und der Aufwand wird vorsichtig geschätzt. (Rückstellungen).	10
• Ausgaben, die im Abschlussjahr fließen und in das Folgejahr gehören (aktive Rechnungsabgrenzung).	5
Latente Steuern in der Handelsbilanz buchen.	12

1.5.1 Zeitpunkt der Bewertung

Die Bilanz soll zeigen, wie es am Bilanzstichtag aussah. Doch wann wird die Bilanz erstellt? Meistens erst einige Monate nach dem Stichtag. In der Zeit zwischen Bilanzstichtag und Bilanzerstellung kann einiges passieren. Der Tageswert von Waren kann sinken oder steigen, Forderungen gehen ein, werden zweifelhaft oder fallen sogar aus. Verbindlichkeiten aus dem Abschlussjahr fallen weg oder treten nachträglich ein. Was machen Sie mit diesen Informationen?

Das Bilanzsteuerrecht schreibt vor, den **objektiven Wert am Bilanzstichtag** in der Bilanz auszuweisen. Übersetzt heißt das: Welchen Wert hätten Sie beim Verkauf an diesem Tag erzielen können? Zu welcher Zahlung wäre Ihr Kunde am Bilanzstichtag in der Lage gewesen?

Das Gesetz sagt weiter, wertaufhellende Erkenntnisse werden in die Bewertung mit einbezogen, wertbeeinflussende nicht. Die folgenden Beispiele sollen den Unterschied zeigen.

Warenbestände

Bei Warenbeständen sind die tatsächlichen Anschaffungskosten, höchstens aber der niedrigere Tageswert am Bilanzstichtag auszuweisen. Ist der Preis im März gesunken, ist das nicht der objektive Wert vom Bilanzstichtag, sondern der vom März. Diese Erkenntnis fließt nicht in die Bewertung ein (wertbeeinflussend).

Stellen Sie allerdings im März fest, nachdem Sie die Waren ausgepackt haben, dass diese Waren, die Sie bei der Inventur gezählt haben, damals schon defekt waren, brauchen Sie diese Erkenntnis (wertaufhellend), um den objektiven Wert am Bilanzstichtag auszuweisen.

Beispiel:

Hätten Sie die Waren theoretisch am Bilanzstichtag verkauft, hätten Sie den Tageswert erzielen können.

Spätestens allerdings, wenn der Kunde die defekten Waren ausgepackt hätte, wäre das Geschäft geplatzt oder der Kunde würde nur noch einen Bruchteil des Tageswerts bezahlen.

Also liegt der objektive Wert wesentlich unter dem Tageswert am Bilanzstichtag. In diesem Fall wäre eine außerplanmäßige Abschreibung vorzunehmen.

Für die Bewertung von Forderungen sind nachträgliche Erkenntnisse sehr hilfreich. Bis zur Bilanzerstellung wissen Sie, wer das Zahlungsziel lange überschritten hat und wer nicht. Sie wissen vielleicht schon, ob ein Gerichtsverfahren abgeschlossen ist und vieles mehr. Diese Erkenntnisse (wertaufhellend) sind notwendig, um den objektiven Wert am Bilanzstichtag zu ermitteln. Was hätte Ihr Kunde tatsächlich am Stichtag zahlen können?

Eine wertbeeinflussende Erkenntnis, die Sie nicht beachten müssen, kommt bei Forderungen eher selten vor. Vielleicht, wenn Ihr Kunde nach dem Bilanzstichtag im Lotto gewinnt und ganz unerwartet doch noch zahlt, obwohl Sie diese Forderung nach Abschluss des Insolvenzverfahrens bereits abgeschrieben hatten. Hier wäre Ihr Kunde am Bilanzstichtag nicht in der Lage gewesen, die Forderung zu begleichen. Also lag der objektive Wert der Forderung bei 0 Euro.

Forderungen

1.6 Gewinnsteuerung und ihre steuerlichen Auswirkungen

Mithilfe einiger Vergleiche zeigt dieses Kapitel Unterschiede:

- Gleichmäßige oder schwankende Ergebnisse
- Steuern bei Personenfirmen und Kapitalgesellschaften
- Gewinne von Personenfirmen sowie Gewinnausschüttung oder Gehaltsauszahlung bei einer Kapitalgesellschaft

Diese Unterschiede werden nicht gezeigt, um Vor- und Nachteile hervorzuheben, und auch nicht, um Sie dazu zu bewegen, an den Gegebenheiten Ihres Unternehmens etwas zu verändern.

Die Wahl der Gesellschaftsform und die damit verbundenen Möglichkeiten der Gewinnermittlung sind Entscheidungen, in die zwar auch steuerliche Betrachtungen mit einfließen, viel mehr kommt es aber auf die gesellschaftlichen Verhältnisse sowie auf rechtliche Absicherungen an, die wiederum in jeder Branche anders gewichtet sind.

Anhand dieser pauschalen Berechnungen möchte ich Ihnen lediglich einen Überblick über die verschiedenen Gegebenheiten geben.

Dieser Schnelldurchlauf durch das Steuerrecht zeigt, wie wichtig es ist, mehrere Aspekte in die Jahresabschlussarbeiten und die Möglichkeiten der Gewinnsteuerung mit einzubeziehen. Sie sollten neben dem aktuellen Ergebnis auch die Ergebnisse der Vor- und Folgejahre sowie die steuerliche Betrachtung mit einbeziehen und ggf. beachten, welche Auswirkungen Ihre Maßnahme auf die Buchführung Ihres Geschäftspartners hat.

Wer glaubt, der Beruf eines Buchhalters oder eines Steuerberaters erfordere keine Kreativität, wird nach der Lektüre dieses Kapitels seine Meinung vermutlich ändern.

1.6.1 Gewinnsteuerungsmöglichkeiten

Hier geht es darum, den Gewinn zu steuern, das Ergebnis vorübergehend zu verändern.

Kennen Sie das? Tagelang waren Sie mit der Vorbereitung des Jahresabschlusses beschäftigt. Alle Geschäftsvorfälle, auch die schwierigen, sind richtig gebucht, alle Nebenrechnungen auf Anlagen übersichtlich dargestellt und Sie präsentieren ganz stolz das vorläufige Ergebnis.

Nach einer kurzen Begeisterung über die schnelle Bearbeitung folgt die Reaktion auf das Ergebnis.

Liegt ein Gewinn vor, versiegt die Begeisterung recht bald, denn es wird eine hohe Steuerzahlung befürchtet. Bei Verlust wird meist noch schneller mit Ablehnung reagiert, denn solch ein Ergebnis könne man keinem Geschäftspartner vorlegen.

Also egal, welches Ergebnis Sie verkünden, Sie können es nicht jedem Recht machen. Es müssen Kompromisse gefunden werden und genau dazu sind die Gewinnsteuerungsmöglichkeiten da. Sie verändern das Ergebnis im richtigen Jahr und manchmal eben auch im gewünschten bzw. notwendigen Jahr.

Bei bilanzierenden Unternehmen kommt es vor allem auf die wirtschaftliche Zugehörigkeit an. Erst wenn ein Kundenauftrag abgeschlossen ist, zählt der Umsatz zu den Erlösen. Anzahlungen oder eine spätere Rechnungsstellung verändern Ihr Ergebnis nicht.

Möglichkeiten im aktuellen Jahr

Ist das aktuelle Jahr noch nicht abgelaufen, haben Sie einige Möglichkeiten, Ihren Gewinn zu steuern.

- Mit Absprache Ihres Kunden legen Sie den Fertigstellungstermin für einen Auftrag auf das nächste Jahr und schreiben statt einer Schlussrechnung eine weitere Akontorechnung. Allerdings ist hier zu beachten, dass die Kosten für diesen Auftrag erst zu den Aufwendungen zählen, wenn der Erlös erfasst wird (Kapitel 4).

- Sie bitten Ihren Lieferanten, den Fertigstellungstermin vorzuverlegen, oder teilen einen Auftrag in mehrere Einzelaufträge.

- Anschaffung von „abnutzbaren Anlagegütern". Dies lohnt sich vor allem zu Beginn des Jahres. Im Anschaffungsjahr ist die Abschreibung nur möglich für die Monate, in denen das Anlagegut dem Unternehmen zur Verfügung steht bzw. betriebsbereit ist (Kapitel 3).

Tipp:

Ist Ihr Kunde ein Einnahme-Überschussrechner und Sie bitten ihn, den Fertigstellungstermin auf das nächste Jahr zu verlegen, hat das keine Auswirkung auf sein Ergebnis. Beim Einnahme-Überschussrechner zählt nur die Zahlung, es genügt eine Anzahlung.

Bilanziert Ihr Kunde auch und bitten Sie ihn um das Einverständnis, den Fertigstellungstermin zu verschieben, zählt Ihre Rechnung auch erst im nächsten Jahr zu seinen Betriebsausgaben.

Ausnahme Anlagevermögen: Die Abschreibung ist zulässig, wenn es dem Unternehmen zur Verfügung steht. Möchte Ihr Kunde abschreiben, müssen Sie den Auftrag fertig stellen.

Möglichkeiten beim Jahresabschluss

Im Rahmen der Jahresabschlussarbeiten werden viele Möglichkeiten der Gewinnsteuerung genutzt, die meisten allerdings nur unter ganz bestimmten Voraussetzungen.

- Anlagevermögen bewerten, ggf. außerplanmäßige Abschreibungen vornehmen (Kapitel 3)
- Investitionsabzugsbetrag abziehen und/oder zusätzliche Sonderabschreibung vornehmen (Kapitel 9). Seit 2010 nur in der Steuerbilanz.
- Forderungen bewerten, tatsächlich prüfen, ob die erwarteten Geldeingänge sicher eingehen werden (Kapitel 4)
- Bestandsveränderungen von Vorräten und unfertigen und fertigen Erzeugnissen sowie die Bewertung der Anschaffungs- und Herstellungskosten (Kapitel 4)
- Rückstellungen vorsichtig bilden und auflösen (Kapitel 10)
- Rücklagen für Ersatzbeschaffung in besonderen Fällen und unter bestimmten Voraussetzungen (Kapitel 9). Seit 2010 nur in der Steuerbilanz.

1.6.2 Steuern bei Einzelfirmen und Personengesellschaften

Personenfirmen zahlen Einkommensteuer und gegebenenfalls Gewerbesteuer, es gibt Freibeträge. Die Einkommensteuer steigt progressiv, was bei schwankenden Ergebnissen zu unterschiedlich hohen Steuern führen kann. Die Gewerbesteuer für Gewinne ab 2008 mindert den Gewinn nicht mehr, aber es wird ein großer Teil der gezahlten Gewerbesteuer auf die Einkommensteuer angerechnet. Im Bereich der Einkommensteuer ist ein Verlustrücktrag in das Vorjahr begrenzt möglich, bei der Gewerbesteuer nicht. Beide lassen aber Verlustvortrag zu.

Siehe CD-ROM

Möchten Sie selbst ein paar Berechnungen anstellen, finden Sie dazu auf der beiliegenden CD-ROM eine Einkommensteuertabelle sowie einen Gewerbesteuerrechner.

1.6.3 Steuern bei Kapitalgesellschaften

Kapitalgesellschaften zahlen Gewerbesteuer und Körperschaftsteuer, für sie gibt es keine Freibeträge und die Steuern steigen proportional. Im Bereich der Körperschaftsteuer ist der Verlustrücktrag in das Vorjahr und Verlustvortrag in das Folgejahr möglich. Dadurch wirken sich stark schwankende Ergebnisse, wenn überhaupt, nur im Bereich der Gewerbesteuer negativ aus, da es hier keinen Verlustrücktrag gibt.

Das hört sich zunächst gut an, aber bei Kapitalgesellschaften stellt sich in steuerlicher Hinsicht ein ganz anderes Problem: Wie kommt die Person „Unternehmer/in" an das Geld ihrer Kapitalgesellschaft? Diese Frage wird im folgenden Kapitel beantwortet.

1.7 Wie kommen Unternehmer/innen an die Gewinne des Unternehmens?

Erledigen Sie die Buchführung für ein Einzelunternehmen, eine Personengesellschaft oder eine Kapitalgesellschaft? Bei Personenfirmen werden Gewinnentnahmen vollkommen anders behandelt als bei Kapitalgesellschaften.

1.7.1 Gewinne von Personenfirmen

Für Unternehmer/innen einer Einzelfirma und einer Personengesellschaft ist das Gehalt, also der Gewinn des Unternehmens, Einkünfte aus Gewerbebetrieb.

Der Gewinn des Unternehmens wird ermittelt, und dafür müssen die Unternehmer/innen Gewerbe- und Einkommensteuer zahlen.

Beispiel:

Eine Personenfirma erwirtschaftet einen Gewinn von 100.000 Euro. Welche Steuern sind zu zahlen?

	Gewinn Personenfirma
Gewinn	100.000 €
Gewerbesteuer	10.000 €
Körperschaftsteuer	0 €
Einkommensteuer abzügl. GewSt	(34.000 € - 9.000 €) = 25.000 €
Summe	**35.000 €**

Für einen Gewinn von 100.000 Euro verlangt das Finanzamt ca. 35.000 Euro Steuern.

Zahlungen auf das Privatkonto mindern den Gewinn nicht. Es ist völlig unerheblich, ob vorher viel oder wenig Geld für private Zwecke entnommen wurde oder nicht. Das Kapital einer Personenfirma steigt durch Privateinlagen und Gewinne und sinkt durch Privatentnahmen und Verluste. Entnahmen wirken sich lediglich auf das Kapital des Unternehmens aus.

Auch private Versicherungen und die private Altersvorsorge mindern den Gewinn des Unternehmens nicht, diese können im Rahmen der Einkommensteuererklärung als Sonderausgaben geltend gemacht werden.

1.7.2 Gewinne von Kapitalgesellschaften

Gründen Sie eine Kapitalgesellschaft, müssen Sie zum Beispiel bei einer GmbH eine Stammeinlage in Höhe 25.000 Euro an das Unternehmen zahlen. Die Einzahlung des Kapitals ist vor dem Gesetz eine Beteiligung am Unternehmen, d. h., Sie sind Gesellschafter/in Ihres Unternehmens.

Hier wird das Geld nicht in Erwartung von Zinsen auf das Sparbuch gelegt, sondern in ein Unternehmen und es werden Gewinne erwartet. Arbeiten Gesellschafter/innen im Unternehmen mit, erhalten sie dafür Gehalt. Die Privatperson „Gesellschafter/in" erfasst diese Einnahmen in der Einkommensteuererklärung.

Der Unternehmer kommt also auf zwei Wegen an die Gewinne:

* Gewinn für das angelegte Kapital, Einkünfte aus Kapitalvermögen
* Gehalt für die geleistete Arbeit, Einkünfte aus nicht selbstständiger Arbeit

Was ist besser?

Der für das Finanzamt beliebtere Weg ist die Gewinnausschüttung an die Gesellschafter. Die Kapitalgesellschaft zahlt für Gewinne Gewerbe- und Körperschaftsteuer und kann verbleibende Gewinne ausschütten. Die Gesellschafter zahlten bis 2008 für die Hälfte dieser ausgeschütteten Gewinne Einkommensteuer, auch Halbeinkünfteverfahren (§ 3 EStG) genannt. Seit 2009 unterliegt der gesamte ausgeschüttete Gewinn der Abgeltungsteuer von 25 %, soweit die Beteiligung im Privatvermögen liegt. Mehr dazu in Kapitel 8.5 „Gewinnausschüttung an Gesellschafter". *Gewinnausschüttung*

Gesellschafter, die im Unternehmen mitarbeiten, erhalten Gehalt. Gehälter mindern den Gewinn der Kapitalgesellschaft und damit die Gewerbe- und Körperschaftsteuer. Immerhin zahlen die Gesellschafter für das Gehalt die progressive Einkommensteuer. Warum dieser Weg dem Finanzamt weniger gefällt, soll das folgende Beispiel zeigen. *Gehalt*

Beispiel:

Eine Kapitalgesellschaft erwirtschaftet einen Gewinn von 100.000 Euro. Welche Steuern sind zu zahlen?

Variante 1: Der gesamte Gewinn wird ausgeschüttet.

Variante 2: Die 100.000 Euro wurden als Gehalt und Tantiemen an den Gesellschafter-Geschäftsführer ausgezahlt.

Zur besseren Übersicht wird der Abzug von Lohnsteuer und Kapitalertragsteuer vernachlässigt, außerdem wird bei der Einkommensteuer von gleichen persönlichen Verhältnissen ausgegangen.

Gewinn	Gewinnausschüttung	Gehaltszahlung
Gewinn des Unternehmens	100.000 €	100.000 €
		(Gehalt) – 100.000 €
		= 0 €
Gewerbesteuer	ca. 13.000 €	0 €
Körperschaftsteuer	ca. 15.000 €	0 €
Summe Steuern Unternehmen	ca. 28.000 €	0 €
Einkünfte Unternehmer/in	60 % von 72.000 €	(Gehalt) 100.000 €
Einkommensteuer Unternehmer/in	ca. 22.000 €	ca. 34.000 €
Summe Steuern insgesamt	**ca. 50.000 €**	**ca. 34.000 €**

Gewinn-
ausschüttung

Bei der Gewinnausschüttung zahlt das Unternehmen insgesamt 28.000 Euro Steuern, es verbleibt ein auszuschüttender Gewinn von 72.000 Euro. Davon muss die Person „Unternehmer/in" 60 % versteuern, und es fallen 22.000 Euro Einkommensteuer an. Insgesamt verlangt das Finanzamt Steuern in Höhe von ca. 50.000 Euro.

Erhält dagegen der mitarbeitende Unternehmer ein Gehalt, mindert das den Gewinn des Unternehmens. Dadurch fällt in diesem Beispiel weder Gewerbe- noch Körperschaftsteuer an. Der Unternehmer versteuert dafür sein Gehalt im Rahmen seiner Einkommensteuererklärung und zahlt insgesamt 34.000 Euro Steuern, also bedeutend weniger als bei einer Gewinnausschüttung. Eine Gewinnausschüttung in vollem Umfang sowie eine verdeckte Gewinnausschüttung werden in Kapitel 8 „Kapital" beschrieben.

2 Umsatzsteuerpflicht – ja oder nein?

Ist der Umsatz umsatzsteuerpflichtig, müssen Sie zusätzlich zum Waren- bzw. Leistungswert den entsprechenden Umsatzsteuersatz in Rechnung stellen. Die Umsatzsteuer müssen Sie in regelmäßigen Abständen an das Finanzamt abführen und im Gegenzug erhalten Sie die berechnete bzw. gezahlte Vorsteuer unter bestimmten Voraussetzungen zurück.

2.1 Umsatzsteuerpflichtige Umsätze

Hier kommt es auf die Art des Umsatzes an. Tätigen Sie folgende Geschäfte, müssen Sie zusätzlich zum Warenwert bzw. zur Dienstleistung Umsatzsteuer in Rechnung stellen.

* Verkauf von Waren oder Dienstleistungen gegen Entgelt, wenn diese nicht nach § 4 UStG von der Umsatzsteuer befreit sind

* Warenentnahme für private Zwecke sowie Entnahme von Leistungen wie Kfz und Telefon

Dies gilt dann nicht, wenn § 4 des Umsatzsteuergesetzes eine Befreiung zulässt, wie im nächsten Kapitel beschrieben.

> **Achtung:**
> Berechnen Sie Ihrem Kunden unselbstständige Nebenleistungen wie Reisekosten, Porto, Mautgebühren, müssen Sie diese mit dem gleichen Steuersatz in Rechnung stellen, den Sie auch bei der Hauptleistung berechnen.

2.1.1 Kleinunternehmer

Liegt der Umsatz des Vorjahres oder des Gründungsjahres nicht über 17.500 Euro und liegt der Umsatz im laufenden Jahr nicht über 50.000 Euro, ist es möglich, die Kleinunternehmerregelung nach § 19 UStG zu beantragen. In diesem Fall müssen Sie keine Umsatzsteuer in Rechnung stellen und erhalten keine Vorsteuer zurück.

Achtung:
Verzichten Sie freiwillig auf die „Besteuerung für Kleinunternehmer", da Sie in den ersten Jahren hohe Investitionen tätigen und die Vorsteuer abziehen möchten, sind Sie an diese Entscheidung fünf Jahre gebunden. In der Fachsprache heißt das „optieren".

Zu den Umsätzen zählen auch unentgeltliche Wertabgaben (Unternehmer) und Sachbezüge (Arbeitnehmer). Außerdem wird Ihr Umsatz im Gründungsjahr auf zwölf Monate hochgerechnet, das müssen Sie beachten.

Beispiel:
Sie haben sich im Mai selbstständig gemacht und hatten im Gründungsjahr einen Umsatz von 12.000 Euro. Diese 12.000 Euro haben Sie in acht Monaten erwirtschaftet, also hätten Sie in zwölf Monaten (12.000 Euro : 8 x 12) 18.000 Euro eingenommen. In diesem Fall ist die Umsatzgrenze überschritten.

2.2 Umsatzsteuerfreie Umsätze

Folgende Warenlieferungen und Dienstleistungen sind nach § 4 UStG von der Umsatzsteuer befreit. In der Regel gilt, wer keine Umsatzsteuer berechnet, erhält auch keine Vorsteuer zurück. Das gilt aber nicht für alle steuerfreien Umsätze, wie das folgende Schaubild zeigt.

ohne Vorsteuerabzug	mit Vorsteuerabzug
• Gewährung von Krediten • Wertpapiergeschäfte • Vermietung von Grundstücken, Gebäuden • Krankenhäuser, Ärzte, Zahnärzte • Heilpraktiker und ähnliche Berufe • Deutsche Post (seit 2010 nur noch teilweise) • staatlich anerkannte Schulen	• Ausfuhr an sonstiges Ausland • Innergemeinschaftliche Lieferung an EU-Ausland

2.2.1 Steuerfrei mit Vorsteuerabzug

Handeln Sie grundsätzlich mit umsatzsteuerpflichtigen Waren, müssen Sie Ihren Kunden Umsatzsteuer in Rechnung stellen. Liefern Sie nun diese Waren an das Ausland, ist dieser Export unter bestimmten Voraussetzungen in Deutschland umsatzsteuerfrei, nicht aber im Ausland. In dem Moment, in dem die Ware im Ausland ankommt, wird sie im Importland umsatzsteuerpflichtig, und der Kunde zahlt die Umsatzsteuer seines Landes.

mit Vorsteuerabzug

Der erlaubte Vorsteuerabzug bezieht sich auf die Ausgaben, die mit diesem Auftrag zusammenhängen. Sie dürfen die Vorsteuer aus den Einkaufspreisen abziehen, obwohl Sie die Verkaufspreise ohne Umsatzsteuer berechnen.

2.2.2 Steuerfrei ohne Vorsteuerabzug

Für diese Umsätze stellen Sie weder deutschen noch ausländischen Kunden Umsatzsteuer in Rechnung und erhalten keine Vorsteuer zurück.

ohne Vorsteuerabzug

Mehr zur umsatzsteuerlichen Behandlung erfahren Sie in folgenden Kapiteln.

* Kapitel 6.2 „Geschäfte mit dem Ausland"
* Kapitel 6.3 „Bauleistungen"

2.3 Gemischte Umsätze – Vorsteuerabzug anteilig

Vorsteuerabzug ist nur zulässig aus Aufwendungen bzw. Betriebsausgaben, die mit den umsatzsteuerpflichtigen Umsätzen zusammenhängen. Ausnahme: Ausfuhr und innergemeinschaftliche Lieferung. Diese sind zwar von der Umsatzsteuer befreit, lassen aber den Vorsteuerabzug zu.

Ermittlung des anteiligen Vorsteuerabzugs bei gemischten Umsätzen:

Ausgaben lassen sich den steuerpflichtigen Umsätzen eindeutig zuordnen	Vorsteuerabzug 100 %
Ausgaben lassen sich den Umsätzen nicht eindeutig zuordnen	Aufteilung nach Umsätzen
Vermietung privat und gewerblich (Anschaffungskosten/Ausbau)	Aufteilung nach qm, evtl. nach Umsätzen (BMF-Schreiben vom 30.09.08, BFH Urteil vom 25.03.09)
Vermietung privat und gewerblich (Erhaltungsaufwendungen)	Vorsteuerabzug 100 % für gewerblich vermieteten Anteil

Siehe CD-ROM

Beispiel:

Ein Makler vermittelt Versicherungen und Immobilien. Der umsatzsteuerfreie Umsatz aus der Vermittlung von Versicherungen beträgt 30.000 Euro, und der umsatzsteuerpflichtige Umsatz aus der Vermittlung von Immobilien beträgt 70.000 Euro. Im laufenden Jahr wurde die enthaltene Vorsteuer 2.000 Euro aus Kosten, die für den Gesamtumsatz angefallen sind, auf das Konto „Abziehbare Vorsteuer 1576/1406" gebucht. Korrigieren Sie die Vorsteuer, indem Sie die nicht abziehbare Vorsteuer gesondert erfassen.

Buchung

Konto SKR 03 Soll	Konto SKR 04 Soll	Kontenbezeichnung	Betrag	an	Konto SKR 03 Haben	Konto SKR 04 Haben	Kontenbezeichnung	USt oder VSt
4306	6871	Nicht abziehbare Vorst. 19 %	600		1576	1406	Abziehbare Vorsteuer 19 %	keine

30 % der bisher gebuchten Vorsteuer ist nicht abzugsfähig.

2.3.1 Vorsteuerberichtigung nach § 15 a UStG.

Hat ein Unternehmen gemischte Umsätze, und dadurch nur anteiligen Vorsteuerabzug, gilt das auch für die Anschaffungs- und Herstellungskosten von Anlagevermögen. In diesem Fall wird der Vorsteuerabzug im Jahr der Anschaffung vorgenommen und das eben nur anteilig.

Beispiel:

Das Unternehmen hat ein Fahrzeug im Wert von 47.600 Euro inkl. 19 % USt. angeschafft. Im Anschaffungsjahr konnten 50 % der Vorsteuer 3.800 Euro abgezogen werden, da die umsatzsteuerpflichtigen Umsätze bei 50 % lagen.

Was ist zu tun, wenn sich die Verhältnismäßigkeiten in den folgenden Jahren verändern?

2.3.2 Vorsteuerberichtigung ja oder nein?

Die Pflicht zur Vorsteuerberichtigung beginnt erst, wenn der Vorsteuerbetrag aus den Anschaffungskosten über 1.000 Euro liegt, § 44 UStDV. Das trifft auf das Beispiel zu.

Die Berichtigung erfolgt aber nur in den Jahren, in denen eine Abweichung von mindestens 10 % zum Anschaffungsjahr vorliegt. Ausnahme, liegt der zu berichtigende Vorsteuerbetrag in diesem Jahr allerdings über 1.000 Euro ist doch zu berichtigen. Dazu gehen wir einen Schritt weiter.

Der Vorsteuerberichtigungszeitraum von Anlagevermögen beträgt fünf Jahre. D. h. in diesen fünf Jahren sind die Verhältnismäßigkeiten zu beobachten. Ist die betriebsgewöhnliche Nutzungsdauer niedriger als fünf Jahre, verkürzt sich auch der Zeitraum, es gilt dann die Nutzungsdauer. Bei Grundstücken und Gebäuden beträgt der Berichtigungszeitraum zehn Jahre.

Beispiel:

Die Nutzungsdauer des Fahrzeugs beträgt sechs Jahre, so dass der volle Berichtigungszeitraum von fünf Jahren zu beobachten ist. Dazu ist die Vorsteuer auf fünf Jahre zu verteilen, für jedes Jahr ein Fünftel, also 1.520 Euro. In den Folgejahren haben sich die Verhältnismäßigkeiten gegenüber dem Anschaffungsjahr wie folgt geändert. Wie hoch ist jeweils die Abweichung?

	Vorsteuer pro Jahr	Umsätze umsatzsteuerpflichtig	Abweichung zum Anschaffungsjahr
1. Jahr	1.520	50 %	
2. Jahr	1.520	60 %	10 %
3. Jahr	1.520	70 %	20 %
4. Jahr	1.520	60 %	10 %
5. Jahr	1.520	80 %	30 %
Summe	7.600		

Da der Vorsteuerbetrag bei 7.600 Euro lag – also über 1.000 Euro – , ist eine Berichtigung vorzunehmen. Außerdem ist jedes Jahr zu berichtigen, denn die Abweichung beim Vorsteuerabzug war in allen Jahren mindestens 10 % höher als im Anschaffungsjahr.
Wie hoch ist die abzugsfähige Vorsteuer und wie hoch ist die Differenz?

Jahr	Umsätze steuerpflichtig	Vorsteuer gesamt	Vorsteuer- abzug	Vorsteuer abzugsfähig	Differenz
1.	50 %	1.520	760	760	0
2.	60 %	1.520	760	912	152
3.	70 %	1.520	760	1.064	304
4.	60 %	1.520	760	912	152
5.	80 %	1.520	760	1.216	456
		7.600	3.800	4.864	1.064

Danach steht fest, dass mehr Vorsteuer abzugsfähig ist, nämlich 4.864 Euro statt 3.800 Euro. Es handelt sich um eine Differenz von 1.064 Euro.
Die Bemessungsgrundlage für die Abschreibung bleibt dabei unberührt. Die nachträglich abziehbare Vorsteuer ist direkt als Betriebseinnahme zu erfassen, § 9b EStG.

Buchung

Konto SKR 03 Soll	Konto SKR 04 Soll	Konten- bezeichnung	Betrag	an	Konto SKR 03 Haben	Konto SKR 04 Haben	Konten- bezeichnung	USt oder VSt
Umbuchung im 2. Jahr								
1556	1396	nachträglich abziehbare Vorsteuer § 15a UStG	152,00		2287	7692	Erstattung, VJ für sonstige Steuern	keine

Im umgekehrten Fall, wenn Sie Vorsteuer zurückzahlen müssen, erhöhen Sie die Betriebsausgaben durch folgende Buchung: „2285/7690 Steuernachzahlung Vorjahre für sonstige Steuern" an „1557/1397 zurückzuzahlende Vorsteuer nach § 15a UStG".

Das gleiche gilt auch für Umlaufvermögen, das nicht im Jahr der Anschaffung veräußert wurde. Hier entspricht der Berichtigungszeitraum der Lagerdauer bzw. den fünf oder zehn Jahren.

Achtung:
In der Praxis müssen Sie nicht ein Jahr, sondern jeden Monat beobachten. D. h. der Vorsteuerbetrag ist durch die Anzahl von 60 Monaten (5 Jahre x 12 Monate) zu teilen. Es ist also monatsgenau zu korrigieren, § 45 UStDV.

2.3.3 Zeitpunkt der Vorsteuerberichtigung

Nun geht es um den Zeitpunkt, wann die Vorsteuerberichtigung vorzunehmen ist. Erst am Ende des Berichtigungszeitraums, am jeweiligen Jahresende oder sofort im laufenden Jahr?

Hierfür schreibt das Gesetz eindeutige Fristen vor, die unbedingt einzuhalten sind, § 44 UStDV. Es kommt nicht nur auf die Höhe der Vorsteuer aus den Anschaffungskosten an, auch auf die Höhe der Differenz.

Am Ende des Berichtigungszeitraum	Der Vorsteuerbetrag aus den Anschaffungskosten liegt über 1.000 Euro, aber nicht über 2.500 Euro.
Am Ende jeden Jahres, in der Umsatzsteuererklärung	Der Vorsteuerbetrag aus den Anschaffungskosten liegt über 2.500 Euro und die jährliche Differenz liegt nicht über 6.000 Euro.
Sofort, in der aktuellen Umsatzsteuer-Voranmeldungen	Der Vorsteuerbetrag aus den Anschaffungskosten liegt über 2.500 Euro und die jährliche Differenz liegt über 6.000 Euro.
	Immer bei Veräußerung des Gegenstands.

Beispiel:

Die Vorsteuer aus den Anschaffungskosten lag über 2.500 Euro und die jährliche Differenz liegt nicht über 6.000 Euro, also ist die Berichtigung in jedem Jahr in der Umsatzsteuererklärung vorzunehmen.

Für Grundstücke und Gebäude gilt ein Berichtigungszeitraum von zehn Jahren. Wurde bei der Anschaffung oder Herstellung von Gebäuden Vorsteuerabzug vorgenommen, ist ein Berichtigungszeitraum von zehn Jahren zu beobachten, also 120 Monate. Sowie sich zum Beispiel die Verhältnisse zwischen steuerpflichtiger und steuerfreier Vermietung verändern, ist die Vorsteuer zu berichtigen soweit der Vorsteuerbetrag und die Abweichung hoch genug sind. Für nachträgliche Anschaffungs- oder Herstellungskosten beginnt jeweils ein eigener Berichtigungszeitraum.

2.3.4 Berichtigung bei vorzeitiger Veräußerung?

Wird ein Gegenstand vor Ablauf des Berichtigungszeitraums umsatzsteuerpflichtig veräußert, ist die Vorsteuer ab dem Jahr der Veräußerung bis zum Ende des Berichtigungszeitraums zu 100 % abzugsfähig.

Beispiel:

Das Fahrzeug wird im dritten Jahr umsatzsteuerpflichtig veräußert. Wie viel Vorsteuer ist abzugsfähig?

Jahr	Umsätze steuerpflichtig	Vorsteuer gesamt	Vorsteuer-abzug	Vorsteuer abzugsfähig	Differenz
1.	50 %	1.520	760	760	0
2.	60 %	1.520	760	912	152
3.	70 %	1.520	760	1.520	760
4.	60 %	1.520	760	1.520	760
5.	80 %	1.520	760	1.520	760
		7.600	3.800	6.232	2.432

Bei Veräußerung ist die Vorsteuer sofort in der laufenden Umsatz-steuer-Voranmeldung zu berichtigen. In diesem Fall sind das 2.432 Euro.

Werden Grundstücke oder Gebäude vor Ablauf des Berichtigungs-zeitraums umsatzsteuerfrei veräußert bzw. in das Privatvermögen übernommen, ist die Vorsteuer ab dem Jahr der Veräußerung bis zum Ende des Berichtigungszeitraums nicht mehr abzugsfähig und muss sofort zurückgezahlt werden.

Tipp:

Wenn Sie von der Vorsteuerberichtigung betroffen sind, finden in den Umsatzsteuerrichtlinien zum § 15a viele Beispiele und im Zweifel soll-ten Sie unbedingt Ihren Steuerberater fragen.

2.4 Voraussetzungen für den Vorsteuerabzug

Die Vorsteuer erhalten Sie zurück, sobald Ihnen eine einwandfreie Rechnung nach § 14 UStG vorliegt und

1. die Leistung erbracht ist und/oder
2. die Zahlung erfolgt ist.

Es gilt das Datum des Rechnungseingangs (§ 192 (2) UStR). Wie die Vorsteuer einer Rechnung zu buchen ist, die inhaltlich in das Ab-schlussjahr gehört, aber erst im Folgejahr eingeht, sehen Sie in Kapi-tel 2.5 „Abrechnung mit dem Finanzamt" – Vorsteuerabzug bei Ausgaben.

Tipp:

Liegt Ihnen für eine geleistete Anzahlung keine Rechnung vor, ist nur eine Bedingung erfüllt. In diesem Fall besteht die Möglichkeit, Ihrem Lieferanten eine Gutschrift zu schreiben. Liegt diese Gutschrift Ihrem Lieferanten vor, hat diese die gleiche Wirkung wie eine Rechnung, so-weit der Lieferant nicht ausdrücklich widerspricht.

Hiermit bestätigen wir Ihnen, dass wir die Anzahlung in Höhe von ... Euro netto zuzüglich ... Euro Umsatzsteuer 19 % am ... auf Ihr Konto überwiesen haben. Ansonsten muss die Gutschrift den gleichen Inhalt wie eine einwandfreie Rechnung haben.

Zur Frage, ob der Vorsteuerabzug im Abschlussjahr möglich ist oder nicht, sehen Sie bitte folgende Beispielfälle:

	Vorsteuerabzug im Jahr 2010 ja oder nein
Eine Reparatur wurde im Dezember 2010 abgeschlossen. Die Rechnung vom 15.01.11 bezahlen Sie am 20.01.11.	nein
Die Telefonrechnung ging am 31.12.10 ein. Sie zahlen sie erst am 10.01.11.	ja
Die Rechnung des Steuerberaters für das Abschlussjahr 2009 vom 15.06.10 wird am 10.07.10 bezahlt. Im Vorjahr wurde dafür eine Rückstellung gebildet.	ja
Eine Maschine wurde im Dezember geliefert und im Januar aufgebaut. Seit 15.01.11 ist die Maschine einsatzbereit. Die Rechnung vom 20.12.10 haben Sie am 30.12.10 erhalten und bezahlt.	ja
Sie überweisen eine Anzahlung an Ihren Lieferanten nach telefonischer Absprache.	nein

2.4.1 Einwandfreie Rechnung über 150 Euro inklusive Umsatzsteuer

Diese Angaben muss eine vollständige bzw. einwandfreie Rechnung bzw. Honorargutschrift enthalten, § 14 UStG.

Checkliste: Inhalt Rechnung über 150 Euro

- Vollständiger Name und vollständige Adresse des Rechnungsausstellers
- Vollständiger Name sowie vollständige Adresse des Rechnungsempfängers
- Steuernummer (länderweit einheitlich) oder Umsatzsteuer-Identifikationsnummer (bundesweit einheitlich) des Rechnungsausstellers (gilt auch für Kleinunternehmer)
- fortlaufende Rechnungsnummer
- Ausstellungsdatum (Rechnungsdatum)
- Lieferdatum oder Bezug auf Lieferschein, Leistungszeitraum (Kalendermonat)
- Menge und Artikelbezeichnung bzw. Art der Leistung

- Preis der Waren bzw. Dienstleistungen abzüglich Rabatt, aufgeschlüsselt nach Steuersätzen (Waren 7 % bzw. 19 %)
- Umsatzsteuerbetrag und Umsatzsteuersatz, ebenfalls aufgeschlüsselt nach Steuersätzen
- oder Hinweis auf Steuerbefreiung (z. B. Krankentransport, Kleinunternehmer)
- oder Hinweis auf Steuerschuldumkehr § 13 b UStG bei Export und Bauleistungen
- Hinweis auf mögliche nachträgliche Rabatte (Skonto, Bonus) ggf. Hinweis auf allgemeine Geschäftsbedingungen, Bonus- oder Rabattvereinbarungen, die beiden Geschäftspartnern vorliegen
- Bei Bauleistungen an Haus und Hof bei Privatpersonen, Hinweis auf Aufbewahrungspflicht zwei Jahre

Jeder Unternehmer ist dazu verpflichtet, die richtige (gesetzlich gültige) Umsatzsteuer abzuführen und die richtige Vorsteuer abzuziehen. Allerdings muss für den Vorsteuerabzug eine einwandfreie Rechnung vorliegen. Ist die Rechnung fehlerhaft, hat der Rechnungsempfänger ein Recht auf eine korrekte Rechnung nach § 14 (2) UStG. Das heißt: Egal wie die Rechnung zunächst aussieht: Sobald die angeforderte korrekte Rechnung vorliegt, kann der Rechnungsempfänger zu gegebener Zeit die richtige Vorsteuer abziehen.

Fehlerhafter Umsatzsteuerausweis

Liegt zwischen Verkäufer und Einkäufer keine Nettopreisregelung vor (Umsatz zuzüglich der gesetzlichen Umsatzsteuer), sondern eine Festpreisvereinbarung, kann es bei fehlerhaften Rechnungen zu folgenden Problemen kommen:

Obwohl die Rechnung versehentlich mit 7 % ausgestellt wurde, muss der Rechnungsaussteller in jedem Fall 19 % Umsatzsteuer abführen und der Rechnungsempfänger kann nach Anforderung einer korrekten Rechnung 19 % Vorsteuer abziehen. Zahlt der Rechnungsempfänger den fehlenden Vorsteuerbetrag nicht nach, verringert sich dadurch bei beiden der Nettopreis. Nachteil für den Verkäufer.

Die Rechnung wird zu niedrig ausgestellt

Hier muss der Rechnungsaussteller nur 7 % Umsatzsteuer abführen und der Rechnungsempfänger darf nur 7 % Vorsteuer abziehen, obwohl auf der Rechnung 19 % ausgewiesen werden. Zahlt der Rech-

Die Rechnung wird zu hoch ausgestellt

nungsaussteller den übersteigenden Betrag nicht zurück, erhöht sich dadurch bei beiden der Nettopreis. Nachteil für den Einkäufer.

Rechnungen an Privathaushalte über haushaltsnahe Dienst-, Pflege- und Handwerksleistungen

Alle Haushalte, ob Mieter oder Eigentümer, können einen Teil dieser Kosten direkt von der Steuerlast abziehen. Abziehbar sind allerdings nur die Arbeitsleistungen sowie die Maschinen und Fahrtkosten. Diese Kosten müssen Sie getrennt von den Materialkosten in Rechnung stellen, nur so werden sie anerkannt. Außerdem müssen Sie Ihre Kunden darauf hinweisen, dass Barzahlungen nicht anerkannt werden.

Haushaltsnahe Dienstleistungen sowie Pflege- und Betreuungskosten:

Seit 2009

Rechnungen über	Steuerermäßigung
haushaltsnahe Dienst-, Pflege- und Betreuungsleistungen	20 % der gezahlten Kosten, max. 4.000 €, d. h. 20 % von 20.000 €. (600 bzw. 1.200 € bis 2008) Erstattungen der Pflegeversicherung mindern die Kosten.

Haushaltsnahe Handwerksleistungen:

Rechnungen über	Steuerermäßigung
Renovierungs-, Erhaltungs- und Modernisierungsleistungen in der Wohnung, im Haus und deren Einrichtungsgegenstände wie Einbauküche, Waschmaschine, Herd, TV, Computer etc. (nicht bei Neubau). Die Reparaturen müssen im Haushalt durchgeführt werden.	20 % der gezahlten Kosten, max. 1.200 €, d. h. 20 % von 6.000 € (600 €, d. h. 20 % von 3.000 € bis 2008)

Seit 2009 sind insgesamt 5.200 Euro abziehbar, soweit alle Voraussetzungen erfüllt sind.

2.4.2 Einwandfreie Rechnung bis zu 150 Euro inkl. Umsatzsteuer

Diese Angaben muss eine Kleinbetragsrechnung nach § 33 UStDV enthalten.

Checkliste: Inhalt Rechnung bis zu 150 Euro

- Vollständiger Name und vollständige Adresse des Rechnungsausstellers
- Ausstellungsdatum (Rechnungsdatum)
- Menge und Artikelbezeichnung bzw. Art der Leistung
- Preis der Waren bzw. Dienstleistungen inkl. Umsatzsteuer nach Steuersätzen aufgeschlüsselt
- Umsatzsteuersatz 7 % bzw. 19 % oder Hinweis auf Steuerbefreiung (Krankentransport, Kleinunternehmer)
- Bei Bauleistungen an Haus und Hof bei Privatpersonen, Hinweis auf Aufbewahrungspflicht zwei Jahre

---

2.4.3 Einwandfreie Schlussrechnung

Die Umsatzsteuer der Akontorechnungen darf in der Schlussrechnung nicht noch einmal ausgewiesen werden. R 187 (7,8) UStR.

Beispiel:

Sie haben eine Akontorechnung geschrieben über 8.000 Euro netto zzgl. 1.520 Euro USt. Nun ist der Auftrag abgeschlossen, und der gesamte Rechnungsbetrag beträgt 20.000 Euro netto zuzüglich 3.800 Euro USt. Wie muss die Schlussrechnung aussehen?

Schlussrechnung		
	Nettobetrag	Umsatzsteuer
Gesamtpreis	20.000 €	3.800 €
abzüglich Teilrechnung Nr. ...	8.000 €	– 1.520 €
verbleibender Netto-Betrag	12.000 €	
Umsatzsteuer 19 %	2.280 €	
Rechnungsbetrag	14.280 €	

Ist der Auftrag abgeschlossen, sind Sie dazu verpflichtet, die Rechnung innerhalb von sechs Monaten auszustellen.

2.4.4 Rechnungskorrektur oder nachträgliche Vereinbarung

Grundsätzlich müssen dem Rechnungsaussteller sowie dem Rechnungsempfänger die gleiche Rechnung sowie deren Bestandteile vorliegen. Das Gleiche gilt für die Korrekturen.

In welchem Fall ist es notwendig, die Rechnung zu korrigieren, und in welchem Fall genügt eine nachträgliche Vereinbarung?

Rechnungskorrektur	nachträgliche Vereinbarung
Originalrechnung vernichten und noch einmal ausstellen oder eine berichtigte Rechnung schreiben „Rechnungsberichtigung gemäß § 14 UStG. Die Rechnung Nr. … vom … wird wie folgt berichtigt."	Sie teilen bezogen auf die Originalrechnung die Änderungen schriftlich mit.
nur durch Rechnungsaussteller möglich	möglich durch Rechnungsaussteller und Rechnungsempfänger
<ul><li>Rechnungsaussteller unklar</li><li>fehlende Rechnungsadresse</li><li>falscher Rechnungsempfänger</li><li>ungenaue, falsche Warenbezeichnung</li><li>fehlendes Lieferdatum</li><li>fehlender, falscher Nettobetrag, Steuersatz oder Steuerbetrag</li><li>fehlende, falsche Aufteilung nach Steuersätzen</li></ul>	<ul><li>eine Skonto- oder Bonusvereinbarung liegt nicht vor</li><li>Minderung des Rechnungsbetrags durch Mängelrüge</li><li>Kürzungen des Rechnungsbetrags in der Baubranche durch Architekten und Bauleiter</li></ul>

2.4.5 Korrektur bei unberechtigtem Steuerausweis

Liegt ein unberechtigter Umsatzsteuerausweis vor (durch Privatperson oder Kleinunternehmer) und hat der Rechnungsempfänger bereits den Vorsteuerabzug geltend gemacht, müssen Sie die Umsatzsteuer abführen und das Finanzamt über den Fehler schriftlich informieren. Das Finanzamt wird Ihnen mitteilen, wann Sie die Umsatzsteuer zurückerhalten.

2.5 Die Abrechnung mit dem Finanzamt

Das Umsatzsteuergesetz schreibt nicht nur vor, wie oft Sie im Jahr mit dem Finanzamt abrechnen müssen. Es schreibt auch vor, zu welchem Zeitpunkt die Umsatzsteuer sowie die Vorsteuer in die Formulare „Umsatzsteuer-Voranmeldung und Umsatzsteuererklärung" eingetragen werden. Beide Formulare finden Sie auf der beiliegenden CD-ROM.

Siehe CD-ROM

2.5.1 Abgabetermine – Umsatzsteuer-Voranmeldung – Umsatzsteuererklärung

Es kommt auf den jährlichen Umsatzsteuerbetrag an: Je nachdem wie hoch dieser ist, müssen Sie monatlich, vierteljährlich oder jährlich die Formulare einreichen.

Abgabe monatlich	Umsatzsteuerbetrag über 7.500 Euro im Jahr
Abgabe vierteljährlich	Umsatzsteuerbetrag über 1.000 Euro bis 7.500 Euro im Jahr
Abgabe jährlich	Umsatzsteuerbetrag bis 1.000 Euro im Jahr
	Für die jährliche Abrechnung nutzen Sie die Umsatzsteuererklärung, nicht die Umsatzsteuer-Voranmeldung

Die jährlich abzuführende Umsatzsteuer abzüglich abziehbarer Vorsteuern ergibt den Umsatzsteuerbetrag.

Achtung:
Alle neu gegründeten Unternehmen müssen im ersten und zweiten Jahr die Umsatzsteuer-Voranmeldung **monatlich** abgeben, egal wie hoch der Umsatzsteuerbetrag ist. Haben Sie allerdings die Kleinunternehmerregelung beantragt, gilt diese Regel nicht.

Ausnahme für Existenzgründer

Umsatzsteuer-Voranmeldung

Dieses Formular verwenden Sie für die monatliche sowie vierteljährliche Abrechnung mit dem Finanzamt. Es wird per Elster online an das Finanzamt übermittelt.

Die monatliche Abgabe erfolgt am zehnten Tag des Folgemonats und die vierteljährliche Abgabe zehn Tage nach Ablauf des Quartals, am 10. April, 10. Juli, 10. September und am 10. Januar. Gleichzeitig mit der Abgabe wird die Zahlung fällig. Bei Scheckzahlung ist der Scheck drei Tage vor dem Abgabetermin einzureichen.

Umsatzsteuererklärung

Auf diesem Formular erfolgt die jährliche Abrechnung. Jährlich abrechnen muss jedes Unternehmen, das mit der Umsatzsteuer zu tun hat. Auch Unternehmen, die monatlich oder vierteljährlich die Umsatzsteuer-Voranmeldung an das Finanzamt senden, müssen zum Schluss noch mal abrechnen.

Die Umsatzsteuererklärung muss in der Regel zum 31. Mai des Folgejahres abgegeben werden. Sie wird nicht online übermittelt, sondern im Original eingereicht, mit der Unterschrift des Unternehmers bzw. des Geschäftsführers. Die Zahlung wird exakt vier Wochen nach der Abgabe unaufgefordert fällig.

> **Achtung:**
> Die verspätete Abgabe bzw. Versendung der Formulare kostet Verspätungszuschlag oder Bußgeld, und die verspätete Zahlung kostet Verzugszinsen.

Antrag auf Dauerfristverlängerung

Siehe CD-ROM

Mit diesem Formular können Sie die monatlichen und vierteljährlichen Abgabetermine um einen Monat verlängern. Dieses Formular finden Sie auf der beiliegenden CD-ROM.

Verlängerung bei monatlicher Abgabe:

Formular + Sondervorauszahlung

Am 10. Februar senden Sie nicht die Voranmeldung für Januar, sondern den „Antrag auf Dauerfristverlängerung". Gleichzeitig zahlen Sie eine Sondervorauszahlung in Höhe von $^1/_{11}$ des Umsatzsteuerbetrags vom Vorjahr. Dadurch müssen Sie erst am 10. März die

Umsatzsteuer-Voranmeldung für Januar abgeben und bezahlen. In der Voranmeldung für Dezember, fällig am 10. Februar, ziehen Sie die Sondervorauszahlung wieder ab.

Verlängerung bei vierteljährlicher Abgabe:

Hier genügt die Übermittlung des Formulars „Antrag auf Dauer-fristverlängerung", eine Sondervorauszahlung ist nicht erforderlich. Dann sind Ihre Abgabe- und Zahlungstermine am 10. Mai, 10. August, 10. November und am 10. Februar.

Formular genügt

Ab 2011 ist dieses Formular ebenfalls online an das Finanzamt zu übermitteln.

2.5.2 Diese Zahlen werden in die Formulare eingetragen

Die Umsatzsteuer müssen Sie abführen, sobald der Auftrag abgeschlossen ist. Zum Beispiel ist die Umsatzsteuer für alle Aufträge, die im Februar abgeschlossen wurden, in der Umsatzsteuer-Voranmeldung Februar zu erfassen, unabhängig vom Rechnungsdatum. Es sei denn, Sie unterliegen bezüglich der Umsatzsteuer der Ist-Versteuerung bzw. haben diese beantragt.

Soll- oder Ist-versteuerung?

Achtung:

In der Praxis wird die Umsatzsteuer häufig erst in dem Monat abgeführt, in dem die Rechnung geschrieben wurde. Das erleichtert das Buchen. Alle Rechnungen, die auf Februar datiert sind, werden in der Umsatzsteuer-Voranmeldung Februar erfasst. Diese Vorgehensweise wird auch von Betriebsprüfern anerkannt, es kommt auf das Bundesland an. Sprechen Sie mit Ihrem Steuerberater, wie Ihr Finanzamt in diesem Fall reagiert.

Ist-Versteuerung beantragen

Für Freiberufler gilt grundsätzlich die Ist-Versteuerung. Alle anderen Unternehmen können die Ist-Versteuerung beantragen, wenn der Umsatz des Vorjahres nicht über 500.000 Euro lag. Bis zum 30.06.2009 lag diese Grenze bei 250.000 Euro und nur für Unternehmen in den neuen Bundesländern bei 500.000 Euro (§ 20 UStG).

Achtung:
Zum 1.7.2009 wurde die Umsatzgrenze von 250.000 Euro auf 500.000 Euro erhöht. Lag Ihr Umsatz im Jahr 2008 über 250.000 Euro, aber nicht über 500.000 Euro, können Sie frühestens ab 1.7.2009 die Ist-Versteuerung beantragen. Sie können entgegen Abschnitt 254 Abs.1 Satz 4 USTR im ersten Halbjahr 2009 die Soll-Versteuerung anwenden und im zweiten Halbjahr (wenn genehmigt) die Ist-Versteuerung. Sprechen Sie mit Ihrem Steuerberater, ob es in Ihrem Fall sinnvoll ist, noch rückwirkend für das zweite Halbjahr 2009 die Ist-Versteuerung zu beantragen oder erst zu Beginn des nächsten Jahres.

Alle anderen Unternehmen unterliegen bezüglich der Umsatzsteuer der Soll-Versteuerung.

Bei der Ist- und der Soll-Versteuerung geht es um den Zeitpunkt, zu dem die berechnete Umsatzsteuer in die Formulare eingetragen wird. Bei der Ist-Versteuerung zählt der Geldeingang und nicht der Abschluss des Auftrags.

Ist-Versteuerung	Soll-Versteuerung
Umsatzsteuer abführen	Umsatzsteuer abführen
• erst bei Geldeingang	• bereits bei Abschluss des Auftrags

Je nach Besteuerungsart müssen Sie die Umsatzsteuer früher oder später in die Formulare eintragen und an das Finanzamt abführen.

Besonderheit bei Anzahlungen

Erhaltene Anzahlungen

Soll-Versteuerung gilt nur für Schlussrechnungen, d. h. abgeschlossene Aufträge bzw. abgeschlossene Teilleistungen. Ist der Auftrag noch nicht abgeschlossen und berechnen Sie Ihren Kunden Anzahlungen, müssen Sie hierfür die Umsatzsteuer erst abführen, wenn das Geld bei Ihnen eingegangen ist (§ 13 (1) UStG).

In der Praxis werden auch Anzahlungsrechnungen gebucht, noch vor dem Geldeingang. Achten Sie darauf, die Umsatzsteuer nicht zu früh abzuführen. Wie Anzahlungen gebucht werden, sehen Sie in Kapitel 11.3 „Erhaltene Anzahlungen".

Achtung:

Die Ist-Versteuerung gilt nur für die Umsatzsteuer bei Schlussrechnungen. Für den Vorsteuerabzug gelten für alle Unternehmen die gleichen Voraussetzungen. Die Rechnung muss vorliegen und die Lieferung bzw. Leistung muss erbracht oder die Zahlung erfolgt sein

Der Vorsteuerabzug bei geleisteten Anzahlungen ist erst möglich, wenn neben der Zahlung auch die einwandfreie Rechnung vorliegt, wie in den Kapiteln 2.4 „Voraussetzungen für den Vorsteuerabzug" und 4.4 „Geleistete Anzahlungen" beschrieben.

Geleistete Anzahlungen

Bilanzierung und Umsatzsteuerabrechnung

In der Gewinn- und Verlust-Rechnung werden Aufwendungen und Erlöse im Abschlussjahr erfasst, die wirtschaftlich in das Abschlussjahr gehören, unabhängig von Zahlung und Rechnungsdatum. Alle anderen werden abgegrenzt und verbleiben in der Bilanz.

Bilanzieren Sie und unterliegen der Soll-Versteuerung, sollten Sie darauf achten, alle Erlöse, die wirtschaftlich in das Abschlussjahr gehören auch in diesem Jahr zu berechnen. Das erleichtert Ihnen die Arbeit.

Soll-Versteuerung bei Einnahmen

Doch wie behandeln Sie Aufträge, die im Abschlussjahr abgeschlossen, aber noch nicht berechnet wurden?

Beispiel:

Ein Auftrag wurde im Dezember des Abschlussjahres abgeschlossen und erst im Januar des Folgejahres berechnet. Wie ist die Rechnung über 5.950 Euro inkl. 19 % USt zu buchen?

Buchung

Konto SKR 03 Soll	Konto SKR 04 Soll	Kontenbezeichnung	Betrag	an	Konto SKR 03 Haben	Konto SKR 04 Haben	Kontenbezeichnung	USt oder VSt
Buchung im Dezember des Abschlussjahres								
10000	10000	Debitorenkonto	5.950		8400	4400	Erlöse 19 %	USt 19 %

Die Rechnung wird in voller Höhe im Abschlussjahr erfasst und die Umsatzsteuer in der Umsatzsteuer-Voranmeldung Dezember.

Ist-
Versteuerung
bei Einnahmen

Bilanzieren Sie und unterliegen der Ist-Versteuerung, berechnen Sie meistens Erlöse, die wirtschaftlich in das Abschlussjahr gehören, aber noch nicht gezahlt wurden. Diese Erlöse müssen Sie in der Bilanz und der G+V erfassen, aber noch nicht in der Umsatzsteuer-Voranmeldung bzw. der Umsatzsteuererklärung.

Bei Abschluss des Auftrags erfassen Sie den Erlös netto in der G+V und die berechnete Umsatzsteuer auf dem Konto „Umsatzsteuer nicht fällig", und später, zum Zeitpunkt des Geldeingangs, buchen Sie die nicht fällige Umsatzsteuer auf das Konto „Umsatzsteuer" um.

Beispiel:

Sie schließen einen Auftrag im Januar ab und schreiben Ihrem Kunden die Schlussrechnung. Der Geldeingang erfolgt im März. Wie ist die Rechnung über 11.900 Euro inkl. 19 % USt zu buchen, wenn Sie der Ist-Versteuerung unterliegen?

Buchungen

Konto SKR 03 Soll	Konto SKR 04 Soll	Konten-bezeichnung	Betrag	an	Konto SKR 03 Haben	Konto SKR 04 Haben	Konten-bezeichnung	USt oder VSt
Buchung im Januar								
10000	10000	Debitorenkonto	10.000		8000	4000	Erlöse	keine
10000	10000	Debitorenkonto	1.900		1766	3816	Umsatzsteuer nicht fällig 19 %	keine
Umbuchung der Umsatzsteuer im März beim Geldeingang								
8000	4000	Erlöse	10.000		10000	10000	Debitorenkonto	keine
1766	3816	Umsatzsteuer nicht fällig 19 %	1.900		10000	10000	Debitorenkonto	keine
10000	10000	Debitorenkonto	11.900		8400	4400	Erlöse 19 % USt	USt 19 %

So wird die Umsatzsteuer nicht in der Umsatzsteuer-Voranmeldung von Januar, sondern erst in der von März erfasst.

Tipp:

Diese Zusatzbuchungen erledigen die meisten Buchführungsprogramme für Sie, wenn in den Stammdaten des Programms die Ist-Versteuerung eingestellt wurde.

Wechsel von Soll- zu Ist-Versteuerung und umgekehrt

Der Wechsel findet zum 01.01. des Jahres statt. Grundsätzlich ist im alten Jahr nichts zu ändern. Für alle Aufträge, die im Jahr der Soll-Versteuerung abgeschlossen wurden, ist die Umsatzsteuer nach Abschluss des Auftrags abzuführen. Geht das Geld im Folgejahr ein, dem Jahr der Ist-Versteuerung, ist darauf zu achten, dass diese Umsatzsteuer nicht noch einmal abgeführt wird. Sie ist zwar in der Bilanz zu erfassen, nicht aber in der Umsatzsteuer-Voranmeldung.

Beim Wechsel von der Ist- zur Soll-Versteuerung gilt ebenfalls für alle Aufträge, die im Jahr der Ist-Versteuerung abgeschlossen wurden, dass die Umsatzsteuer erst bei Geldeingang abzuführen ist. Geht das Geld im Folgejahr ein, dem Jahr der Soll-Versteuerung, ist darauf zu achten, dass dieser Umsatz auch in der Umsatzsteuer-Voranmeldung erfasst wird.

Für alle Aufträge, die im neuen Jahr abgeschlossen wurden, gilt die neue Methode. Auf der CD-ROM finden Sie Übungen zum Wechsel der Gewinnermittlungsarten, „Übungen zu Kapitel 1".

Siehe CD-ROM

- Beim Wechsel von Bilanzierung zur EÜR wird zusätzlich der Wechsel von Soll- zu Ist-Versteuerung gezeigt.

- Beim Wechsel von der EÜR zur Bilanzierung wird zusätzlich der Wechsel von Ist- zu Soll-Versteuerung gezeigt.

Vorsteuerabzug bei Ausgaben

Bei der Vorsteuer gilt immer das Datum des Rechnungseingangs. Wie behandeln Sie Ausgaberechnungen, die inhaltlich in das Vorjahr gehören, aber erst im aktuellen Jahr eingehen.

Vorsteuer bei Ausgaben

Beispiel:

Sie erhalten eine Rechnung über die Reparatur einer Maschine in Höhe von 595 Euro inkl. 19 % USt. Die Reparatur wurde im Dezember ausgeführt, und die Rechnung geht im Januar des Folgejahres ein. Wie ist die Rechnung zu buchen?

Buchungen

Konto SKR 03 Soll	Konto SKR 04 Soll	Konten-bezeichnung	Betrag	an	Konto SKR 03 Haben	Konto SKR 04 Haben	Konten-bezeichnung	USt oder VSt
Buchung der Rechnung im Dezember des Abschlussjahres								
4805	6470	Instandhaltung Betriebs- u. Geschäftsaus-stattung	500		70000	70000	Kreditoren-konto	keine
1548	1434	Vorsteuer im Folgejahr abziehbar	95		70000	70000	Kreditoren-konto	keine
Umbuchung der Vorsteuer im Januar des Folgejahres, wenn die Rechnung vorliegt								
1576	1406	Vorsteuer abziehbar 19 %	95		1548	1434	Vorsteuer im Folgejahr abziehbar	keine

So wird die Vorsteuer in der Bilanz des Abschlussjahres erfasst und erst im Januar des Folgejahres in die Umsatzsteuerformulare eingetragen.

Achtung:

In der Praxis wird in der Regel das Rechnungsdatum als Datum des Rechnungseingangs gesehen. Ist die Rechnung mit einem Posteingangsstempel versehen, gilt natürlich dieses Datum, UStR 192 (2).

Umsatzsteuererklärung – Jahresabrechnung

In der Umsatzsteuererklärung werden folgende Zahlen zusammengefasst:

	Umsatz	Steuer
Summe Nettoumsatz	100.000,00 €	
+ Summe Umsatzsteuer		+ 19.000,00 €
− Summe Vorsteuer		− 10.000,00 €
− Summe Vorauszahlungen		− 8.500,00 €
= Nachzahlung		500,00 €

Siehe CD-ROM

Das Formular „Umsatzsteuererklärung" finden Sie auf der CD-ROM.

Tipp:

Rechnen Sie monatlich oder vierteljährlich mit dem Finanzamt ab, sieht es das Finanzamt nicht gern, wenn es bei der Umsatzsteuererklärung zu einer hohen Nachzahlung kommt. Eine korrigierte Umsatzsteuer-Voranmeldung für Dezember im Mai des Folgejahres ist besser als eine Umsatzsteuererklärung mit Nachzahlung zur gleichen Zeit.

3   Das Anlagevermögen

Beim Anlagevermögen handelt es sich um Vermögen bzw. Vermögensgegenstände, die dem Unternehmen langfristig, d. h. mindestens ein Jahr, zur Verfügung stehen.

Dazu gehören:

- immaterielles Anlagevermögen (entgeltlich erworbene Rechte, rechtsähnliche Werte und sonstige Vorteile)
  Neu: ab 2010 kann in der Handelsbilanz auch selbst hergestelltes immaterielles Vermögen aktiviert werden.

- Sachanlagen (entgeltlich erworbene oder selbst hergestellte Wirtschaftsgüter)

- Finanzanlagen (langfristig angelegtes Geld)

Umlaufvermögen dagegen ist kurzfristiges Vermögen. Es wird in der Regel veräußert, verarbeitet oder verbraucht.

3.1   Was ist beim Anlagevermögen zu beachten?

Ihnen liegt eine Rechnung vor und Ihr Ziel ist es, das Anlagegut in der richtigen Bilanz, mit dem richtigen Wert zu aktivieren. Außerdem möchten Sie, wenn das Anlagegut abnutzbar ist, die korrekte Abschreibungsart wählen, die Höhe der Abschreibung ermitteln und buchen. Gleichzeitig interessiert Sie, ob der Vorsteuerabzug möglich ist.

Ja, das ist die Praxis, ein einziger Beleg kann sehr viele Fragen hervorrufen. Die Antworten dazu finden Sie im Einkommensteuergesetz, in den Einkommensteuerrichtlinien und im Bilanzsteuerrecht. Dieses Kapitel soll Ihnen helfen, die Fragen Schritt für Schritt zu beantworten.

Aktivierung von Anlagevermögen:

- Kapitel 3.2 „Wer darf das Anlagegut aktivieren und ggf. abschreiben?" Das Unternehmen, ein oder ein Teil der Gesellschafter, der Vermieter oder der Mieter?

- Kapitel 3.3 „Was wird aktiviert und ggf. abgeschrieben?" Jedes selbstständige Wirtschaftsgut wird einzeln aktiviert. Wie sind Zubehör und Einbauten zu behandeln?

Abschreibungsart abhängig vom Anlagegut:

- Kapitel 3.4 „Plan- und außerplanmäßige Abschreibungen"

Vorsteuerabzug bei Anlagevermögen:

Ist Ihr Unternehmen zum Vorsteuerabzug berechtigt und ist im Kaufpreis Vorsteuer enthalten, wird diese herausgerechnet. Der Nettowert wird aktiviert und abgeschrieben. Unternehmen, die nicht zum Vorsteuerabzug berechtigt sind, aktivieren den Bruttowert und schreiben diesen ab.

Der Vorsteuerabzug ist unabhängig von der Abschreibung. Ob Sie das Anlagegut abschreiben oder nicht, interessiert das Umsatzsteuergesetz nicht.

Voraussetzungen für den Vorsteuerabzug siehe Kapitel 2.4

3.1.1 Hinweis zur Bilanz nach Steuer- und Handelsrecht

Siehe Kapitel 1.2.4

Was laut Handelsrecht aktiviert werden muss oder kann, ist auch in der Steuerbilanz zu aktivieren, soweit das Steuerrecht nicht widerspricht. Das Steuerrecht erlaubt Personenfirmen nur Anlagegüter zu aktivieren, die ausreichend betrieblich genutzt werden und der Gewinnerzielung dienen. Die Aktivierung von Bilanzierungshilfen, d. h. Ingangsetzungskosten des Geschäftsbetriebes, verbietet das Steuerrecht schon immer und das Handelsrecht erst seit 2010.
Steuerrechtliche Wahlrechte, wie zum Beispiel die Sonderabschreibung, sind nur dann erlaubt, wenn diese auch in der Handelsbilanz angewandt werden. Seit 2010 werden Sonderabschreibungen nur noch in der Steuerbilanz erfasst, wie in Kapitel 1.2.4 „Bilanz nach Steuer- und Handelsrecht" beschrieben.
In der neuen Handelsbilanz besteht die Möglichkeit zur Aktivierung von selbst hergestellten immateriellen Vermögensgegenständen. Außerdem ist der Firmenwert zu aktivieren und abzuschreiben, wie im Kapitel 3.5 „Immaterielles Vermögen" beschrieben.

Im Kapitel 3.9 „Finanzanlagen" erfahren Sie mehr zum neuen Bilanzausweis von Vermögen, das zur Absicherung der Altersversorgung und ähnlich langfristigen Verpflichtungen dient.

3.2 Wer darf das Anlagegut aktivieren und ggf. abschreiben?

Grundsätzlich aktiviert der wirtschaftliche Eigentümer das Anlagegut, wenn er die Kosten für die Herstellung oder Anschaffung getragen hat. Klären Sie also zunächst, wer der wirtschaftliche Eigentümer ist:

- das Unternehmen
- nur ein Gesellschafter oder ein Teil der Gesellschafter
- der Vermieter
- der Mieter

In der Regel wird das Unternehmen der wirtschaftliche Eigentümer sein, d. h. der Einzelunternehmer, alle Gesellschafter einer Personengesellschaft oder die Kapitalgesellschaft. Das Unternehmen nutzt das Anlagegut und trägt die Kosten für die Herstellung oder Anschaffung.

Sonderfälle:

Ein Anlagegut, das betrieblich genutzt wird, aber dem Unternehmen nicht gehört, wird in der Regel gemietet. In diesem Fall wird das Anlagegut beim Vermieter aktiviert.

Ist der Vermieter allerdings am Unternehmen des Mieters beteiligt, kann das vermietete Anlagegut zwangsläufig zu Betriebsvermögen werden, obwohl es sich um Privatvermögen handelt. Details dazu finden Sie auf den folgenden Seiten in den Abschnitten:

- Vor- und Nachteile Privatvermögen
- Sonderbetriebsvermögen bei Personengesellschaften
- Betriebsaufspaltung bei Kapitalgesellschaften

Einbauten von Mietern

Bauen Sie Anlagegüter in ein gemietetes Gebäude fest ein oder auf ein gemietetes Grundstück, stellt sich die Frage, wer das Anlagegut aktivieren und abschreiben darf, der Vermieter oder der Mieter?

3.2.1 Betriebsvermögen oder Privatvermögen laut Steuerrecht

Bei Kapitalgesellschaften gibt es kein Privatvermögen, alles, was dem Unternehmen gehört, wird aktiviert.

Ist die Personenfirma Eigentümer, wird das Anlagegut aktiviert und ggf. abgeschrieben, wenn es betrieblich genutzt wird und dazu beiträgt, Gewinne zu erzielen. Für die Aktivierung in der Steuerbilanz muss das Anlagegut (außer Gebäude) mindestens zu 10 % betrieblich genutzt werden.

Eine Privatperson darf ein Anlagegut abschreiben, das zum Privatvermögen gehört, wenn es dazu bestimmt ist, Gewinne zu erzielen (Vermietung und Verpachtung). Für die Buchführung von Personenfirmen ist also zu klären, ob das Anlagegut zum Betriebsvermögen zählt oder nicht.

Der Anteil der betrieblichen Nutzung bestimmt, ob es sich um notwendiges bzw. gewillkürtes Betriebsvermögen oder um Privatvermögen handelt. Das Gesetz unterscheidet sonstige Wirtschaftsgüter von Grundstücken und Gebäuden, R 4.2. EStR.

Sonstige Wirtschaftsgüter

Diese zählen entweder zu 100 % zum Betriebsvermögen oder zu 100 % zum Privatvermögen. Eine Aufteilung ist nicht möglich, wie das folgende Schaubild zeigt.

Betriebliche Nutzung	Privatvermögen oder Betriebsvermögen?
unter 10 %	100 % Privatvermögen (notwendiges Privatvermögen)
10 % bis 50 %	Wahlrecht 100 % Privatvermögen oder 100 % Betriebsvermögen (gewillkürtes Privat- oder Betriebsvermögen)
über 50 %	100 % Betriebsvermögen (notwendiges Betriebsvermögen)

Grundstücke und Gebäude

Diese können aufgeteilt werden, ein Grundstück oder ein Gebäude kann zum Teil betrieblich und zum Teil privat genutzt werden. Nur der betrieblich genutzte Anteil wird dem Betriebsvermögen zugeordnet, R 4.2. (4) EStR. Die Aufteilung erfolgt in der Regel nach qm.

Betriebliche Nutzung	Privatvermögen oder Betriebsvermögen?
Grundstücke x %	x % Betriebsvermögen und Rest Privatvermögen
Gebäude x %	x % Betriebsvermögen und Rest Privatvermögen

Ausnahme: Ein betrieblich genutzter Grundstücks- oder Gebäudeteil muss nicht dem Betriebsvermögen zugeordnet werden, wenn der Wert des Gebäudeteils nicht über 20.500 Euro und nicht über 1/5 des Gebäudewertes liegt, R 4.2. (8) EStR, § 8 EStDV. Diese Grenzen sind interessant für Büros und Arbeitszimmer im Privathaus.

Vor- und Nachteile Betriebsvermögen

Gehört ein Anlagegut zum Betriebsvermögen, können alle laufenden Kosten sowie die Abschreibung als Betriebsausgaben geltend gemacht werden. Allerdings zählen nicht nur die Einnahmen, die durch das Anlagegut erzielt werden, zu den Betriebseinnahmen, sondern auch der Veräußerungsgewinn, wenn das Anlagegut verkauft wird. Das ist bei Privatvermögen anders.

Vor- und Nachteile Privatvermögen

Nicht nur Betriebsvermögen kann Gewinne erzielen, das kann Privatvermögen auch. Wird ein Grundstück oder ein Gebäude, das zum Privatvermögen gehört, vermietet oder verpachtet, handelt es sich um Vermögensverwaltung und nicht um einen Gewerbebetrieb. Die erzielten Gewinne unterliegen nur der Einkommensteuer und nicht der Gewerbesteuer; wird das Anlagegut verkauft, kann der Veräußerungsgewinn steuerfrei bleiben. Vorausgesetzt, die Spekulationsfrist von zehn Jahren wird eingehalten, und es liegt kein gewerblicher Grundstückshandel vor.

In diesen Fällen machen Sie keine Buchführung, sondern Sie ermitteln den Gewinn auf folgenden Anlagen zur Einkommensteuererklärung:

- Anlage V – Einkünfte aus Vermietung und Verpachtung
- Anlage KAP – Einkünfte aus Kapitalvermögen
- Anlage SO – Spekulationsgewinne

Außerdem können Sie die anteiligen Kosten inkl. Abschreibung im Falle einer betrieblichen Nutzung als Betriebsausgabe geltend machen.

3.2.2 Sonderbetriebsvermögen bei Personengesellschaften

Anlagegüter, die betrieblich genutzt werden, aber nicht allen Gesellschaftern einer Personengesellschaft gehören, werden in der Regel an das Unternehmen vermietet.

Sind also die Vermieter am Unternehmen des Mieters beteiligt, wird das vermietete Anlagegut zwangsläufig zum Sonderbetriebsvermögen – auch wenn dieses Anlagegut bei einer Fremdvermietung zum Privatvermögen der Gesellschafter gehören würde.

Sonderbetriebsvermögen hat die gleichen Vor- und Nachteile wie Betriebsvermögen, die Gewinne und Veräußerungsgewinne sind einkommen- und gewerbesteuerpflichtig.

Handelt es sich um Sonderbetriebsvermögen, wird das Anlagegut nicht in der Bilanz des Unternehmens aktiviert, sondern in der Sonderbilanz des Gesellschafters. Dort werden die Mieteinnahmen, die Kosten und die Abschreibung gebucht.

3.2.3 Betriebsaufspaltung bei Kapitalgesellschaften

Ist der Mieter eine Kapitalgesellschaft und ist der Vermieter an dieser Kapitalgesellschaft beherrschend beteiligt, kann es zu einer Betriebsaufspaltung kommen, wenn das vermietete Anlagegut eine wesentliche Betriebsgrundlage des Unternehmens ist (Produktionsanlagen, Maschinen, Grundstücke und Gebäude).

Bei einer Betriebsaufspaltung wird aus einer Vermietung des Privatvermögens, also aus einer Vermögensverwaltung, ein Gewerbebetrieb, der vermietet. Dadurch wird das vermietete Anlagegut zu Betriebsvermögen und die Vorteile von Privatvermögen, zum Beispiel mögliche steuerfreie Veräußerung, gehen verloren, R 15.7. EStR.

3.2.4 Leasing – Mietvertrag oder Finanzierungsform?

Aktivieren muss derjenige, der das Investitionsrisiko trägt. Beim Kauf ist es eindeutig, aber beim Leasing ist zu klären, ob es sich um

einen reinen Mietvertrag handelt oder eher um eine Finanzierungsform.

Miete zählt zu den laufenden Aufwendungen des Leasingnehmers.
Liegt allerdings eine Finanzierungsform vor, handelt es sich um
Anschaffung und das Anlagegut wird beim Leasingnehmer aktiviert.

Wann kann man von einem reinen Mietvertrag ausgehen?

- Vertrag ist von beiden Vertragspartnern kündbar
- Leasingdauer ist kürzer als die Nutzungsdauer
- Leasinggeber trägt das volle Investitionsrisiko
- Anlagegut ist keine Spezialanfertigung und kann auch für andere
  Kunden verwendet werden
- Ist im Vertrag eine Kaufoption vereinbart, muss der Kaufpreis
  über dem Buchwert liegen
- Dem Leasinggeber muss nach Ablauf der Mietzeit ein relativ
  hoher Wert verbleiben

3.2.5 Eigentumsfrage bei Mietereinbauten

Mietereinbauten bis zu 4.000 Euro netto können sofort als Erhaltungsaufwendungen abgezogen werden, beim Vermieter oder Mieter, je nachdem, wer die Kosten getragen hat, R 21.1. EStR.

Sind die Kosten höher, ist der Mietereinbau zu aktivieren und abzuschreiben. Hier ist zu klären, bei wem die Kosten für den Einbau
aktiviert werden. Beim Vermieter oder beim Mieter? Um diese Frage
beantworten zu können, müssen Ihnen folgende Informationen
vorliegen:

- Wer hat oder wird die Kosten für den Einbau tragen?
- Wie lange läuft der Mietvertrag?
- Wie lange ist die Nutzungsdauer des Anlageguts bzw. des Ein-
  baus?
- Was passiert mit den Einbauten, wenn der Mieter auszieht?

Hat der Vermieter die Kosten für den Einbau getragen, wird dieser
Einbau beim Vermieter aktiviert und abgeschrieben.

Hat aber der Mieter die Kosten für den Einbau getragen, kann er
diese Einbauten nur unter bestimmten Voraussetzungen aktivieren

und abschreiben. Es kommt vor allem darauf an, was Vermieter und Mieter vertraglich vereinbart haben.

Die Kosten für den Einbau werden mit folgenden Mietzahlungen verrechnet

In diesem Fall zahlt der Mieter zwar den Einbau, er legt das Geld aber nur vor. Er braucht solange keine Miete zu zahlen, bis der Vermieter die Kosten für den Einbau indirekt gezahlt hat.

Durch diese Verrechnung wird der Vermieter zum Eigentümer, er wird die Kosten des Einbaus aktivieren und abschreiben. Gleichzeitig muss er die zu verrechnende Miete als passive Rechnungsabgrenzung erfassen und in jedem Jahr in Höhe der Miete auflösen, siehe Kapitel 5.2 „Passive Rechnungsabgrenzungsposten".

Beim Mieter handelt es sich um eine umfangreiche Mietvorauszahlung. Er muss die Kosten für den Einbau als aktive Rechnungsabgrenzung erfassen und diese in jedem Jahr in Höhe der Miete auflösen, siehe Kapitel 5.1 „Aktive Rechnungsabgrenzungsposten".

> **Tipp:**
>
> Das Gleiche gilt für Erhaltungsaufwendungen, die der Mieter zunächst bezahlt und später mit Mietzahlungen verrechnen kann.

Die Kosten für den Einbau trägt allein der Mieter

Da der Mieter die Kosten für den Einbau getragen hat, besteht die Möglichkeit, diese zu aktivieren. Allerdings sind folgende Voraussetzungen zu erfüllen:

- Die Nutzungsdauer des eingebauten Anlageguts ist kürzer als die vertraglich vereinbarte Mietlaufzeit
- Ist die Nutzungsdauer länger, muss der Mieter beim Auszug eine vertraglich vereinbarte Entschädigung vom Vermieter erhalten. Oder der Mieter verpflichtet sich, beim Auszug den ursprünglichen Zustand des Mietobjektes wiederherzustellen

Mietereinbauten sind mehr als eine Renovierung, es werden zusätzliche Nutzungsmöglichkeiten geschaffen, und es tritt eine wesentliche Verbesserung ein. Vor dem Gesetz wird ein Mietereinbau wie ein selbstständiges Wirtschaftsgut gesehen, R 7.2. (6) EStR.

Die Nutzungsdauer von Mietereinbauten beträgt in der Regel fünf bis zehn Jahre und höchstens die Länge des Mietverhältnisses. Die Abschreibungsart hängt ab von der Art des Einbaus oder Umbaus. Die Unterschiede werden im nächsten Kapitel beschrieben.

- Ladeneinbauten und ähnliche Einbauten in Gebäude
- Einbau von Betriebsvorrichtungen in Grundstücke oder Gebäude
- Einbau von Scheinbestandteilen in Gebäude

3.3 Was wird aktiviert und gegebenenfalls abgeschrieben?

Jedes selbstständige Wirtschaftsgut ist einzeln zu aktivieren.

3.3.1 Selbstständige Wirtschaftsgüter

Dazu gehören neben Maschinen, Fahrzeugen und Betriebs- und Geschäftsausstattungen auch Patente, Firmenwert, Software und Beteiligungen.

Grundstücke, Gebäude

Grundstücke sowie Gebäude sind selbstständige Wirtschaftsgüter, sie werden getrennt voneinander aktiviert, auch wenn sie fest miteinander verbunden sind. Grundstücke und Gebäude sind steuerlich teilbar, den betrieblich genutzten Anteil sieht das Gesetz ebenfalls als selbstständiges Wirtschaftsgut.

Einbauten, Umbauten

Aber auch folgende Bauten sieht das Einkommensteuergesetz als selbstständige Wirtschaftsgüter:

- Sonstige Bauten auf Grundstücke

- Ladeneinbauten und ähnliche Einbauten in Gebäude, die das äußere Erscheinungsbild des Gebäudes oder der Räumlichkeiten verändern, sie sind aber keine Grundlage für den Produktionsprozess bzw. die Gewerbeausübung (Gaststätteneinrichtung, Schalterhalle Kreditinstitut)

- Einbau von Betriebsvorrichtungen auf Grundstücke oder in Gebäude, sie dienen ausschließlich dem Produktionsbetrieb bzw. der Gewerbeausübung (Hebebühne, Speiseaufzug, Tankstellenanlage)

- Einbau von Scheinbestandteilen in Gebäude für vorübergehende Zwecke (Trennwände, Raumteiler)

Das folgende Beispiel soll Ihnen die verschiedenen selbstständigen Wirtschaftsgüter näher erläutern.

Beispiel:

Bauen Sie Parkplätze auf ein Grundstück, handelt es sich um **sonstige Bauten auf Grundstücke.**

Beim Umbau der Eingangshalle und der Fassade nach den Richtlinien des Automobilherstellers handelt es sich um **Ladeneinbauten und ähnliche Einbauten in Gebäude.**

Beim Einbau einer Hebebühne in der Autowerkstatt handelt es sich um **Einbau von Betriebsvorrichtungen in Gebäude.**

Bauen Sie eine Kraftstoffanlage auf das Grundstück, handelt es sich um **Einbau von Betriebsvorrichtungen auf Grundstücke.**

Die eingebauten Trennwände im Büro lassen sich jederzeit leicht entfernen, hier handelt es sich um **Einbau von Scheinbestandteilen in Gebäude.**

Wie in Kapitel 1.4.1 „Anschaffungs- und Herstellungskosten" beschrieben, werden auch alle Kosten aktiviert, die mit der Planung und Beschaffung zusammenhängen, sowie die Aufwendungen, die bis zur Betriebsbereitschaft notwendig sind.

3.3.2 Unselbstständige Wirtschaftsgüter zuschreiben

Ein selbstständiges Wirtschaftsgut kann auch aus mehreren Komponenten bestehen. Diese Komponenten können zwar getrennt voneinander angeschafft oder veräußert werden, können aber nicht getrennt von einander genutzt werden wie zum Beispiel der Computer und der Bildschirm oder das Auto und die Reifen. Zusammengehörende Komponenten, also unselbstständige Wirtschaftsgüter, müssen zusammen als ein selbstständiges Wirtschaftsgut aktiviert werden. Das Gleiche gilt für unselbstständige Gebäudeteile wie Heizungsanlage, Klimaanlage, Personenaufzug etc.

> **Beispiel:**
> Bauen Sie einen Personenaufzug in das Gebäude ein, handelt es sich um ein **unselbstständiges Gebäudeteil,** dieses wird zusammen mit dem Gebäude aktiviert und abgeschrieben, so wie der Computer und der Bildschirm.

3.3.3 Aktivierungsverbote

Das Handels- und das Steuerrecht verbieten die Aktivierung von Gründungskosten und Kosten, die mit der Eigenkapitalbeschaffung zusammenhängen.

Das Steuerrecht verbietet Aufwendungen für Ingangsetzung zu aktivieren, was das Handelsrecht noch bis 2009 als Bilanzierungshilfe zulässt. Auch die Aktivierung von selbst hergestellten immateriellen Vermögensgegenständen war bisher verboten. In der neuen Handelsbilanz dürfen diese Kosten aktiviert werden. Das Steuerrecht bleibt beim Aktivierungsverbot. Weitere Aktivierungsverbote finden Sie im Kapitel 3.5. „Immaterielles Vermögen".

Liegt der Buchwert unter dem tatsächlichen Wert, spricht man von stillen Reserven. Diese werden erst bei der Veräußerung aufgedeckt.

3.3.4 Kosten in den Folgejahren

Fallen in den Jahren nach der Anschaffung oder Herstellung Kosten an, ist es manchmal schwierig zu unterscheiden, ob es sich um Erhaltungsaufwendungen oder um nachträgliche Anschaffungs- oder Herstellungskosten handelt, R 21.1. EStR.

Erhaltungs-
aufwendungen

Erhaltungsaufwendungen liegen vor, wenn ein vorhandener Gegenstand nicht wesentlich verändert bzw. verbessert wird, sondern instand gehalten, gepflegt und gewartet wird. Diese Aufwendungen sind sofort abzugsfähig.

Nachträgliche
AK/HK

Nachträgliche Anschaffungs- oder Herstellungskosten liegen vor, wenn ein selbstständiges Wirtschaftsgut wesentlich verbessert oder verändert wird (Modernisierung Gebäude, Softwareupdate). Oder wenn es um eine weitere Komponente, einen Ausbau oder Anbau, erweitert wird (Speichererweiterung Computer, Zusatzmodule Software). Diese Aufwendungen sind im Jahr der Entstehung ebenfalls zu aktivieren und zusammen mit dem Wirtschaftsgut abzuschreiben.

In dem Jahr, in dem die nachträglichen Kosten entstehen, zählen sie vom 01.01. an zur Bemessungsgrundlage für die Abschreibung, egal in welchem Monat die Kosten tatsächlich entstanden sind.

Zuschreibung zum 01.01.

Erhöht sich durch nachträgliche Anschaffungs- oder Herstellungskosten die tatsächliche Nutzungsdauer des Wirtschaftsguts, ist die Nutzungsdauer ggf. zu verlängern.

Anpassung der Nutzungsdauer

Leider gibt es in diesem Fall keine festen Richtlinien: hier wird die vorsichtige kaufmännische Beurteilung verlangt. Sind Sie der Meinung, dass sich durch diese Maßnahme die tatsächliche Nutzungsdauer des Gebäudes nicht erhöht, ist das Verhandlungssache. Je nachdem, wie gut Ihre Argumente sind, die nachträglichen Kosten auf die Restjahre zu verteilen, wird es das Finanzamt akzeptieren oder nicht. Notieren Sie sich Ihre Argumente, um bei einer Betriebsprüfung Verhandlungssicher zu sein. Wenn Sie Klarheit schaffen möchten und Ihnen das Warten auf eine Betriebsprüfung zu unsicher ist, können Sie die Verhandlungen mit dem Finanzamt auch sofort aufnehmen.

Das Finanzamt verlangt noch Gebühren für verbindliche Auskünfte nach § 89 (2) AO. Die Höhe richtet sich nach dem Gegenstandswert von mindestens 5.000 Euro und höchstens 30 Mio. Euro. Danach ergibt sich eine Gebühr zwischen 121 Euro und 91.000 Euro. Im Zweifel gibt es auch eine Zeitgebühr von mindestens 100 Euro pro Stunde. Was nun im Einzelnen zu den verschiedenen genannten Kosten gehört, kommt auf das Wirtschaftsgut an. Inzwischen wurden die ersten Klagen gegen diese Gebührenbescheide eingereicht: Es lohnt sich also Einspruch einzulegen.

Mehr Beispiele zum Thema „Was wird aktiviert und was ist Aufwand?" finden Sie in den entsprechenden Kapiteln.

- Kapitel 3.5 „Immaterielles Anlagevermögen" (Patente, Firmenwert, Software)
- Kapitel 3.6 „Sachanlagen – Gebäude" (Gebäude und unselbstständige Gebäudeteile)
- Kapitel 3.7 „Sachanlagen – unbeweglich außer Gebäude" (Grundstücke, Außenanlagen, sonstige Bauten auf Grundstücke, Ladeneinbauten und ähnliche Einbauten in Gebäude)

- Kapitel 3.8 „Sachanlagen – beweglich" (Maschinen, Fahrzeuge, Betriebs- und Geschäftsausstattung, Einbau von Betriebsvorrichtungen in Grundstücke oder Gebäude und Einbau von Scheinbestandteilen in Gebäude)
- Kapitel 3.9 „Finanzanlagen" (Darlehen, Beteiligungen)

3.4 Plan- und außerplanmäßige Abschreibung

3.4.1 Voraussetzungen für die Abschreibung

Das Unternehmen darf ein Anlagegut abschreiben, wenn folgende Voraussetzungen erfüllt sind:
- Wenn das Unternehmen die Kosten für die Anschaffung oder Herstellung getragen hat,
- das Anlagegut betrieblich genutzt wird, also zum Betriebsvermögen gehört,
- die Rechnung vorliegt und das Anlagegut dem Unternehmen zur Verfügung steht und einsatzbereit ist bzw. der Übergang von Nutzen und Lasten erfolgt ist, die wirtschaftliche Verfügungsmacht vorliegt,
- selbst hergestellte Anlagegüter fertig gestellt sind.
- Ist das Anlagegut abnutzbar, wird es planmäßig abgeschrieben. Planmäßig heißt, das Einkommensteuergesetz schreibt die mögliche Abschreibung vor.
- Liegt nachweislich eine dauernde Wertminderung vor, ist ein Anlagegut außerplanmäßig abzuschreiben, ganz gleich, ob es abnutzbar ist oder nicht. In der neuen Handelsbilanz dürfen Finanzanlagen bereits bei vorübergehender Wertminderung außerplanmäßig abgeschrieben werden.

Tipp:

Die Abschreibung beginnt bei Maschinen, wenn sie dem Unternehmen zur Verfügung stehen und betriebsbereit sind. Bei hergestellten Gebäuden beginnt die Abschreibung zum Zeitpunkt der Fertigstellung und bei angeschafften Gebäuden zum Zeitpunkt des Übergangs von Nutzen und Lasten.

Ist das Anlagegut theoretisch betriebsbereit, wird es aber aus innerbetrieblichen Gründen erst später eingesetzt, wird trotzdem mit der Abschreibung begonnen.

Nicht abnutzbares Anlagevermögen

Für diese Anlagegüter schreibt das Finanzamt keine planmäßige Abschreibung vor. Nicht abnutzbare Anlagegüter bleiben mit den Anschaffungs- und Anschaffungsnebenkosten bis zum Zeitpunkt der Veräußerung in der Bilanz stehen.

Allerdings ist Anlagevermögen bei dauerhafter Wertminderung außerplanmäßig abzuschreiben.

- Grundstücke
- bekannte Kunstwerke
- Wertpapiere
- Beteiligungen
- Internetadresse

Abnutzbares Anlagevermögen

Für diese Anlagegüter schreibt das Einkommensteuergesetz planmäßige Abschreibungen vor.

- Firmenwert, Patente, Internetauftritt
- Gebäude, Gebäudeteile
- Maschinen, Fahrzeuge
- Betriebs- und Geschäftsausstattung
- etc.

Zusätzlich sind bei dauerhafter Wertminderung außerplanmäßige Abschreibungen notwendig.

3.4.2 Planmäßige Abschreibung

Die planmäßige Abschreibung ist im Einkommensteuergesetz für abnutzbares Anlagevermögen festgelegt, und die amtliche AfA-Tabelle schreibt in der Regel die durchschnittliche Nutzungsdauer vor. Diese Tabelle finden Sie auf der beiliegenden CD-ROM. Von den Richtwerten darf nur abgewichen werden bei nachweislich anderem Werteverzehr (zum Beispiel Mehrschichtbetrieb).

Siehe CD-ROM

Die Abschreibungsart hängt von der Art des Anlageguts ab:

Anlagegut	Abschreibungsart
immaterielles Anlagevermögen	linear § 7 (1) EStG
Sachanlagen: Gebäude	linear § 7 (4) EStG oder bis 2005 degressiv § 7 (5) EStG
Sachanlagen: unbeweglich, außer Gebäude	linear § 7 (1) EStG
Sachanlagen: beweglich	GWG- Abschreibung, linear, nach Leistungseinheiten und degressiv bis 2007 und wieder in 2009 und 2010 § 7 (1–3) EStG

Abschreibung im Jahr der Anschaffung

AfA beginnt in dem Monat, in dem das Anlagegut im Unternehmen genutzt werden kann. Im Jahr der Anschaffung erfolgt die Abschreibung monatlich.

Tipp:

Es lohnt sich also nicht, noch kurz vor Jahresende Anlagevermögen anzuschaffen, um Steuern zu sparen. Steht Ihnen das Anlagegut im Dezember zur Verfügung, können Sie nur 1/12 der jährlichen Abschreibung geltend machen.

Ausnahme: Bei beweglichen Wirtschaftsgütern über 150 Euro bis zu 1.000 Euro, wird auch im Anschaffungsjahr 1/5 abgeschrieben, wie in Kapitel 3.8 „Sachanlagen – beweglich" beschrieben.

Abschreibung im Jahr der Veräußerung

Die letzte AfA erfolgt in dem Monat, in dem das Anlagegut Ihr Unternehmen verlässt. Ausnahme: Bei beweglichen Wirtschaftsgütern über 150 Euro bis zu 1.000 Euro wird trotz Veräußerung bis zum Ende der 5-Jahres-Laufzeit abgeschrieben.

3.4.3 Außerplanmäßige Abschreibung und Zuschreibung

Eine außerplanmäßige Abschreibung wird nur vorgenommen bei nachweislich dauerhafter Wertminderung (lt. Gutachten).

- Nutzungsmöglichkeit ist erheblich eingeschränkt
- Technische bzw. bauliche Mängel

In der neuen Handelsbilanz dürfen Finanzanlagen bereits bei vorübergehender Wertminderung abgeschrieben werden, was allerdings in der Steuerbilanz nicht möglich ist.

Tipp:

Überprüfen Sie regelmäßig, ob die Gegenstände des Anlagevermögens tatsächlich vorhanden und funktionsfähig sind. Ggf. müssen außerplanmäßige Abschreibungen vorgenommen werden.

Ausnahme: Bei beweglichen Anlagegütern, die degressiv abgeschrieben werden, darf keine außerplanmäßige Abschreibung vorgenommen werden. In diesem Fall müssen Sie zunächst zur linearen Abschreibung wechseln, § 7 (2) Satz 4 EStG.

Liegt bei bilanzierenden Unternehmen der Grund für eine außerplanmäßig vorgenommene Abschreibung nicht mehr vor, schreibt das Steuerrecht, § 7 (1) Nr. 1 EStG, eine Zuschreibung vor.

Das Handelsrecht, § 280 HGB, schreibt die Zuschreibung bisher nur Kapitalgesellschaften vor. Personengesellschaften und Einzelunternehmen können die Zuschreibung wählen. In der neuen Handelsbilanz müssen alle Unternehmen wieder zuschreiben, wenn die Gründe für die außerplanmäßige Abschreibung weggefallen sind, § 253 HGB.

Achtung

Die Zuschreibung bzw. Wertaufholung erfolgt maximal bis zu den fortgeführten Anschaffungskosten, d. h. Anschaffungskosten abzüglich planmäßiger Abschreibung. Eine planmäßige Abschreibung kann nicht wieder zugeschrieben werden.

Das folgende Beispiel zeigt bildlich den Umgang mit planmäßiger und außerplanmäßiger Abschreibung und mit Zuschreibungen, allerdings ohne Berücksichtigung der Umsatzsteuer.

Beispiel:

Sie haben am 05.05.im Jahr 01 eine kleine Maschine angeschafft für 7.200 Euro netto. Diese wird planmäßig linear auf drei Jahre abgeschrieben. Im zweiten Jahr liegt eine dauernde Wertminderung vor, die im vierten Jahr wieder wegfällt.

Die jährliche Abschreibung beträgt 2.400 Euro, 7.200 Euro : 3 Jahre. Im Jahr der Anschaffung ist die planmäßige Abschreibung nur für acht Monate zulässig: 1.600 Euro, 8/12 von 2.400 Euro.

Auszug Bilanz zum 31.12.Jahr 01			
Vermögen		Kapital	
Maschinen		**Kapital**	
Stand vorher	0,00 €	Stand vorher	0 €
+ RG Maschine	+ 7.200 €	– Verlust	– 1.600 €
– planm. Abschreibung	– 1.600 €		
Stand nachher	**5.600 €**	Stand nachher	**– 1.600 €**

Auszug G+V Jahr 01			
Aufwendungen		Erlöse	
Abschreibung	1.600 €	Verlust	1.600 €

Im zweiten Jahr nehmen Sie neben der planmäßigen Abschreibung von 2.400 Euro auch eine außerplanmäßige Abschreibung in Höhe von 1.000 Euro vor, weil die Maschine teilweise defekt ist und nur noch für bestimmte Aufgaben genutzt werden kann.

Auszug Bilanz zum 31.12.Jahr 02			
Vermögen		Kapital	
Maschinen		**Kapital**	
Stand vorher	5.600 €	Stand vorher	– 1.600 €
– planm. Abschreibung	– 2.400 €	– Verlust	– 3.400 €
– außerplanm. Abschr.	– 1.000 €		
Stand nachher	**2.200 €**	Stand nachher	**– 5.000 €**

Auszug G+V Jahr 02			
Aufwendungen		Erlöse	
planm. Abschreibung	– 2.400 €	Verlust	– 3.400 €
außerplanm. Abschr.	– 1.000 €		

Im dritten Jahr gelingt es Ihnen doch, das notwendige Ersatzteil zu bekommen und die Maschine ist wieder vollständig einsatzbereit. Da der Grund für die dauernde Wertminderung nun weggefallen ist, nehmen Sie eine Zuschreibung von 1.000 Euro vor. Außerdem buchen Sie die planmäßige Abschreibung von 2.400 Euro.

Auszug Bilanz zum 31.12.Jahr 03			
Vermögen		Kapital	
Maschinen		**Kapital**	
Stand vorher	2.200 €	Stand vorher	– 5.000 €
+ Zuschreibung	+ 1.000 €	– Verlust	– 1.400 €
– planm. Abschreibung	– 2.400 €		
Stand nachher	**800 €**	Stand nachher	**– 6.400 €**

Auszug G+V Jahr 03			
Aufwendungen		Erlöse	
planm. Abschreibung	2.400 €	Erträge Zuschreibung	1.000 €
		Verlust	1.400 €

Im vierten Jahr wird die Maschine nicht vollständig abgeschrieben, sondern bleibt mit 1 Euro Erinnerungswert in der Bilanz stehen. Dieser Buchwert bleibt solange stehen, bis die Maschine verkauft oder verschrottet wird.

Erinnerungswert 1 Euro

Auzug Bilanz zum 31.12.Jahr 04			
Vermögen		Kapital	
Maschinen		**Kapital**	
Stand vorher	800 €	Stand vorher	– 6.400 €
– planm. Abschreibung	– 799 €	– Verlust	– 799 €
Stand nachher	1 €	Stand nachher	**– 7.199 €**

Auszug G+V Jahr 04			
Aufwendungen		Erlöse	
planm. Abschreibung	– 799 €	Verlust	– 799 €

Bewerten Sie nun im Rahmen des Jahresabschlusses Ihr Anlagevermögen und stellen Sie fest, dass der Wert dieser Maschine sogar bei 2.500 Euro liegt, ändern Sie an diesem Bilanzansatz nichts, da Anlagevermögen in der Bilanz höchstens mit den fortgeführten Anschaffungskosten angesetzt werden darf.

> **Tipp:**
> Liegt der Buchwert unter dem tatsächlichen Wert, spricht man von stillen Reserven. Diese werden erst bei der Veräußerung aufgedeckt.

3.5 Immaterielles Vermögen

Hier handelt es sich um ausschließlich entgeltlich erworbene Rechte, rechtsähnliche Werte und sonstige Vorteile. Weder das Steuerrecht noch das Handelsrecht erlauben die Aktivierung von selbst hergestellten immateriellen Vermögensgegenständen. Das ändert sich in der neuen Handelsbilanz. Hier dürfen diese Kosten aktiviert werden. Mehr dazu erfahren Sie im nächsten Abschnitt.

Für immaterielle Vermögensgegenstände ist nur die planmäßige, lineare Abschreibung zulässig, § 7 (1) EStG.

- Erbbaurechte
- Erfindungen
- Firmenwert
- Internetauftritte, Internetadresse

- Konzession
- Lieferrechte
- Patente
- Software
- Verlagsrechte
- Entwicklungskosten

Achtung:
Für Trivialprogramme und Software mit einem Anschaffungswert bis 410 Euro netto gilt eine Vereinfachungsregelung. Diese Software ist wie bewegliches Anlagevermögen zu behandeln (GWG-Poolabschreibung, R 5.5. EStR).
Ist Ihr Unternehmen nicht zum Vorsteuerabzug berechtigt, liegt die Grenze für Trivialsoftware trotzdem bei 410 Euro netto.

3.5.1 Bilanzansatz, Abschreibungsart und Bewertung

Hier zeige ich Ihnen zunächst die Regeln des Handelsrechts bis 2009 sowie die Regeln des Steuerrechts, die auch weiterhin gelten.

Immaterielles, abnutzbares Vermögen	
Anschaffungskosten inkl. Anschaffungsnebenkosten	Kapitel 1.4.1
– Zuschüsse	Kapitel 9
– anteilige planmäßige Abschreibung (linear) § 7 (1) EStG	Kapitel 3.4
= Obergrenze in der Bilanz	
– ggf. außerplanmäßige Abschreibung (bei dauerhafter Wertminderung) § 7 (1) EStG	Kapitel 3.4
+ Zuschreibung bei Wegfall der dauerhaften Wertminderung	
– Abgang Restbuchwert bei Veräußerung	
= Wert in der Bilanz	

Anschaffungskosten und Nebenkosten

- Softwareberatung und Planung vor Verkauf
- Softwareeinrichtung und -anpassung
- Externe Kosten für selbst hergestellte Software (Herstellerrisiko trägt der Verkäufer)
- Beratungskosten und Eintragungsgebühren von Rechten

Nachträgliche Anschaffungskosten

- Interne und externe Kosten für Softwareeinrichtung und -anpassung (Implementierung, Customizing)
- Erwerb von Software-Zusatzmodulen und weiteren Nutzerlizenzen
- Externe Wartungskosten, wenn die Software veraltet ist
- Kosten für Patentverlängerung

Aufwendungen

- Finanzierungskosten, Zinsen
- Software-Update, Softwareschulung für Administratoren und Anwender, Datenübernahme
- Aufwendungen für Piloteinsätze
- Erhaltungsaufwendungen, wenn der Gegenstand nicht wesentlich verändert wird, sondern instand gehalten, gepflegt und gewartet wird
- Laufende Rechtsberatung
- Interne Aufwendungen für selbst hergestellte Software (eigener Quellcode), Herstellerrisiko trägt das Unternehmen

Siehe CD-ROM

Mehr zu ERP-Software sehen Sie im BMF-Schreiben vom 18.11.2005 auf der beiliegenden CD-ROM.

Bilanzansatz in der neuen Handelsbilanz

In der neuen Handelsbilanz dürfen Sie selbst hergestellte immaterielle Vermögensgegenstände aktivieren, § 248 HGB (neu). Sie können zum Beispiel Kosten für selbst hergestellte Software und Entwicklungskosten, die nach dem 31.12.2009 anfallen, aktivieren, während Sie diese Kosten wie bisher in der Steuerbilanz als Aufwand erfassen. Ein Aktivierungsverbot gilt weiterhin für Forschungsaufwendungen. Lassen sich Forschungs- und Entwicklungskosten nicht trennen, gilt ein Aktivierungsverbot für Entwicklungskosten, § 255 HGB (neu).

> **Tipp:**
>
> Forschungskosten fallen an, um eine technische Lösung zu finden, während Entwicklungskosten anfallen, um die technische Lösung wirtschaftlich umzusetzen.

Weitere Aktivierungsverbote

Selbst hergestellte Marken, Drucktitel, Verlagsrechte, Kundenlisten oder vergleichbare immaterielle Vermögensgegenstände des Anlagevermögens dürfen auch weiterhin nicht aktiviert werden, § 248 HGB (neu).

Ein weiteres Wahlrecht ist weggefallen: In der neuen Handelsbilanz müssen Sie einen entgeltlich erworbenen Geschäfts- oder Firmenwert aktivieren und abschreiben (§ 246 HGB neu). Dabei ist in der Regel von einer Abschreibungsdauer von 5 Jahren auszugehen. Eine längere Abschreibungsdauer müssen Sie im Anhang erläutern. Eine außerplanmäßige Abschreibung ist bei dauerhafter Wertminderung vorzunehmen Allerdings ist eine spätere Wertaufholung verboten (§ 253 HGB neu). Im Steuerrecht ist der Firmenwert bereits zu aktivieren und über 15 Jahre abzuschreiben.

> **Tipp**
>
> Wenn nun ein Firmenwert aktiviert oder eine selbst hergestellte Software aktiviert wird, kommt es zu unterschiedlichen Bilanzansätzen in der Steuer- und Handelsbilanz. In diesem Fall sind in der Handelsbilanz ggf. passive latente Steuern auszuweisen. Mehr dazu erfahren Sie im Kapitel 12 „Latente Steuern".

Lineare Abschreibung (§ 7 (1) EStG)

Die Anschaffungskosten werden in gleichen Jahresbeträgen auf die Nutzungsdauer verteilt.

Beispiel:

Anschaffungskosten	48.000	Euro
Nutzungsdauer	4	Jahre
jährliche Abschreibung (48.000 : 4 Jahre)	12.000	Euro
monatliche Abschreibung (12.000 : 12 Monate)	1.000	Euro

Die Abschreibung wird für jeden Monat vorgenommen, in dem das Anlagegut einsatzbereit ist. Wurde es im April angeschafft, ist die Abschreibung für neun Monate zulässig.

3.5.2 Buchung und bildliche Darstellung

Siehe CD-ROM

Beispiel:

Es wurde eine neue Software im Wert von 4.284 Euro inkl. 19 % USt angeschafft. Im Preis ist auch die Installation vor Ort enthalten. Seit dem 01.05. ist die Software einsatzbereit. Die Rechnung ist vom 26.04., dem Tag der Lieferung.

Wie sind die Rechnung und die Abschreibung am Jahresende zu buchen? Die amtliche AfA-Tabelle schreibt eine Nutzungsdauer von drei Jahren vor. In welchem Monat ist der Vorsteuerabzug möglich?

AfA-Software

Die Abschreibung beginnt im Mai, seitdem kann die Software genutzt werden. Die Abschreibung im ersten Jahr beträgt 800 Euro, 8/12 von 1.200 Euro.

Buchungen

Konto SKR 03 Soll	Konto SKR 04 Soll	Konten-bezeichnung	Betrag	an	Konto SKR 03 Haben	Konto SKR 04 Haben	Konten-bezeichnung	USt oder VSt
Aktivierung der Software								
0027	0135	Software	4.284		70000	70000	Kreditorenkonto	VSt 19 %
Abschreibung der Software								
4822	6200	Abschr. imma-terielle WG	800		0027	0135	Software	keine

Vorsteuerabzug

Der Vorsteuerabzug ist bereits im April möglich, wenn die einwandfreie Rechnung vorliegt und die Lieferung erfolgt ist. Die Abschreibung erfolgt vom Nettowert.

Bilanz			
Vermögen (Aktiva)		Kapital (Passiva)	
Software		**Kapital**	
+ RG Software netto	+ 3.600 €	– Verlust	– 800 €
– Abschreibung	– 800 €		
Stand nachher	**2.800 €**	Stand nachher	**– 800 €**
Vorsteuer		**Verbindlichkeiten**	
+ RG Software	+ 684 €	+ RG Software brutto	+ 4.284 €
Stand nachher	**684 €**	Stand nachher	**4.284 €**
Bilanzsumme	3.484 €	Bilanzsumme	3.484 €

Gewinn- und Verlust-Rechnung			
Aufwendungen		Erlöse	
Abschreibung	800 €	Verlust	800 €
Summe	800 €	Summe	800 €

3.5.3 Behandlung von nachträglichen Anschaffungskosten

Die nachträglichen Anschaffungskosten werden auf das gleiche Anlagekonto gebucht wie das selbstständige Wirtschaftsgut. Diese Kosten zählen ab dem 01.01. zum Restbuchwert, der Bemessungsgrundlage für die Abschreibung, egal wann sie tatsächlich angefallen sind. Dieser erhöhte Betrag wird nun auf die Restjahre verteilt.

Erhöht sich durch diese Maßnahme die Nutzungsdauer, ist diese anzupassen.

Kosten in Folgejahren Kapitel 3.3.4

Beispiel:

Ein Jahr nachdem Sie die Software angeschafft haben, kaufen Sie ein Zusatzmodul für 1.000 Euro netto. Der Buchwert vom 01.01. lag bei 4.000 Euro, wird auf 5.000 Euro erhöht und die Restnutzungsdauer beträgt zwei Jahre. Die jährliche Abschreibung beträgt jetzt 2.500 Euro.

Passen Sie die Nutzungsdauer nicht an, ist es immer sinnvoll, Ihre Entscheidung zu dokumentieren. Nur so erinnern Sie sich an Ihre

Argumente und machen glaubhaft, warum Sie die Nutzungsdauer nicht erhöht haben.

3.6 Sachanlagen – Gebäude

Dazu gehören selbst hergestellte oder entgeltlich erworbene Gebäude, aber auch Gebäudeteile bei gemischt genutzten Gebäuden und eingebaute unselbstständige Gebäudeteile.

Gebäude

Gebäude sind laut EStG Bauwerke, die Menschen oder Sachen durch räumliche Umschließung Schutz geben, die fest mit dem Boden verbunden sind, standfest sind und eine eigene Beständigkeit haben.

Gebäudeteile

Wird nur ein Teil des Gebäudes betrieblich genutzt, wird nur dieser Teil aktiviert und abgeschrieben. Die Aufteilung erfolgt nach qm.

3.6.1 Beispiele für unselbstständige Gebäudeteile R 4.2 EStR

Wird ein unselbstständiger Gebäudeteil repariert oder ersetzt, liegt in der Regel Erhaltungsaufwand vor. Wird allerdings ein unselbstständiger Gebäudeteil neu eingebaut oder das vorhandene Gebäude wesentlich verbessert, handelt es sich um nachträgliche Anschaffungs- oder Herstellungskosten. Diese werden zusammen mit dem Gebäude aktiviert und abgeschrieben.

- Alarmanlage für das Gebäude
- Be- und Entlüftung
- Einbaumöbel
- Feuerlöschanlage für das Gebäude
- Heizung
- Klimaanlage
- Personenfahrstuhl
- Rolltreppe
- Sanitäre Anlagen

Bei Einbauten in ein Gebäude handelt es sich nicht immer um nachträgliche Anschaffungs- oder Herstellungskosten. Manche Modernisierungsmaßnahmen, Umbauten oder Einbauten, die vorwiegend dem Gewerbebetrieb dienen und weniger dem Gebäude, sind laut Einkommensteuergesetz wie selbstständige Wirtschaftsgüter zu behandeln. Der Vorteil ist, sie sind mit einer wesentlich kürzeren Nutzungsdauer als Gebäude abzuschreiben.

• Ladeneinbauten und ähnliche Einbauten in Gebäude (Gaststätteneinrichtung, Schalterhalle Kreditinstitut) siehe Kapitel 3.7 „Sachanlagen – unbeweglich, außer Gebäude"

• Einbau von Betriebsvorrichtungen in Grundstücke oder Gebäude (Hebebühne, Speiseaufzug, Tankstellenanlage) siehe Kapitel 3.8 „Sachanlagen – beweglich"

• Einbau von Scheinbestandteilen in Gebäude (Trennwände, Raumteiler) siehe Kapitel 3.8 „Sachanlagen – beweglich"

Ein Hinweis zu Mietereinbauten

Ist die Eigentumsfrage für den Mietereinbau (Kapitel 3.2.5) geklärt, kann auch der Mieter diese genannten Einbauten als selbstständige Wirtschaftsgüter aktivieren und abschreiben.

Achtung:
Unselbstständige Gebäudeteile kann der Mieter nicht zusammen mit dem Gebäude aktivieren, denn das Gebäude wird beim Vermieter aktiviert.
Aus diesem Grund sagt das Gesetz bei Mietereinbauten, dass unselbstständige Gebäudeteile wie selbstständige unbewegliche Wirtschaftsgüter zu behandeln sind, also wie Ladeneinbauten und ähnliche Einbauten, R 7.1. (6) EStR.

3.6.2 Bilanzansatz, Abschreibungsart und Bewertung

Sachanlagen Gebäude	
Anschaffungskosten inkl. Anschaffungsnebenkosten oder Herstellungskosten	Kapitel 1.4.1
– Zuschüsse	Kapitel 9
– Entschädigung bzw. Veräußerungspreis bei Ersatzbeschaffung unter bestimmten Voraussetzungen	Kapitel 9

Sachanlagen Gebäude	
– anteilige planmäßige Abschreibung (linear prozentual lt. § 7 (4) EStG abhängig von Anschaffungsjahr, Betriebs- oder Privatvermögen	
– oder anteilige planmäßige Abschreibung (degressiv prozentual lt. § 7 (5) EStG bei Neubau bzw. Bauantrag vor dem 01.01.2006)	
– oder lineare Abschreibung entsprechend der tatsächlichen Nutzungsdauer	
– oder nur erhöhte Abschreibung lt. § 7 h, 7 i EStG	
= Obergrenze in der Bilanz	
– ggf. außerplanmäßige Abschreibung (bei dauerhafter Wertminderung) § 7 (1) EStG	Kapitel 3.4
+ Zuschreibung bei Wegfall der Wertminderung	
– Abgang Restbuchwert bei Veräußerung	
= Wert in der Bilanz	

Die Anschaffungskosten für das Gebäude sind zu aktivieren, das ist leichter gesagt als getan. Kaufen Sie zum Beispiel ein Gebäude, finden Sie den zu aktivierenden Kaufpreis im Kaufvertrag. Doch wie behandeln Sie die Rechnungen vom Notar, vom Grundbuchamt und vom Finanzamt? Wie behandeln Sie die Handwerkerrechnung für die Reparatur der Heizung, die kurz nach dem Einzug in das Gebäude durchgeführt wurde?

Anschaffungskosten und Nebenkosten des Gebäudes

Grundstücksanteil herausrechnen

Ein Gebäude kann abgeschrieben werden, ein Grundstück nicht. Erwerben Sie ein Gebäude zusammen mit einem Grundstück, müssen Sie den Grundstücksanteil aus dem Gebäudepreis herausrechnen und die Anschaffungsnebenkosten entsprechend aufteilen. Dagegen sind Aufwendungen für das Grundstück und das Gebäude in voller Höhe abzugsfähig.

- Kaufpreis Gebäude ohne Grundstück
- Vermittlungs- und Maklergebühr, anteilig für Gebäude
- Notariats- und Grundbuchkosten für den Kaufvertrag, anteilig für Gebäude
- Grunderwerbsteuer, anteilig für Gebäude
- Vermessungs- und Gutachterkosten
- Abrisskosten, wenn beim Kauf der Abriss geplant war

Herstellungskosten und Nebenkosten des Gebäudes

- Baukosten des Gebäudes, der Außenanlagen und der Garagen
- Anschlusskosten an öffentliche Versorgungsnetze (Strom, Gas, Wasser, Kabel)
- Bauplanung und Baugenehmigung, Richtfest, Fahrtkosten zur Baustelle
- Ablösungen, Abriss- und Entrümplungskosten
- Zinsen, die während der Bauphase anfallen (Bauzeitzinsen) bis zum Zeitpunkt der Fertigstellung

Nachträgliche Anschaffungs- und Herstellungskosten

- Modernisierungs-, Sanierungs- und Erhaltungsaufwendungen, die innerhalb von drei Jahren nach der Anschaffung durchgeführt werden und deren Höhe 15 % der Anschaffungskosten übersteigt
- Kosten für Ausbau, Anbau, Erweiterung oder wesentliche Verbesserung. Eine wesentliche Verbesserung liegt vor, wenn innerhalb von fünf Jahren zwei oder drei der folgenden Modernisierungsmaßnahmen durchgeführt werden (Heizung, Sanitär, Elektroinstallation und Fenster)
- Einbau von unselbstständigen Gebäudeteilen, die untrennbar mit dem Gebäude verbunden werden
- Fertigstellung der Außenanlagen

Aufwendungen

- Finanzierungskosten, Zinsen und Kosten für die Grundschuldbestellung
- Abrisskosten, wenn beim Kauf der Abriss nicht geplant war, frühestens drei Jahre nach der Anschaffung; das Gebäude sollte bis dahin genutzt werden und der Abriss vor Ablauf der drei Jahre nicht beauftragt werden
- Erhaltungsaufwendungen, wenn das Gebäude nicht wesentlich verändert wird, sondern instand gehalten, gepflegt und gewartet wird; liegen die Kosten unter 4.000 Euro ohne Umsatzsteuer, wird grundsätzlich von Erhaltungsaufwendungen ausgegangen, R 21.1. EStR

- Vergebliche Planungskosten
- Anzahlungen an Handwerker, die ihre Arbeiten nicht abgeschlossen haben
- Bauwesenversicherung

Abschreibung Gebäude linear, § 7 (4) EStG

Diese Abschreibungsart gilt für Gebäude, die ein Jahr nach der Fertigstellung oder später angeschafft wurden.

Solche Gebäude werden linear abgeschrieben mit 2 % bis 3 % pro Jahr. Im Anschaffungsjahr, kann die Abschreibung nur anteilig vorgenommen werden.

Abschreibung Gebäude degressiv, § 7 (5) EStG

Diese Abschreibungsart gilt für Gebäude, die selbst hergestellt oder noch im Jahr der Fertigstellung angeschafft wurden. Diese Abschreibungsart wurde zum 01.01.2006 abgeschafft, sie gilt also nur noch für Gebäude, die vorher angeschafft wurden oder für die vorher der Bauantrag gestellt wurde.

Diese Gebäude werden degressiv abgeschrieben mit 4 % bis 10 %, je nachdem, in welchem Jahr das Gebäude angeschafft bzw. der Bauantrag gestellt wurde. Hier war auch im Anschaffungsjahr die volle Abschreibung möglich, unabhängig vom Anschaffungsmonat.

Erhöhte Abschreibungen, § 7 h und i EStG

Die erhöhte Abschreibung ersetzt die planmäßige Abschreibung. Für die Anschaffungskosten des Altbaus gilt die Abschreibung nach § 7 (4) EStG und der Sanierungsaufwand wird mit 9 % pro Jahr abgeschrieben.

- § 7 h EStG, erhöhte Abschreibung von Gebäuden in Sanierungsgebieten
- § 7 i EStG, erhöhte Abschreibung von Baudenkmälern

3.6.3 Buchung und bildliche Darstellung

Beispiel:

Sie haben ein Bürogebäude inkl. Grundstück gekauft für 400.000 Euro ohne Umsatzsteuer. Im Kaufvertrag ist der Übergang von Nutzen und Lasten am 15.08. vereinbart. Der Grundstücksanteil beträgt laut Gutachterausschuss der Stadt 20 %. Zusätzlich erhalten Sie einige Rechnungen, die ebenfalls gebucht werden müssen:

Siehe CD-ROM

- Notar Kaufvertrag 5.950 Euro inkl. 19 % USt

- Notar Grundschuldbestellung 1.190 Euro inkl. 19 % USt

- Grundbuchamt Eintragung Vormerkung 1.000 Euro ohne USt, Grunderwerbsteuer 14.000 Euro ohne USt

- Bearbeitungsgebühren der Bank 2.000 Euro ohne USt

Wie sind Kaufvertrag und Rechnung zu buchen? Das Gebäude wird laut § 7 (4) EStG mit 3 % abgeschrieben. Wie hoch ist die Abschreibung und wie wird sie gebucht?

Der Kaufpreis von 400.000 Euro, die Notarkosten für den Kaufvertrag von netto 5.000 Euro, die Eintragung ins Grundbuch in Höhe von 1.000 Euro und die Grunderwerbsteuer von 14.000 Euro ergeben die Anschaffungskosten des Grundstücks und des Gebäudes in Höhe von 420.000 Euro.

Die Notarkosten für die Grundschuldbestellung und die Bankgebühren sind sofort abzugsfähiger Aufwand.

Der Grundstücksanteil beträgt 20 %, also sind 84.000 Euro (20 % von 420.000 Euro) auf das Konto Grundstücke umzubuchen.

Die Anschaffungskosten des Gebäudes betragen 336.000 Euro, davon 3 % = 10.080 Euro : 12 Monate = 840 Euro monatliche Abschreibung.

AfA Gebäude

Der Übergang von Nutzen und Lasten erfolgte am 15.08., also ist die Abschreibung für 5 Monate zulässig.

Buchungen

Konto SKR 03 Soll	Konto SKR 04 Soll	Konten-bezeichnung	Betrag	an	Konto SKR 03 Haben	Konto SKR 04 Haben	Konten-bezeichnung	USt oder VSt
Kaufpreis lt. Kaufvertrag								
0090	0240	Geschäfts-bauten	400.000		70000	70000	Kreditoren-konto	keine
Rechnungen Notar, Grundbuchamt, Finanzamt und Bank								
0090	0240	Geschäfts-bauten	5.950		70000	70000	Kreditoren-konto	VSt 19 %
2100	7300	Zinsen und ähnliche Aufw.	1.190		70000	70000	Kreditoren-konto	VSt 19 %
0090	0240	Geschäfts-bauten	1.000		70000	70000	Kreditoren-konto	keine
0090	0240	Geschäfts-bauten	14.000		70000	70000	Kreditoren-konto	keine
2100	7300	Zinsen und ähnliche Aufw.	2.000		70000	70000	Kreditoren-konto	keine
Umbuchung Grundstücksanteil								
0080	0230	Grundstücke	84.000		0090	0240	Geschäfts-bauten	keine
Abschreibung Gebäude im Anschaffungsjahr								
4831	6221	Abschr. Gebäude	4.200		0090	0240	Geschäfts-bauten	keine

Vorsteuerabzug Ist in den Rechnungen Vorsteuer enthalten, erhalten Sie diese in voller Höhe zurück, sobald die Voraussetzungen für den Vorsteuer-abzug erfüllt sind, nämlich die einwandfreie Rechnung, die Liefe-rung oder die Zahlung. Die Abschreibung erfolgt bei diesen Beträ-gen vom Nettowert.

Denken Sie daran: Wird das Gebäude nicht ausschließlich betrieb-lich genutzt, ist der Vorsteuerabzug nur anteilig möglich, wie im Kapitel 2.3 beschrieben.

Bilanz			
Vermögen (Aktiva)		Kapital (Passiva)	
Grundstück		**Kapital**	
+ Grundstücksanteil	+ 84.000 €	– Verlust	– 7.200 €
Stand nachher	**84.000 €**	Stand nachher	**– 7.200 €**
Gebäude		**Verbindlichkeiten**	
+ Kaufpreis	+ 400.000 €	+ Verkäufer	+ 400.000 €
+ Notar Vertrag	+5.000 €	+ Notar	+ 5.950 €
+ Grundbuchamt	+1.000 €	+ Notar	+ 1.190 €
+ Grunderwerbsteuer	+ 14.000 €	+ Grundbuchamt	+ 1.000 €
– Grundstücksanteil	– 84.000 €	+ Finanzamt	+ 14.000 €
– Abschreibung	– 4.200 €	+ Bank	+ 2.000 €
Stand nachher	**331.800 €**	Stand nachher	**424.140 €**
Vorsteuer			
+ RG Notar	+ 950 €		
+ RG Notar	+190 €		
Stand nachher	**1.140 €**		
Bilanzsumme	416.940 €	Bilanzsumme	416.940 €

Gewinn- und Verlust-Rechnung			
Aufwendungen		Erlöse	
Zinsen und ähnliche Aufw.	3.000 €		
Abschreibung	4.200 €	Verlust	7.200 €
Summe	7.200 €	Summe	7.200 €

3.6.4 Behandlung von nachträglichen Anschaffungs- oder Herstellungskosten und Einbau von unselbstständigen Gebäudeteilen

Diese Kosten werden auf das Anlagekonto des Gebäudes gebucht. Bei Gebäuden, die linear oder degressiv nach festen Sätzen abgeschrieben werden, sind die Anschaffungs- oder Herstellungskosten die Bemessungsgrundlage für die Abschreibung. In dem Jahr, in dem die nachträglichen Kosten anfallen, zählen diese zum 01.01. zur ursprünglichen Bemessungsgrundlage, egal in welchem Monat sie tatsächlich angefallen sind. Dadurch erhöht sich die jährliche Abschreibung.

Kosten in
Folgejahren
Kapitel 3.3.4

Außerdem verlängert sich indirekt die Nutzungsdauer des Gebäudes, denn nach Ablauf der Nutzungsdauer verbleibt ein Restwert, der weiterhin linear abgeschrieben wird.

Beispiel:

Die Anschaffungskosten des Gebäudes (und damit die Bemessungsgrundlage für die Abschreibung) betragen bisher 336.000 Euro. Vier Jahre nach der Anschaffung bauen Sie eine Klimaanlage ein, im Wert von 64.000 Euro netto. Das Gebäude wird nach § 7 (4) EStG mit 3 % der Anschaffungskosten abgeschrieben. Bisher lag die Abschreibung bei 10.080 Euro und ab dem vierten Jahr beträgt die jährliche Abschreibung 12.000 Euro, 3 % von 400.000 Euro.

---

degressive AfA

So müssen Sie verfahren bei Gebäuden, die degressiv abgeschrieben werden. Erst nach Ablauf der vorgeschriebenen Abschreibungszeit kann der Restbuchwert linear auf die Restnutzungsdauer verteilt werden.

lineare AfA

Bei Gebäuden, die linear abgeschrieben werden, besteht die Möglichkeit, nicht nach festen Abschreibungssätzen, sondern linear verteilt auf die tatsächliche Nutzungsdauer abzuschreiben. Deshalb können Sie bei nachträglichen Kosten entscheiden, ob sich dadurch die Nutzungsdauer verlängert oder nicht. Sie könnten also die nachträglichen Kosten auf die Restnutzungsdauer verteilen. Je nachdem, wie gut Ihre Argumente sind, wird es das Finanzamt akzeptieren oder nicht. Dokumentieren Sie Ihre Entscheidung.

Sehr umfangreiche Umbauten können auch als einzelnes Wirtschaftsgut aktiviert werden. Findet eine Nutzungsänderung statt, gilt ggf. für diese nachträglichen Herstellungskosten ein anderer Abschreibungssatz.

3.7 Sachanlagen – unbeweglich, außer Gebäude

Selbst hergestellte oder angeschaffte Wirtschaftsgüter, die unbeweglich sind. Diese können nur linear abgeschrieben werden.

- Grundstücke bzw. Grundstücksteile (nicht abnutzbar)
- Sonstige Bauten auf Grundstücke (außer Gebäude)

- Selbstständige Gebäudeteile (Ladeneinbauten und ähnliche Einbauten)

3.7.1 Beispiele für sonstige Bauten auf Grundstücke

Hier handelt es sich um andere Bauten auf Grundstücke, die keine Gebäude laut EStG (Kapitel 3.6) sind.

- Parkplätze, Lärmschutzwall
- Kühlhaus, Hallen in Leichtbauweise
- Bodenbefestigung, Zufahrten
- Außenanlagen, Zäune
- Einfriedung, Gartenanlage

> **Achtung:**
> Bauen Sie Betriebsvorrichtungen auf ein Grundstück, handelt es sich um bewegliche Wirtschaftsgüter, diese werden in Kapitel 3.8 „Sachanlagen – beweglich" behandelt.
> Betriebsvorrichtungen dienen ausschließlich dem Produktionsprozess bzw. der Gewerbeausübung (Rollbahnen auf Flughäfen, Tankstellenanlagen). Sie können linear, nach Leistungseinheiten und ggf. degressiv abgeschrieben werden.

3.7.2 Beispiele für Ladeneinbauten und ähnliche Einbauten in Gebäude

Diese Ein- und Umbauten sieht das Gesetz als selbstständige Wirtschaftsgüter, die getrennt vom Gebäude aktiviert und linear abgeschrieben werden. Diese Maßnahmen verändern das äußere Erscheinungsbild des Gebäudes bzw. der Räumlichkeiten. Sie sind zwar nützlich für die Gewerbeausübung, hängen aber nicht unmittelbar mit dem Produktionsprozess bzw. der Gewerbeausübung zusammen, wie das bei Betriebsvorrichtungen der Fall ist.

- Gaststätteneinrichtungen
- Ladenein- und -umbauten
- Schaufensteranlagen

- Schalterhalle bei Kreditinstituten
- Fassaden und Passagen

Außerdem sind diese Einbauten nicht nur für vorübergehende Zwecke gedacht, wie das bei Scheinbestandteilen der Fall ist. Scheinbestandteile und Betriebsvorrichtungen werden in Kapitel 3.8 „Sachanlagen – beweglich" behandelt.

Ein Hinweis zu Mietereinbauten

Ist die Eigentumsfrage für den Mietereinbau (Kapitel 3.2.5) geklärt, kann auch der Mieter Ladeneinbauten und ähnliche Einbauten als selbstständige Wirtschaftsgüter aktivieren und linear abschreiben. Dazu gehört bei Mietern auch der Einbau von unselbstständigen Gebäudeteilen (Rolltreppen, Klimaanlage), R 7.1. (6) EStR.

3.7.3 Bilanzansatz, Abschreibungsart und Bewertung

Sachanlagen – unbeweglich, außer Gebäude	
Anschaffungskosten inkl. Anschaffungsnebenkosten oder Herstellungskosten	Kapitel 1.4.1
– Zuschüsse	Kapitel 9
– Entschädigung bzw. Veräußerungspreis bei Ersatzbeschaffung unter bestimmten Voraussetzungen	Kapitel 9
– anteilige planmäßige Abschreibung linear, § 7 (1) EStG	Kapitel 3.4
= Obergrenze in der Bilanz	
– ggf. außerplanmäßige Abschreibung (bei dauerhafter Wertminderung), § 7 (1) EStG	Kapitel 3.4
+ Zuschreibung bei Wegfall der dauerhaften Wertminderung	
– Abgang Restbuchwert bei Veräußerung	
= Wert in der Bilanz	

Anschaffungskosten und Nebenkosten

- Kaufpreis, Grunderwerbsteuer für Grundstück
- Vermittlungs- und Maklergebühr
- Notariats- und Grundbuchkosten für den Kaufvertrag
- Ersterschließungskosten für das Grundstück, Straßenanliegergebühr

Herstellungskosten und Nebenkosten

* Baukosten der Außenanlagen, Grünanlagen
* Baukosten der Einbauten
* Bauplanung und Baugenehmigung, Richtfest, Fahrtkosten zur Baustelle
* Bauzeitzinsen bis zum Zeitpunkt der Fertigstellung

Aufwendungen

* Finanzierungskosten, Zinsen
* Erhaltungsaufwendungen, liegen die Kosten unter 4.000 Euro, ohne Umsatzsteuer, wird grundsätzlich von Erhaltungsaufwendungen ausgegangen, R 21.1. EStR
* Vergebliche Planungskosten

Lineare Abschreibung, § 7 (1) EStG

Die Anschaffungs- oder Herstellungskosten werden in gleichen Jahresbeträgen auf die Nutzungsdauer verteilt, wie bei immateriellem Vermögen in Kapitel 3.5 beschrieben.

3.7.4 Buchung und bildliche Darstellung

Beispiel:

Angenommen, Ihr Bankkonto weist einen Saldo von 150.000 Euro aus, und Sie kaufen ein unbebautes Grundstück für 100.000 Euro. Der notarielle Kaufvertrag wird am 16.01. abgeschlossen, der Übergang von Nutzen und Lasten sowie die Zahlung erfolgen am 1.03. Außerdem haben Sie auf dem Grundstück einen Parkplatz errichten lassen, der am 20.05. fertig gestellt wurde. Die Herstellungskosten setzen sich zusammen aus Rechnungen über 23.800 Euro inkl. 19 % USt. und Eigenleistungen (Löhne der eigenen Mitarbeiter) in Höhe von 10.000 Euro. Der Parkplatz hat eine Nutzungsdauer von 20 Jahren. Wie ist das Anlagevermögen zu aktivieren und abzuschreiben?

Siehe CD-ROM

Beim Grundstück handelt es sich um nicht abnutzbares Anlagevermögen und es darf nicht planmäßig abgeschrieben werden.

Die Eigenleistungen werden als Ertrag erfasst, die Lohnkosten bleiben unberührt. Diese Kosten zählen genauso wie die Rechnungen zu

AfA Parkplatz

den Herstellungskosten. Der Parkplatz ist ein unbewegliches Wirtschaftsgut und diese dürfen nur linear abgeschrieben werden. Die jährliche Abschreibung beträgt 30.000 Euro : 20 = 1.500 Euro. Die Abschreibung beginnt im Anschaffungsjahr im Mai und beträgt 1.000 Euro, 8/12 von 1.500 Euro.

Buchungen

Konto SKR 03 Soll	Konto SKR 04 Soll	Kontenbezeichnung	Betrag	an	Konto SKR 03 Haben	Konto SKR 04 Haben	Kontenbezeichnung	USt oder VSt
Aktivierung des Grundstücks bei Abschluss des Kaufvertrags								
0065	0215	Unbebautes Grundstück	100.000		70000	70000	Kreditorenkonto	keine
Aktivierung des Parkplatzes bei Fertigstellung								
0146	0310	Außenanlagen	10.000		8990	4820	Ertrag aktivierte Eigenleistungen	keine
0146	0310	Außenanlagen	23.800		70000	70000	Kreditorenkonto	VSt 19 %
Abschreibung des Parkplatzes								
4830	6220	Abschr. Sachanlagen	1.000		0146	0310	Außenanlagen	keine

Vorsteuerabzug   In der Rechnung für den Parkplatz ist Vorsteuer enthalten, diese erhalten Sie in voller Höhe zurück, sobald die einwandfreie Rechnung vorliegt und die Leistung erbracht ist oder die Zahlung erfolgt ist. Die Abschreibung erfolgt vom Nettowert.

Bilanz			
Vermögen (Aktiva)		Kapital (Passiva)	
Grundstücke		**Kapital**	
+ Kaufpreis lt. Vertrag	+ 100.000 €	+ Gewinn	+ 9.000 €
Stand nachher	**100.000 €**	Stand nachher	**+ 9.000 €**
Außenanlagen		**Verbindlichkeiten**	
+ Eigenl. Parkplatz	+ 10.000 €	+ Kaufpreis lt. Vertrag	+ 100.000 €
+ RG Parkplatz	+ 20.000 €	+ Parkplatz	+ 23.800 €
– Abschreibung	– 1.000 €	Stand nachher	**123.800 €**
Stand nachher	**29.000 €**		
Vorsteuer			
+ RG Parkplatz	+ 3.800 €		
Stand nachher	**3.800 €**		
Bilanzsumme	132.800 €	Bilanzsumme	132.800 €

Gewinn- und Verlust-Rechnung			
Aufwendungen		Erlöse	
Abschreibung	1.000 €	Aktivierte Eigenleistung	10.000 €
Gewinn	9.000 €		
Summe	10.000 €	Summe	10.000 €

3.7.5 Behandlung von nachträglichen Anschaffungs- oder Herstellungskosten

Wie beim immateriellen und beweglichen Anlagevermögen werden diese Kosten auf das Anlagekonto des selbstständigen Wirtschaftsguts gebucht. Die Kosten werden im Jahr der Entstehung dem Buchwert zu Jahresbeginn zugerechnet, dadurch erhöht sich die Abschreibung in den Restjahren.

Wenn sich allerdings durch diese Kosten die Nutzungsdauer erhöht, ist diese anzupassen. In jedem Fall sollten Sie Ihre Entscheidung dokumentieren.

Kosten in Folgejahren Kapitel 3.3.4

Beispiel:

Ein bereits aktivierter Parkplatz wird erweitert. Die Kosten betragen 2.000 Euro netto, der Buchwert des Parkplatzes lag am 01.01. bei 30.000 Euro und die Restnutzungsdauer beträgt zehn Jahre. Von nun an beträgt die jährliche Abschreibung 3.200 Euro (32.000 Euro : 10 Jahre).

3.8 Sachanlagen – beweglich

Hier handelt es sich um selbst hergestellte oder entgeltlich erworbene Wirtschaftsgüter. Bei beweglichen Wirtschaftsgütern, deren Anschaffungskosten über 1.000 Euro (oder 410 Euro seit 2010) ohne USt liegen, haben Sie die Wahl zwischen der linearen Abschreibung und der Abschreibung nach Leistungseinheiten. Die degressive Abschreibung gab es bis 2007 und ist nun in den Jahren 2009 und 2010 wieder möglich.

Ist das bewegliche Wirtschaftsgut selbstständig nutzbar und betragen die Anschaffungskosten bis zu 150 Euro ohne USt ist die Sofortabschreibung GWG vorzunehmen bzw. sind die Kosten sofort als Aufwand zu erfassen. Liegen die Anschaffungskosten darüber, haben Sie seit 2010 zwei Möglichkeiten der GWG-Abschreibung.

GWG, Poolabschreibung

Zu den beweglichen Wirtschaftsgütern gehören:
- Computer
- Büroeinrichtung
- Fahrzeuge
- Maschinen
- Sonstige Betriebs- und Geschäftsausstattung
- Selbstständige Gebäudeteile: Betriebsvorrichtungen
- Selbstständige Gebäudeteile: Scheinbestandteile

3.8.1 Beispiele für Betriebsvorrichtungen und Scheinbestandteile

Betriebsvorrichtungen

Hier handelt es sich um Einbauten in Gebäude oder Bauten auf Grundstücke, die ausschließlich dem Produktionsprozess bzw. der Gewerbeausübung dienen, R 7.1. EStR.
- Alarmanlage in Tresoranlagen
- Abladevorrichtung
- Absaugvorrichtung, Entstaubungsanlagen
- Backöfen, Baubaracken ohne Fundamentierung
- Förderbänder, Gleisanlagen
- Hebebühne, Hochregallager
- Kegelbahnen, Kühlanlagen
- Lastenaufzug, Maschinen
- Schauvitrinen, Tankstellenanlage
- Verkaufautomaten, Zelthallen

Siehe CD-ROM

Weitere Beispiele finden Sie auf der beiliegenden CD-ROM unter „ABC Betriebsvorrichtungen".

Scheinbestandteile

Scheinbestandteile werden nur für einen vorübergehenden Zweck in ein Gebäude eingebaut und sind leicht zu entfernen, R 7.1. EStR.
- nicht tragende Trennwände
- Raumteiler

Achtung:

Nutzen diese Einbauten zwar dem Gewerbebetrieb, dienen aber nicht ausschließlich dem Produktionsprozess bzw. der Gewerbeausübung oder werden sie nicht nur vorübergehend eingebaut, handelt es sich um Ladeneinbauten und ähnliche Einbauten, die nur linear abgeschrieben werden können, siehe Kapitel 3.7 „Sachanlagen – unbeweglich, außer Gebäuden".

Hinweis: Mietereinbauten

Ist die Eigentumsfrage für den Mietereinbau (Kapitel 3.2.5) geklärt, kann auch der Mieter Betriebsvorrichtungen und Scheinbestandteile als selbstständige Wirtschaftsgüter aktivieren und abschreiben.

3.8.2 Bilanzansatz, Abschreibungsart und Bewertung

Sachanlagen beweglich	
Anschaffungskosten inkl. Anschaffungsnebenkosten oder Herstellungskosten	Kapitel 1.4.1
- Zuschüsse	Kapitel 9
- Entschädigung bzw. Veräußerungspreis bei Ersatzbeschaffung unter bestimmten Voraussetzungen	Kapitel 9
- anteilige planmäßige Abschreibung (linear, nach Leistungsein- - heiten, degressiv bis 2007 und wieder in 2009 und 2010 oder GWG-Abschreibung) lt. § 7 (1+2) EStG	Kapitel 3.4
⁻ ggf. Sonderabschreibung, § 7 g EStG	
= Obergrenze in der Bilanz	
- ggf. außerplanmäßige Abschreibung (bei dauerhafter Wertminderung), § 7 (1) EStG	Kapitel 3.4
⁺ Zuschreibung bei Wegfall der dauerhaften Wertminderung	
- Abgang Restbuchwert bei Veräußerung oder Verschrottung	
= Wert in der Bilanz	

Anschaffungskosten und Nebenkosten

• Verpackung, Transport

• Fracht, Überführung, Rollgeld, Zölle

• Aufstellung, Installation, Fundamentierung

Herstellungskosten und Nebenkosten

- Baukosten der Einbauten
- Planungskosten, Genehmigungen
- Bauzeitzinsen bis zum Zeitpunkt der Fertigstellung

Aufwendungen

- Finanzierungskosten, Zinsen
- Fahrzeugbeschriftung für Werbezwecke
- Erhaltungsaufwendungen; diese liegen vor, wenn der Gegenstand nicht wesentlich verändert wird, sondern instand gehalten, gepflegt und gewartet wird

Anschaffungskosten bis 1.000 Euro oder 410 Euro – GWG ja oder nein?

GWG?

Die GWG Abschreibung gilt nur für bewegliche Wirtschaftsgüter, die selbstständig nutzbar sind. Ob ein geringwertiges Wirtschaftsgut selbstständig nutzbar ist, hängt auch davon ab, in welcher Form es in Ihrem Unternehmen eingesetzt wird. So kann ein PC, eigentlich ein selbstständiges Wirtschaftsgut, der als Server eingesetzt wird, zu einem unselbstständigen Wirtschaftsgut werden, nämlich als Teil einer Computeranlage.

Die Richtlinie R 6.13 EStR stellt drei Bedingungen auf. Das Anlagegut

- ist in Ihrem Unternehmen nur zusammen mit anderen Anlagegütern nutzbar,
- tritt in Ihrem Unternehmen zusammen mit anderen Anlagegütern als eine gesamte Einheit in Erscheinung,
- ist mit den anderen Anlagegütern technisch abgestimmt.

Treffen alle drei Bedingungen zu, dann ist das Wirtschaftsgut unselbstständig, also kein GWG. Treffen nur eine oder zwei Bedingungen zu, ist es laut der Richtlinie selbstständig nutzbar, also ein GWG. Wie ein GWG zu behandeln ist, ist abhängig von der Höhe der Anschaffungskosten und vom Zeitpunkt der Anschaffung.

Neu seit 2010

Das Wachstumsbeschleunigungsgesetz hat für GWG´s, die seit 2010 angeschafft werden, ein Wahlrecht eingeführt. Während in den

Jahren 2008 und 2009 nur die Alternative 1 möglich war, müssen Sie sich ab 2010 für Alternative 1 oder Alternative 2 entscheiden.

Alternative 1: bis 150 Euro und bis 1.000 Euro

GWG bis 150 Euro
GWG's, deren Anschaffungskosten bis zu 150 Euro netto betragen, sind sofort abzuschreiben, Sie werden in der Praxis überwiegend direkt in den Aufwand gebucht, zum Beispiel auf das Konto „4985/6845 Werkzeuge und Kleingeräte" oder andere Aufwandskonten. Sie müssen nicht mehr im Anlageverzeichnis erfasst werden.

GWG bis 150 Euro

GWG über 150 Euro bis 1.000 Euro, Poolabschreibung
Bewegliche Wirtschaftsgüter, deren Anschaffungskosten über 150 Euro bis zu 1.000 Euro netto liegen, sind in einem Sammelposten zusammenzufassen und gemeinsam über 5 Jahre linear abzuschreiben. Man spricht hier von Poolabschreibung.

GWG über 150 Euro bis 1.000 Euro

Beispiel:
Im Mai wurde ein Computer im Wert von 700 Euro netto sowie ein Faxgerät im Wert von 500 Euro netto angeschafft. Wie hoch ist die Abschreibung?

Obwohl die Nutzungsdauer laut AfA-Liste für Computer drei Jahre und für Faxgeräte sechs Jahre beträgt, werden beide Wirtschaftsgüter zusammengefasst und über fünf Jahre abgeschrieben. In jedem Jahr ist 1/5 abzuschreiben, egal in welchem Monat das Wirtschaftsgut angeschafft wurde.

Volle AfA im Anschaffungs-jahr

Computer	700 Euro
Schreibtisch	500 Euro
Sammelposten 2009	1.200 Euro : 5 Jahre

In diesem Fall beträgt die jährliche Abschreibung 240 Euro.

Der Sammelposten ist in der Abschreibungsliste zu erfassen, bis er abgeschrieben ist. Für jedes Jahr ist ein eigener Sammelposten zu bilden. Nachträgliche Herstellungskosten sind im Sammelposten des aktuellen Jahres zu erfassen, d. h. diese Kosten werden nicht auf die

Zugänge – AfA 5 Jahre

Restnutzungsdauer verteilt, sondern sie werden ebenfalls über fünf Jahre abgeschrieben.

Achtung:

Bei Veräußerung, Diebstahl oder Defekt ist laut Steuerrecht keine vorzeitige Ausbuchung möglich, es wird trotzdem weiter abgeschrieben. Obwohl bei einer Veräußerung der Erlös, wie bisher, im Jahr der Veräußerung erfasst wird.

Das Handelsrecht lässt diese Abschreibungsart zu, solange dieser Sammelposten eine untergeordnete Rolle spielt. Ansonsten ist im Einzelfall zu entscheiden, ob eine Überbewertung vorliegt, durch vorzeitige Abgänge und zu lange Nutzungsdauer.

Alternative 2: bis 410 Euro

GWG bis 410 Euro

GWG bis 410 Euro

GWG´s, deren Anschaffungskosten bis zu 410 Euro netto betragen, sind sofort abzuschreiben. Da die Wirtschaftsgüter, deren Anschaffungskosten bis 410 Euro betragen, wieder im Anlageverzeichnis zu erfassen sind, sollten Sie die Anschaffungskosten zunächst auf das Konto „0480/0670 GWG" buchen. Die Abschreibung erfolgt dann auf das Konto „4860/6260 Sofortabschreibung GWG".

Diese Alternative gilt für Wirtschaftsgüter, die seit 2010 angeschafft werden. Wenn Sie sich dafür entscheiden, sind alle beweglichen Wirtschaftsgüter, deren Anschaffungskosten über 410 Euro liegen, zu aktivieren und normal abzuschreiben. Der Sammelposten entfällt.

Tipp

Ist Ihr Unternehmen nicht zu Vorsteuerabzug berechtigt, liegt die Grenze für GWG trotzdem bei 150 bzw. 410 Euro netto.

Lineare Abschreibung, § 7 (1) EStG

Die Anschaffungs- oder Herstellungskosten werden in gleichen Jahresbeträgen auf die Nutzungsdauer verteilt, wie bei immateriellem Vermögen in Kapitel 3.5 beschrieben.

Abschreibung nach Leistungseinheiten, § 7 (1) EStG

Hier wird der Abschreibungssatz pro Kilometer oder pro Maschinenlaufstunde ermittelt.

$$\frac{\text{Anschaffungs- oder Herstellungskosten}}{\text{Gesamtleistung}} = \text{Kosten pro km oder pro Stunde}$$

Beispiel

Anschaffungskosten	60.000	Euro
Gesamtkilometerleistung	200.000	km
Kosten pro km	0,30	Euro
km im ersten Jahr	50.000	km
Abschreibung im 1. Jahr (50.000 km x 0,30 Euro)	15.000	Euro

Sonderabschreibungen, § 7 g EStG

Sonderabschreibungen sind gem. § 7 g (5-6) EStG unter bestimmten Bedingungen zusätzlich zur planmäßigen Abschreibung zulässig.

Sie können neue und gebrauchte bewegliche und überwiegend betrieblich genutzte Wirtschaftsgüter zusätzlich mit 20 % abschreiben. Der gesamte Abschreibungsbetrag kann im Jahr der Anschaffung angesetzt werden oder auf einen Zeitraum von bis zu fünf Jahren verteilt werden.

Voraussetzungen für das Unternehmen bei Anschaffung oder Herstellung seit 2008 sowie in den Jahren 2009 und 2010:

- Ihr Betriebsvermögen des Vorjahres liegt nicht über 235.000 Euro (335.000 Euro bei Anschaffung oder Herstellung in 2009 und 2010).

- Der Gewinn von Einnahme-Überschussrechnern übersteigt im Vorjahr 100.000 Euro nicht (200.000 Euro in 2009 und 2010).

- Der Wirtschaftswert von land- und forstwirtschaftlichen Betrieben darf im Vorjahr 125.000 Euro nicht übersteigen (175.000 Euro in 2009 und 2010).

- Die Sonderabschreibung kann auch vorgenommen werden, wenn zuvor kein Investitionsabzugsbetrag geltend gemacht wurde.

Damit ist das Betriebsvermögen bzw. der Gewinn vor dem Abzug des Investitionsabzugsbetrags gemeint, außerdem mindert die nicht abziehbare Gewerbesteuer das Betriebsvermögen.

Voraussetzungen für das Anlagegut:

- Sie müssen ein abnutzbares und bewegliches Anlagegut anschaffen oder herstellen (Maschine, Kfz); das Anlagegut muss nicht neu sein, es kann auch gebraucht sein
- Das Anlagegut muss mindestens zwei Jahre nach der Anschaffung oder Herstellung in Ihrem Betriebsvermögen bleiben
- Das Anlagegut muss fast ausschließlich, d. h. mindestens zu 90 % betrieblich genutzt werden; in den Jahren, in denen das Wirtschaftsgut zu mehr als 10 % privat genutzt wird, dürfen Sie keine Sonderabschreibung geltend machen

Degressive Abschreibung bis 2007 sowie in 2009 und 2010

Der Abschreibungssatz beträgt in den Jahren

bis 2005	2 x linearer Abschreibungssatz, maximal 20 %
2006 und 2007	3 x linearer Abschreibungssatz, maximal 30 %
2009 und 2010	2,5 x linearer Abschreibungssatz, maximal 25 %

$$\frac{100}{\text{Nutzungsdauer}} = \text{linearer Abschreibungssatz}$$

Im Anschaffungsjahr beträgt die degressive Abschreibung 20/30/25 % der Anschaffungs- oder Herstellungskosten und in den Folgejahren 20/30/25 % des Restbuchwerts. Es gilt der Abschreibungssatz des Jahres, in dem das Wirtschaftsgut angeschafft oder hergestellt wird. Diese Abschreibungsart kann angewendet werden für Wirtschaftsgüter, die in der Zeit vom 01.01.2009 bis zum 31.12.2010 angeschafft oder hergestellt werden.

Beispiel:

Anschaffungskosten	120.000	Euro
Nutzungsdauer	10	Jahre
Anschaffung und erste Nutzung	März	
Abschreibung im 1. Jahr (25 % von 120.000)	30.000	Euro
monatliche Abschreibung (30.000 : 12 Monate)	2.500	Euro

Anschaffungskosten	120.000 Euro
– Abschreibung 1. Jahr	– 25.000 Euro (10 Monate)
= Restbuchwert	95.000 Euro
– Abschreibung 2. Jahr	– 23.750 Euro (25 % von 95.000)
= Restbuchwert	71.250 Euro
– Abschreibung 3. Jahr	– 17.812,50 Euro (25 % von 71.250)
usw.	53.437,50 Euro

In dem Jahr, in dem der lineare AfA-Satz höher ist als der degressive, können Sie für die Restjahre zur linearen Abschreibung wechseln. Eine Anlagenverwaltungssoftware führt diesen Wechsel automatisch durch.

3.8.3 Buchung und bildliche Darstellung

Sehen Sie folgendes Beispiel:

Beispiel:

Folgende Wirtschaftsgüter haben Sie im Abschlussjahr angeschafft, die Rechnungen liegen vor:

Siehe CD-ROM

Am 01.12. erhalten Sie eine neue Maschine, die bereits am 02.12. vollständig aufgebaut und einsatzbereit ist. Die Rechnung vom 03.12. bezieht sich auf die Maschine inkl. Lieferung und Aufbau für 17.850 Euro inkl. 19 % USt.

Die Rechnung wird am 20.01. des Folgejahres bezahlt.

Ein Faxgerät für 595 Euro inkl. 19 % USt. Die Rechnung ist vom 20.04.

Eine Schreibtischlampe für 119 Euro inkl. 19 % USt. Die Rechnung ist vom 12.10.

Buchen Sie bitte die Anschaffung des Anlagevermögens und ermitteln Sie die Abschreibung. Die Maschine ist linear abzuschreiben und für GWG's ist die Alternative 1 (Sammelposten) zu wählen. Die amtlichen AfA-Tabellen schreiben für Faxgeräte sechs Jahre, für Lampen und Maschinen fünf Jahre vor.

115

AfA Maschine

Die jährliche lineare Abschreibung der Maschine beträgt 3.000 Euro (15.000 : 5 Jahre). Die Anschaffung erfolgte erst im Dezember, d. h. die anteilige Abschreibung beträgt 250 Euro (1/12 von 3.000 Euro).

Pool-AfA

Da die Anschaffungskosten des Faxgerätes die 1.000-Euro-Grenze nicht übersteigen, zählt es zum Sammelposten des aktuellen Jahres und wird über fünf Jahre linear abgeschrieben. Die Abschreibung beträgt 100 Euro (1/5 von 500 Euro). Das Anschaffungsdatum ist unwichtig.

AfA GWG

Die Anschaffungskosten der Schreibtischlampe liegen nicht über 150 Euro, d. h. sie wird im Jahr der Anschaffung in voller Höhe als Betriebsausgaben erfasst.

Buchungen

Konto SKR 03 Soll	Konto SKR 04 Soll	Konten- bezeichnung	Betrag	an	Konto SKR 03 Haben	Konto SKR 04 Haben	Konten- bezeichnung	USt oder VSt
Aktivierung der Maschine								
0210	0440	Maschinen	17.850		70000	70000	Kreditoren- konto	VSt 19 %
Aktivierung des Faxgerätes Sammelposten								
0485	0675	Sammelposten bis 1.000 Euro	595		70000	70000	Kreditoren- konto	VSt 19 %
Anschaffung der Lampe GWG								
4985	6845	Kleingeräte, Werkzeuge	119		70000	70000	Kreditoren- konto	VSt 19 %
Abschreibung GWG und Maschine								
4830	6220	Abschreibung Sachanlagen	250		0210	0440	Maschinen	keine
4862	6264	Abschreibung Sammelposten	100		0485	0675	Sammelposten bis 1.000 Euro	keine

Vorsteuerabzug

Ist in den Rechnungen Vorsteuer enthalten, erhalten Sie diese in voller Höhe zurück, sobald die Voraussetzungen für den Vorsteuerabzug erfüllt sind, nämlich die einwandfreie Rechnung, die Lieferung oder die Zahlung. Die Abschreibung erfolgt bei diesen Beträgen vom Nettowert.

Bilanz			
Vermögen (Aktiva)		**Kapital (Passiva)**	
Maschine		**Kapital**	
+ Kaufpreis netto	+15.000 €	Verlust	– 450 €
– Abschreibung	– 250 €	Stand nachher	**– 450 €**
Stand nachher	**14.750 €**	**Verbindlichkeiten**	
Sammelposten		+ RG Faxgerät	+ 595 €
+ RG Faxgerät	+ 500 €	+ RG Lampe	+ 119 €
– Abschreibung GWG	– 100 €	+ RG Maschine	+ 17.850 €
Stand nachher	**400 €**	Stand nachher	**18.564 €**
Vorsteuer			
+ RG Faxgerät	+ 95 €		
+ RG Lampe	+ 19 €		
+ RG Maschine	+ 2.850 €		
Stand nachher	**2.964 €**		
Bilanzsumme	18.114 €	Bilanzsumme	18.114 €

Gewinn- und Verlust-Rechnung			
Aufwendungen		Erlöse	
Abschreibung Sachanlagen	250 €	Verlust	450 €
Abschreibung Sammelposten	100 €		
Anschaffung Lampe	100 €		
Summe	450 €	Summe	450 €

3.8.4 Behandlung von nachträglichen Anschaffungs- oder Herstellungskosten und Einbau von Komponenten

Wie bei immateriellem und unbeweglichem Anlagevermögen (außer Gebäude), werden die nachträglichen Anschaffungskosten auf das Anlagekonto des selbstständigen Wirtschaftsguts gebucht.

Die Kosten werden dem Buchwert vom 01.01. zugerechnet, egal wann sie tatsächlich entstanden sind. Dadurch erhöht sich die Abschreibung in den Restjahren.

Kosten in Folgejahren Kapitel 3.3.4

117

Beispiel:

Eine bereits aktivierte Maschine wird erweitert. Die Kosten betragen 3.000 Euro netto, der Buchwert der Maschine lag am 01.01. bei 17.000 Euro und die Restnutzungsdauer beträgt fünf Jahre. Von nun an beträgt die jährliche Abschreibung 4.000 Euro (20.000 : 5 Jahre).

Erhöht sich durch die nachträglichen Kosten die tatsächliche Nutzungsdauer des Wirtschaftsguts, ist diese ggf. zu verlängern.

3.9 Finanzanlagen

Hier arbeitet das Geld des Unternehmens mit. Das Geld wird langfristig angelegt, um Gewinne aus Beteiligungen und Zinsen zu erzielen. Finanzanlagen können auch zum Umlaufvermögen des Unternehmens zählen, wenn der Handel mit Beteiligungen und Wertpapieren im Vordergrund steht.

Die Zuordnung zum Anlage- oder Umlaufvermögen wird vor allem dadurch bestimmt, was das Unternehmen mit dieser Geldanlage bezweckt, nämlich langfristige Zinserträge oder kurzfristige Veräußerungsgewinne.

Finanzanlagen sind nicht abnutzbar, sie werden also nicht planmäßig abgeschrieben. Zählen sie zum Anlagevermögen, sind sie nur bei einer dauernden Wertminderung außerplanmäßig abzuschreiben. So ist und bleibt es auch in der Steuerbilanz. In der neuen Handelsbilanz können Finanzanlagen bereits bei vorübergehender Wertminderung außerplanmäßig abgeschrieben werden, das konnten bisher nur Kapitalgesellschaften. Zu den Finanzanlagen gehören:

- Langfristige Beteiligungen an verbundenen Unternehmen
- Langfristige Beteiligungen an anderen Unternehmen
- Wertpapiere (Aktien, Pfandbriefe, Bundesanleihen)
- Langfristig vergebene Darlehen

Finanzanlagen des Umlaufvermögens werden ggf. bei vorübergehender Wertminderung außerplanmäßig abgeschrieben. Dazu zählen in der Regel Aktien, die jederzeit verkauft werden können, oder Darlehen, deren Laufzeit unter einem Jahr liegt.

3.9.1 Erträge aus Finanzanlagen

Was ist hier zu beachten?

* Zinserträge und Erträge aus sonstigen Beteiligungen sind in dem Jahr zu buchen, in dem Sie die wirtschaftliche Verfügungsmacht darüber erhalten, § 11 EStG.

* Zu diesem Zeitpunkt sind die Erträge auch dann zu buchen, wenn Sie statt ausgezahlt zu werden, dem Darlehen oder der Beteiligung zugerechnet werden.

* Steuerfreie Erträge oder Erträge, die bis 2008 dem Halbeinkünfteverfahren und seit 2009 dem Teileinkünfteverfahren unterliegen (Gewinnausschüttungen), und die dafür erforderlichen Aufwendungen, sind gesondert zu erfassen.

Achtung:
Grundsätzlich sind die Bruttoerträge zu erfassen. Einbehaltene Steuern wie Zinsabschlagsteuer, Kapitalertragsteuer, Abgeltungsteuer seit 2009, Solidaritätszuschlag sind auf den entsprechenden Steuerkonten zu erfassen, siehe auch Kapitel 4.8 „Wertpapiere".

Zeitpunkt der Erfassung

In der Regel erhalten Sie die Verfügungsmacht zum Zeitpunkt der Auszahlung bzw. Gutschrift der Erträge. Dagegen sind regelmäßig wiederkehrende Zinsen in dem Jahr zu erfassen, in das sie wirtschaftlich gehören.

Gehen die Erträge auf Ihrem Bankkonto ein, erfassen Sie diese auf den entsprechenden Erlöskonten. Regelmäßige Zinsen, die zu spät eingehen, müssen Sie ggf. abgrenzen.

Wurde vereinbart, die Erträge der Finanzanlage zuzuschreiben, müssen Sie die Zinsen selbst hinzurechnen, also dem Zins- und Tilgungsplan oder den Erträgnisaufstellungen der Bank entnehmen und buchen.

119

> **Tipp:**
> Darlehen an Gesellschafter oder verbundene Unternehmen sind gesondert auszuweisen. Außerdem sollten sie verzinst werden, da sonst verdeckte Gewinnausschüttung vermutet wird, wie in Kapitel 8.6 „Verdeckte Gewinnausschüttung bei Kapitalgesellschaften" beschrieben.

Besonderheit bei Beteiligung an anderen Unternehmen

Ist das Unternehmen an anderen Unternehmen beteiligt, erhält es Dividenden bzw. anteilige Gewinnausschüttungen. Auch wenn diese Erträge teilweise steuerfrei sind, werden sie trotzdem in der Bilanz in voller Höhe erfasst.

> **Achtung:**
> Außerhalb der Bilanz werden steuerfreie Anteile abgerechnet und nicht abzugsfähige Betriebsausgaben zugerechnet, deshalb ist es sinnvoll, diese Erträge sowie die damit verbunden Aufwendungen auf gesonderten Konten zu erfassen.

Erhalten Personenfirmen Erträge aus Beteiligungen an Kapitalgesellschaften, unterliegen diese bis 2008 in der Regel dem Halbeinkünfteverfahren nach § 3 EStG, d. h. nur die Hälfte des Gewinns ist zu versteuern und die Aufwendungen für diese Kapitalerträge sind nur zur Hälfte abzugsfähig.

Seit 2009 ist das Halbeinkünfteverfahren durch das Teileinkünfteverfahren ersetzt worden. Jetzt sind 40 % steuerfrei und 60 % steuerpflichtig. Bei Gewinnausschüttungen an Privatpersonen gibt es die Abgeltungsteuer in Höhe von 25 %. Nur unter bestimmten Voraussetzungen kann das Teileinkünfteverfahren angewandt werden. Mehr dazu erfahren Sie in Kapitel 8.5 „Gewinnausschüttung an Gesellschafter".

Beteiligen sich allerdings Kapitalgesellschaften an anderen Kapitalgesellschaften, sind diese Gewinnanteile zu 100 % steuerfrei (§ 8 b KStG), und pauschal 5 % der Einnahmen sind als nicht abzugsfähige Betriebsausgaben zu erfassen, unabhängig von der Höhe der tatsächlichen Aufwendungen. Indirekt sind dadurch nur 95 % der Einnahmen steuerfrei.

Stille Beteiligungen an Personengesellschaften sind in voller Höhe zu versteuern.

3.9.2 Bilanzansatz und Bewertung

Finanzanlagen	
Darlehen	
Tatsächlicher Darlehensstand laut Kontoauszug oder Zins- und Tilgungsplan	
Wertpapiere und sonstige Beteiligungen Ursprünglich gezahlte Anschaffungskosten bzw. Einlagen	
+ nicht gezahlte, sondern zugeschriebene Erträge	
= Obergrenze in der Bilanz	
– ggf. außerplanmäßige Abschreibung (bei dauerhafter Wertminderung oder Forderungsausfall), § 7 (1) EStG	Kapitel 3.4
+ Zuschreibung bei Wegfall der dauerhaften Wertminderung	
– Abgang Restbuchwert bei Veräußerung	
= Wert in der Bilanz	

Anschaffungskosten und Nebenkosten

- Maklergebühr, Vermittlungsgebühr bei Wertpapieren
- Kosten für Notarvertrag und Handelsregistereintragungen bei Beteiligungen
- Rechtsberatung und Gutachten vor der Beteiligung

Aufwendungen

- Bankgebühren
- Rechtsberatung

Achtung:
Die tatsächlichen Anschaffungskosten inkl. zugeschriebener Erträge von Wertpapieren und sonstigen Beteiligungen dürfen beim Bilanzansatz nicht überschritten werden. Liegt der tatsächliche Wert der Beteiligung laut Depotauszug oder Ähnlichem darüber, handelt es sich um stille Reserven, die erst bei einer Veräußerung aufgedeckt werden.

Bilanzansatz in der neuen Handelsbilanz

Gibt es Vermögen, das ausschließlich und insolvenzsicher der Sicherung von Altersvorsorgeverpflichtungen oder vergleichbar langfristigen Verpflichtungen dient, ändert sich der Bilanzausweis von Vermögen und Schulden, sie werden saldiert. In diesem Fall wird der Zeitwert des Vermögens von der Verbindlichkeit abgezogen. Sind die Verbindlichkeiten höher, wird der verminderte Betrag ausgewiesen. Ist das Vermögen höher, wird der Betrag in der neuen Bilanzposition „Aktiver Unterschiedsbetrag aus der Vermögensverrechnung" ausgewiesen. Diese steht auf der Aktiva unter den Aktiven Rechnungsabgrenzungsposten. In beiden Fällen sind die Verrechnungen im Anhang zu erläutern, § 246 HGB (neu). Mehr dazu im Kapitel 10.2 „Rückstellungen für Pensionen und ähnliche Verpflichtungen".

3.9.3 Buchung und bildliche Darstellung

Siehe CD-ROM

Beispiel:

Das Unternehmen hat ein Darlehen in Höhe von 100.000 Euro vergeben, vereinbart wurde eine Laufzeit von fünf Jahren. Zins und Tilgung sind halbjährlich fällig. Am 30.06. gehen 6.000 Euro auf Ihrem Bankkonto ein, der Betrag setzt sich zusammen aus 2.500 Euro Zinsen und 3.500 Euro Tilgung.

Außerdem liegt Ihnen eine Erträgnisaufstellung einer Beteiligung vor, der Wert der Beteiligung steht in Ihrer Bilanz mit 50.000 Euro, im Abschlussjahr beträgt Ihr Gewinnanteil 3.000 Euro, der nicht ausgezahlt, sondern zugeschrieben wird. Wie ist zu buchen?

Buchungen

Konto SKR 03 Soll	Konto SKR 04 Soll	Konten-bezeichnung	Betrag	an	Konto SKR 03 Haben	Konto SKR 04 Haben	Konten-bezeichnung	USt oder VSt
1200	1800	Bank	3.500		1550	1360	Darlehen	keine
1200	1800	Bank	2.500		2650	7100	Sonstige Zinsen und ähnl. Erträge	keine
0510	0820	Beteiligungen	3.000		2600	7000	Erträge aus Beteiligungen	keine

In Finanzanlagen ist keine Vorsteuer enthalten.

Bilanz			
Vermögen (Aktiva)		Kapital (Passiva)	
Darlehen		**Kapital**	
Stand vorher	100.000 €	Stand vorher	150.000 €
– Tilgung	– 3.500 €	Gewinn	5.500 €
Stand nachher	**96.500 €**	**Stand nachher**	**155.500 €**
Beteiligungen			
Stand vorher	50.000 €		
+ Ertrag Abschlussjahr	+ 3.000 €		
Stand nachher	**53.000 €**		
Bank			
+ Geldeingang	+ 6.000 €		
Stand nachher	**6.000 €**		
Bilanzsumme	155.500 €	Bilanzsumme	155.500 €

Gewinn- und Verlust-Rechnung			
Aufwendungen		Erlöse	
Gewinn	5.500 €	Zinserträge	2.500 €
		Erträge aus Beteiligung	3.000 €
Summe	5.500 €	Summe	5.500 €

3.10 Verkauf Anlagevermögen

In diesem Fall sind mehrere Arbeitsgänge zu erledigen:

• Buchung des Verkaufspreises

• Ermittlung der Abschreibung bis zum Zeitpunkt der Veräußerung, inkl. Verkaufsmonat

• Ermittlung des Restbuchwerts

• Buchung der Abschreibung

• Buchung des Anlagenabgangs, Abgang des Restbuchwerts

Achtung:
Das gilt nicht für Anlagegüter des Sammelpostens, wie im Abschnitt „Poolabschreibung" des Kapitels 3.8.2 beschrieben. Diese werden auch bei Veräußerung oder Diebstahl weiter abgeschrieben.

Siehe CD-ROM

Beispiel:

Am 15.04. haben Sie eine gebrauchte Maschine für 11.900 Euro inkl. 19 % USt verkauft, das Geld wurde an diesem Tag auf Ihr Konto überwiesen. Der Buchwert betrug am 01.01. 9.000 Euro und die monatliche Abschreibung beträgt 500 Euro. Buchen Sie bitte den Verkaufspreis, die anteilige Abschreibung sowie den Anlagenabgang.

Die Abschreibung wird bis zum April, also für vier Monate vorgenommen, sie beträgt 2.000 Euro. Dadurch ergibt sich ein Restbuchwert von 7.000 Euro, dieser wird gesondert auf dem Konto „Anlagenabgang" erfasst.

Buchungen

Konto SKR 03 Soll	Konto SKR 04 Soll	Konten- bezeichnung	Betrag	an	Konto SKR 03 Haben	Konto SKR 04 Haben	Konten- bezeichnung	USt oder VSt
1200	1800	Bank	11.900		8820	4845	Erlöse aus Verkauf Anlagevermögen 19 %	USt 19 %
4830	6220	Abschreibung Sachanlagen	2.000		0210	0440	Maschinen	keine
2315	4855	Anlagenabgang	7.000		0210	0440	Maschinen	keine

Umsatzsteuer abführen

Die im Verkaufspreis enthaltene Umsatzsteuer von 1.900 Euro müssen Sie abführen.

Bilanz			
Vermögen (Aktiva)		**Kapital (Passiva)**	
Maschine		**Kapital**	
Stand vorher	9.000 €	Stand vorher	9.000 €
– Abschreibung	– 2.000 €	+ Gewinn	+ 1.000 €
– Anlagenabgang	– 7.000 €	Stand nachher	**10.000 €**
Stand nachher	0 €	**Umsatzsteuer**	
Bank		+ Verkauf Maschine	+ 1.900 €
+ Kunde zahlt	11.900 €	Stand nachher	**1.900 €**
Stand nachher	**11.900 €**		
Bilanzsumme	11.900 €	Bilanzsumme	11.900 €

Gewinn- und Verlust-Rechnung			
Aufwendungen		Erlöse	
Abschreibung Maschine	2.000 €	Verkaufserlös	10.000 €
Anlagenabgang Maschine	7.000 €		
Gewinn	1.000 €		
Summe	10.000 €	Summe	10.000 €

Möchten Sie ein Anlageverzeichnis selbst erstellen? Übungen dazu finden Sie auf der beiliegenden CD-ROM unter „Übungen zu Kapitel 3".

Siehe CD-ROM

3.10.1 Differenzbesteuerung nur bei Umlaufvermögen

Haben Sie das Anlagegut gebraucht gekauft und konnten Sie keinen Vorsteuerabzug aus den Anschaffungskosten vornehmen, ist der Verkaufserlös trotzdem zu 100 % umsatzsteuerpflichtig.

Privatvermögen

> **Tipp:**
>
> Eine Ausnahme besteht: Wenn Sie dieses Anlagegut in das Privatvermögen übernehmen, fällt keine Umsatzsteuer an. Möchten Sie später den Verkauf aus dem Privatvermögen tätigen, ist es sinnvoll, vorher mit dem Steuerberater über Formen und Fristen zu sprechen.

Anders ist das beim Umlaufvermögen. Wiederverkäufer von gebrauchten Waren (Fahrzeuge, Antiquitäten, Kunstgegenstände) können die Differenzbesteuerung bzgl. der Umsatzsteuer anwenden. Nur für die Differenz von Verkaufspreis und Einkaufspreis fällt Umsatzsteuer an, die Sie an das Finanzamt abführen müssen.

In diesem Fall ist neben der Buchführung eine Liste zu führen, in der Sie den ursprünglichen Einkaufspreis dem Verkaufserlös gegenüberstellen. So ist die umsatzsteuerpflichtige Differenz zu erkennen, § 25 a UStG. Sie dürfen diese Umsatzsteuer allerdings nicht auf der Rechnung ausweisen.

4   Das Umlaufvermögen

Beim Umlaufvermögen handelt es sich um Vermögensgegenstände, die in der Regel nur kurze Zeit im Unternehmen verbleiben, sie werden verbraucht, verarbeitet oder veräußert.

Zum Umlaufvermögen gehören aber auch Geld und Geldeswert. Das Unternehmen kann darüber sofort verfügen, wie das bei Bargeld und dem Bankkonto der Fall ist, oder erst etwas später, wenn offene Kundenrechnungen und sonstige Erstattungen gezahlt werden oder kurzfristige Geldanlagen wieder frei werden.

4.1 Überblick

Das Umlaufvermögen teilt sich grundsätzlich in folgende Bereiche:
- Vorräte von Material, Waren, fertigen und unfertigen Erzeugnissen (Lagerbestand)
- Forderungen aus Lieferungen und Leistungen und sonstige Vermögensgegenstände (offene Kundenrechnungen, sonstige Erstattungen)
- Wertpapiere und kurzfristige Beteiligungen
- Flüssige Mittel (Kassenstand und Banksaldo)

Die Gesetze schreiben für jeden Bereich einen eigenen Bilanzansatz vor. Sehen Sie dazu die folgenden Kapitel.

Allerdings gilt für alle drei Bereiche Folgendes:
- In der Bilanz dürfen Sie niemals mehr als die tatsächlichen Anschaffungs- oder Herstellungskosten von Vorräten ausweisen. Ggf. sogar nur den niedrigeren Tageswert am Bilanzstichtag.
- Forderungen werden maximal mit dem Rechnungsbetrag ausgewiesen.
- Ist wahrscheinlich mit einem Forderungsausfall zu rechnen, müssen Sie das in der Bilanz ausweisen.
- Auch Beteiligungen und Wertpapiere, die im Wert gestiegen sind, dürfen in der Bilanz nur maximal mit dem Wert Ihrer tatsächlichen Einlage angesetzt werden.

- Sind die Gründe für eine Wertminderung weggefallen, werden Zuschreibungen bis zu den tatsächlichen Anschaffungskosten oder dem Nennwert der Forderung vorgenommen, § 280 HGB, § 6 EStG.

4.1.1 Hinweis zur Bilanz nach Steuer- und Handelsrecht

Im Handelsrecht gilt für Umlaufvermögen das strenge Niederst- Siehe Kapitel 1.2.4 wertprinzip, § 253 HGB. Liegt der Tageswert von Vorräten am Bilanzstichtag unter den tatsächlichen Anschaffungskosten, schreibt das Handelsrecht vor, den niedrigeren Tageswert in der Bilanz anzusetzen. Das Steuerrecht erlaubt einen niedrigeren Wertansatz nur bei voraussichtlich dauernder Wertminderung, § 6 EStG, R 6.8. EStR.

Für die Bewertung von Vorräten bietet das Handelsrecht mehr Möglichkeiten als das Steuerrecht. Um dem Maßgeblichkeitsprinzip zu entsprechen, wie in Kapitel 1.2.4 „Bilanz nach Steuer- und Handelsrecht" beschrieben, entscheidet man sich für eine Methode, die beide Gesetze erlauben.

4.1.2 Betriebsergebnis – Gesamtkostenverfahren oder Umsatzkostenverfahren?

Mit dem Betriebsergebnis ist die erste Zwischensumme in der Gewinn- und Verlust-Rechnung gemeint. Hier werden die Material- und Fertigungskosten von den Erlösen abgezogen. Es zeigt den Erfolg der eigentlichen wirtschaftlichen Tätigkeit.

Das Handelsrecht schreibt zwei verschiedene Methoden vor, wie das Betriebsergebnis in der Gewinn- und Verlust-Rechnung auszuweisen ist. Es geht hier um die Ermittlung des Betriebsergebnisses nach dem Gesamtkostenverfahren oder nach dem Umsatzkostenverfahren. Beide Verfahren führen zum gleichen Ergebnis, nur die Darstellung ist unterschiedlich. Jedes dieser Verfahren hat Vor- und Nachteile. Welches günstiger ist, ist von den Gegebenheiten des Unternehmens abhängig.

In der Regel entscheiden Sie bei Aufstellung der ersten Bilanz in Zusammenarbeit mit Ihrem Steuerberater, welches Verfahren Sie anwenden. Ein späterer Wechsel ist möglich, muss aber begründet werden.

> **Tipp:**
> Lesen Sie den Anhang zur Bilanz. Hier ist aufzuführen, welches Verfahren angewendet wird.

In beiden Verfahren buchen Sie den Verkaufspreis auf das Ertragskonto „Umsatzerlöse". Die beiden Methoden unterscheiden sich also nur bei der Erfassung des Aufwands.

> **Beispiel:**
> Das Unternehmen verkauft Schränke für 1.500 Euro pro Stück an seine Kunden. Die Kosten, um einen Schrank einzukaufen und zu bearbeiten, betragen insgesamt 1.000 Euro. Sie setzen sich zusammen aus Material für 600 Euro und Personal für 400 Euro.
> Insgesamt hat das Unternehmen sieben Schränke eingekauft und bearbeitet. Fünf Schränke wurden verkauft.

Sowohl beim Gesamtkosten- als auch beim Umsatzkostenverfahren wird der Erlös von 7.500 Euro direkt in der Gewinn- und Verlust-Rechnung erfasst. Aber wie wird der Aufwand jeweils ausgewiesen?

Gesamtkostenverfahren

Das Gesamtkostenverfahren wird in der Praxis am häufigsten angewandt, vor allem von kleinen und mittelständischen Unternehmen. Hier erfassen Sie zunächst alle Kosten, wie Wareneinkauf, Materialeinkauf, Personalkosten etc. auf den entsprechenden Aufwandskonten. Dadurch mindern alle Kosten, die im laufenden Jahr anfallen, den Gewinn. Solange im gleichen Zeitraum auch der gesamte Lagerbestand abverkauft wird, sehen Sie in der Gewinn- und Verlust-Rechnung das Betriebsergebnis. Aber was müssen Sie tun, wenn noch Lagerbestände vorhanden sind?

Beispiel:

Die Kosten für sieben Schränke, für das Material 4.200 Euro sowie für das Personal 2.800 Euro, werden direkt in der G+V erfasst.

Zwei Schränke wurden nicht verkauft. Sie befinden sich auf Lager und deren Kosten betragen 2.000 Euro.

Sie müssen also eine Inventur durchführen, d. h. die Vorräte zählen und die Anschaffungs- bzw. Herstellungskosten ermitteln. Anschließend ist zu prüfen, ob der tatsächliche Bestand vom buchmäßigen Bestand abweicht. Liegen Bestandsmehrungen oder -minderungen vor, gleichen Sie die Differenzen durch die Buchung auf das Erfolgskonto „Bestandsveränderungen" aus.

Beispiel:

In der G+V stehen sich ungleiche Werte gegenüber. Den Erlösen für fünf Schränke stehen Kosten für sieben Schränke gegenüber. Da kein buchmäßiger Bestand vorhanden war, müssen Sie den Lagerbestand von 2.000 Euro in der Bilanz erfassen und zwar durch die Buchung „Warenbestand an Bestandsveränderungen".

Bilanz			
Vermögen (Aktiva)		Kapital (Passiva)	
Warenbestand		**Kapital**	
Stand vorher	0 €	Stand vorher	0 €
+ Bestandsveränderungen	+ 2.000 €	– Gewinn	+ 2.500 €
Stand nachher	**2.000 €**	Stand nachher	**2.500 €**
Bank			
Stand vorher	0 €		
– Materialkosten	– 4.200 €		
– Personalkosten	– 2.800 €		
– Verkauf	+ 7.500 €		
Stand nachher	**500 €**		
Bilanzsumme	2.500 €	Bilanzsumme	2.500 €

Gewinn- und Verlust-Rechnung			
Aufwendungen		Erlöse	
Materialkosten	4.200 €	Umsatzerlöse	7.500 €
Personalkosten	2.800 €	Bestandsveränderungen	**2.000 €**
Gewinn	2.500 €		
Summe	9.500 €	Summe	9.500 €

Umsatzkostenverfahren

Dieses Verfahren wenden wenige Unternehmen an, in der Regel nur sehr große Unternehmen. Wenn es sich nicht gerade um ein Unternehmen handelt, das nur ein Produkt herstellt, ist zusätzlich zur Buchführung eine aussagekräftige Kostenträgerrechnung erforderlich. Hier erfassen Sie die Kosten für Wareneinkauf, Materialeinkauf, Personal etc. zunächst im Umlaufvermögen zusammen mit einer Kostenstelle bzw. einem Kostenträger. Diese Kosten erhöhen das Vermögen und mindern noch nicht den Gewinn.

Beispiel:

Die Kosten für sieben Schränke, Material 4.200 Euro sowie Personal 2.800 Euro, werden zunächst im Umlaufvermögen erfasst. Gleichzeitig erfassen Sie die Kosten auf dem Kostenträger „Schränke".

Erst zum Zeitpunkt der Veräußerung ermitteln Sie mithilfe der Kostenrechnungsauswertungen die Herstellungskosten und buchen diese in einer Summe vom Umlaufvermögen auf das Aufwandskonto „Wareneinsatz oder Herstellungskosten".

Beispiel:

Da fünf Schränke verkauft wurden, ist der Wareneinsatz von 5.000 Euro vom Umlaufvermögen in der G+V zu erfassen und zwar durch die Buchung „Wareneinsatz an Warenbestand".

Bilanz			
Vermögen (Aktiva)		Kapital (Passiva)	
Bestand Waren/Vorräte		**Kapital**	
Stand vorher	0 €	Stand vorher	0 €
+ Materialkosten	+ 4.200 €	– Gewinn	+ 2.500 €
+ Personalkosten	+ 2.800 €	Stand nachher	**2.500 €**
– Wareneinsatz	– 5.000 €		
Stand nachher	**2.000 €**		
Bank			
Stand vorher	0 €		
– Materialkosten	– 4.200 €		
– Personalkosten	– 2.800 €		
– Verkauf	+ 7.500 €		
Stand nachher	**500 €**		
Bilanzsumme	2.500 €	Bilanzsumme	2.500 €

Gewinn- und Verlust-Rechnung			
Aufwendungen		Erlöse	
Wareneinsatz	5.000 €	Umsatzerlöse	7.500 €
Gewinn	2.500 €		
Summe	7.500 €	Summe	7.500 €

Während Sie beim Gesamtkostenverfahren alle Kostenarten sehen, die im laufenden Jahr angefallen sind, sowie mögliche Bestandsveränderungen, sehen Sie beim Umsatzkostenverfahren nur eine Zahl, den Wareneinsatz bzw. die Herstellungskosten für die verkauften Produkte.

In den folgenden Beispielen wird das häufig angewandte Gesamtkostenverfahren gezeigt.

4.2 Vorräte, Material und Waren

Hier handelt es sich um Material- und Warenbestände, die zur Verarbeitung oder zur Veräußerung bestimmt sind.

Zum Bilanzstichtag müssen Sie den tatsächlichen Lagerbestand an Vorräten zu Einkaufspreisen in der Bilanz ausweisen und nur verbrauchte oder verkaufte Vorräte sind als Aufwand zu erfassen.

Wie Sie im laufenden Jahr den Einkauf von Vorräten buchen, ist von Unternehmen zu Unternehmen unterschiedlich. Wie im vorherigen Kapitel beschrieben, kommt es auch darauf an, ob das Unternehmen das Gesamtkosten- oder das Umsatzkostenverfahren anwendet. Vor allem aber kommt es auf die Organisation der Materialwirtschaft im Unternehmen an.

4.2.1 Unterschiedliche Lagerbestandsführung

Elektronische Bestandsführung

Heute führen viele Unternehmen den Lagerbestand mengen- und wertmäßig über den Computer. Der Wareneinkauf sowie der Verkauf werden elektronisch erfasst, wodurch auch die Umbuchung in den Aufwand automatisch erfolgt.

Hier erfolgen in regelmäßigen Abständen Stichproben, um zu vergleichen, ob der tatsächliche Lagerbestand mit dem des Computers übereinstimmt. Mögliche Differenzen durch Verderb oder Schwund werden ausgebucht.

Der Computer liefert auf Knopfdruck die tatsächlichen Anschaffungskosten, die Sie jetzt nur noch mit dem Tageswert am Bilanzstichtag vergleichen müssen.

Manuelle Bestandsführung

Unternehmen, die diese Ausstattung nicht haben, müssen in regelmäßigen Abständen mittels einer Inventur den tatsächlichen Lagerbestand feststellen, mit den buchmäßigen Bestand vergleichen und die Umbuchung manuell erfassen. Außerdem müssen Sie die tatsächlichen Anschaffungskosten selbst ermitteln, wie im folgenden Kapitel beschrieben.

4.2.2 Bilanzansatz und Bewertung

Bestand von Vorräten, Material und Waren	
Anschaffungskosten inkl. Anschaffungsnebenkosten	Kapitel 1.4.1
+ Bezugskosten (Porto, Fracht)	
− Nachlässe (Rabatt, Skonto, Bonus)	
= Obergrenze in der Bilanz	
− ggf. außerplanmäßige Abschreibung	
lt. Handelsrecht bei vorübergehender Wertminderung	§ 253
lt. Steuerrecht bei voraussichtlich dauernder Wertminderung	R 6.8 EStR
+ ggf. Zuschreibung bis zu den Anschaffungskosten, wenn die Wertminderung wegfällt.	
+ Bestandsmehrung laut Inventur	
− Bestandsminderung laut Inventur	
= Wert in der Bilanz	

In der Bilanz wird der tatsächliche Lagerbestand am Stichtag laut Inventur ausgewiesen, entweder mit den tatsächlichen Anschaffungskosten oder dem niedrigeren Tageswert zu diesem Zeitpunkt. Die Anschaffungskosten werden durch die Einzel- oder Gruppenbewertung ermittelt.

Anschaffungskosten und Nebenkosten von Vorräten

Zu den Anschaffungskosten, wie in Kapitel 1.4.1 beschrieben, zählen auch alle Kosten, die mit der Beschaffung zusammenhängen, sowie die Aufwendungen, die bis zur Betriebsbereitschaft notwendig sind.

- Waren- bzw. Materialwert abzüglich Nachlässe
- Verpackung, Transport
- Fracht, Überführung, Rollgeld, Zölle

Handeln Sie mit Software, Grundstücken, Maschinen oder sonstigen Wirtschaftsgütern, die auch Anlagevermögen sein können, sehen Sie im entsprechenden Kapitel, welche Kosten im Einzelnen zu den Anschaffungskosten zählen.

- Kapitel 3.5 „Immaterielles Vermögen" (Software, Patente)
- Kapitel 3.6 „Sachanlagen – Gebäude" (Gebäude)

- Kapitel 3.7 „Sachanlagen – unbeweglich, außer Gebäude" (Grundstücke)

- Kapitel 3.8 „Sachanlagen – beweglich" (Maschinen, Fahrzeuge, Computer)

Einzelbewertung

Hier erfolgt, wie beim Anlagevermögen, die Ermittlung der tatsächlichen Anschaffungskosten inkl. der Anschaffungsnebenkosten für jedes Wirtschaftsgut einzeln.

Gruppenbewertung

Eine Einzelbewertung ist beim Vorratsvermögen nicht immer möglich. In diesem Fall werden gleichwertige oder gleichartige Waren zu Gruppen zusammengefasst und gemeinsam bewertet.

Außerdem gibt es verschiedene Methoden, um die Anschaffungskosten zu ermitteln. Hat man sich für eine Methode entschieden, muss diese beibehalten werden. Ein Wechsel ist nur mit der Zustimmung des Finanzamts möglich.

Durchschnittsmethode

Durchschnittsbewertung § 240 HGB
Gesamte Anschaffungskosten des Jahres
: Gesamtmenge
= durchschnittliche Anschaffungskosten pro Stück
durchschnittliche Anschaffungskosten pro Stück
x Lagerbestand
= Bilanzansatz

Verbrauchsfolgebewertung

Verbrauchsfolgebewertung Lifo-Methode § 256 HGB	
Was zuletzt angeschafft wurde, wird zuerst verkauft!	
Die Anschaffungskosten der ersten Lieferungen zählen.	
	1. Lieferung 100 Stk. x Anschaffungskosten dieser Lieferung
	2. Lieferung 200 Stk. x Anschaffungskosten dieser Lieferung
	3. Lieferung 100 Stk. x Anschaffungskosten dieser Lieferung
=	Anschaffungskosten pro Lieferung
	Lagerbestand 200 Stk.
	100 Stk. x Anschaffungskosten der 1. Lieferung
+	100 Stk. x Anschaffungskosten der 2. Lieferung
=	Bilanzansatz

Das Lifo-Verfahren ist auch steuerlich zulässig.

Das Handelsrecht lässt weitere Verbrauchsfolgebewertungen zu, wobei in der neuen Handelsbilanz nur noch das Fifo- und das Lifo-Verfahren zulässig sind, § 256 HGB.

4.2.3 Buchung und bildliche Darstellung

Beispiel:

Der Warenbestand in der Eröffnungsbilanz betrug 10.000 Euro.

Eine Rechnung über eine Warenlieferung in Höhe von 9.520 Euro inkl. 19 % USt buchen Sie direkt auf das Aufwandskonto „Wareneingang".

Die Inventur hat ergeben, dass Ihr tatsächlicher Warenbestand 15.000 Euro beträgt. Wie ist beim Gesamtkostenverfahren zu buchen?

Siehe CD-ROM

Über das Konto Bestandsveränderungen werden Differenzen umgebucht. Hier liegt eine Bestandsmehrung vor. Es wurden nicht alle Waren verkauft, die im laufenden Jahr eingekauft wurden. Durch die Umbuchung erhöht sich der Gewinn.

Buchung

Konto SKR 03 Soll	Konto SKR 04 Soll	Konten-bezeichnung	Betrag	an	Konto SKR 03 Haben	Konto SKR 04 Haben	Konten-bezeichnung	USt oder VSt
Rechnung Materialeinkauf								
3400	5400	Wareneingang 19 %	9.520		70000	70000	Kreditoren-konto	VSt 19 %
Veränderung Warenbestand								
3980	1140	Warenbestand	5.000		8980	4800	Bestands-veränderungen Waren	keine

Vorsteuerabzug

Der Vorsteuerabzug ist möglich, wenn Ihnen eine einwandfreie Rechnung vorliegt und die Lieferung oder die Zahlung erfolgt ist.

Bilanz			
Vermögen (Aktiva)		Kapital (Passiva)	
Warenbestand		**Kapital**	
Stand vorher	10.000 €	Stand vorher	10.000 €
+ Bestandsveränderungen	+ 5.000 €	– Verlust	– 3.000 €
Stand nachher	**15.000 €**	Stand nachher	**7.000 €**
Vorsteuer		**Verbindlichkeiten aus L+L**	
+ RG Waren	+ 1.520 €	+ RG Waren	+ 9.520 €
Stand nachher	**1.520 €**	Stand nachher	**9.520 €**
Bilanzsumme	16.520 €	Bilanzsumme	16.520 €

Gewinn- und Verlust-Rechnung			
Aufwendungen		Erlöse	
Wareneingang	8.000 €	Bestandsveränderungen	5.000 €
		Verlust	3.000 €
Summe	8.000 €	Summe	8.000 €

> **Tipp:**
>
> Bei einem sehr schwankenden Lagerbestand können die Inventur sowie die damit verbundene Buchung der Bestandsveränderungen das Ergebnis drastisch verändern. Behalten Sie in diesem Fall den Lagerbestand im Auge oder führen Sie die Inventur öfter durch.

4.3 Vorräte – fertige und unfertige Erzeugnisse

Dazu gehören Bauwerke, Maschinen und sonstige Produkte, die Sie herstellen, um sie später zu verkaufen.

Diese Erzeugnisse befinden sich entweder auf Lager oder noch mitten im Produktionsprozess und müssen spätestens zum Bilanzstichtag mit ihrem Wert in der Bilanz ausgewiesen werden.

Bei fertigen Erzeugnissen ist dieser Wert wesentlich leichter zu ermitteln als bei unfertigen Erzeugnissen. Allerdings bietet das auch einen gewissen Gestaltungsspielraum.

4.3.1 Bilanzansatz und Bewertung

Bestand von fertigen und unfertigen Erzeugnissen	
Anschaffungskosten inkl. Anschaffungsnebenkosten oder Herstellungskosten	
= Obergrenze in der Bilanz	
– ggf. außerplanmäßige Abschreibung lt. Handelsrecht bei vorübergehender Wertminderung lt. Steuerrecht bei voraussichtlich dauernder Wertminderung	§ 253 R 6.8 EStR
+ ggf. Zuschreibung bis zu den Anschaffungskosten, wenn die Wertminderung wegfällt	
+ Bestandsmehrung laut Inventur	
– Bestandsminderung laut Inventur	
= Wert in der Bilanz	

Anschaffungs- oder Herstellungskosten von fertigen und unfertigen Erzeugnissen

Im Idealfall gibt es in Ihrem Unternehmen eine Abteilung für Kostenrechnung und Controlling, diese kann Ihnen den Stand der tatsächlichen Herstellungskosten mitteilen. Oder es gibt einen Bauleiter, der den Wert des halbfertigen Bauwerks ermittelt.

Ist das nicht der Fall, müssen Sie Ihr Wissen über die Kostenrechnung wieder auffrischen und rechnen. In Kapitel 1.4.1 „Anschaffungs- und Herstellungskosten" finden Sie die verschiedenen Kosten, die Sie in die Berechnung einbeziehen müssen.

Stellen Sie Wirtschaftsgüter her, die auch Anlagevermögen sein können, sehen Sie im entsprechenden Kapitel, welche Kosten im Einzelnen zu den Herstellungskosten zählen.

Detaillierte Informationen finden Sie in folgenden Kapiteln:

- Kapitel 3.5 „Immaterielles Anlagevermögen" (Software)

- Kapitel 3.6 „Sachanlagen – Gebäude" (Gebäude)

- Kapitel 3.8 „Sachanlagen – beweglich" (Maschinen, Fahrzeuge, Computer)

4.3.2 Buchungen und bildliche Darstellung

Siehe CD-ROM

Beispiel:

Die Inventur hat ergeben, dass der Wert der unfertigen Erzeugnisse 20.000 Euro beträgt. In der Bilanz stehen allerdings 22.000 Euro. Wie ist beim Gesamtkostenverfahren zu buchen?

Das Konto „Bestandsveränderungen" verwenden Sie, um Differenzen zwischen tatsächlichem und buchmäßigem Lagerbestand auszugleichen.

Buchung

Konto SKR 03 Soll	Konto SKR 04 Soll	Konten-bezeichnung	Betrag	an	Konto SKR 03 Haben	Konto SKR 04 Haben	Konten-bezeichnung	USt oder VSt
8960	4810	BVÄ unfertige Erzeugnisse	2.000		7050	1050	Unfertige Erzeugnisse (Bestand)	keine

Vorsteuerabzug

In dieser Buchung wird die Vorsteuer nicht berücksichtigt, diese wird bereits bei der Anschaffung von Material, Waren und Bauteilen abgezogen.

Bilanz			
Vermögen (Aktiva)		Kapital (Passiva)	
Unfertige Erzeugnisse		**Kapital**	
Stand vorher	22.000 €	Stand vorher	22.000 €
– Bestandsveränderungen	– 2.000 €	– Verlust	– 2.000 €
Stand nachher	**20.000 €**	Stand nachher	**20.000 €**
Bilanzsumme	20.000 €	Bilanzsumme	20.000 €

Gewinn- und Verlust-Rechnung			
Aufwendungen		Erlöse	
Bestandsveränderungen	2.000 €	Verlust	2.000 €
Summe	2.000 €	Summe	2.000 €

Hier liegt eine Bestandsminderung vor, und diese mindert Ihren Gewinn.

Bei einer Bestandsmehrung, werden durch die Ausgleichsbuchung über das Konto „Bestandsveränderungen" indirekt Ihre bisher gebuchten Aufwendungen gemindert, wodurch Ihr Gewinn steigt.

Tipp:

Die Bewertung von fertigen und unfertigen Erzeugnissen kann Ihr Ergebnis erheblich verändern.

Bei diesem Bilanzansatz handelt es sich um einen Wert am 31.12., den Sie in der Regel im Folgejahr ermitteln und den der Betriebsprüfer noch viel später überprüft.

Dieser Bilanzansatz kann Ihren Verlust reduzieren, Ihren Gewinn mindern oder einen Kompromiss möglich machen.

4.4 Geleistete Anzahlungen

Geleistete Anzahlungen für nicht erbrachte Leistungen, das sind Zahlungen, die Sie so lange leisten, bis ein Auftrag abgeschlossen ist bzw. das wirtschaftliche Eigentum auf Sie übergegangen ist.

Erst wenn die Lieferung erfolgt ist oder die Leistung fertig gestellt ist, zählen diese Ausgaben zum Vermögen oder zu den Aufwendungen.

Geleistete Anzahlungen auf Anlagevermögen erfassen Sie auf den entsprechenden Anlagekonten wie „Anlagen im Bau" oder „Geleistete Anzahlung auf Anlagevermögen".

4.4.1 Bilanzansatz

Geleistete Anzahlungen	
	Rechnungsbetrag bzw. Zahlungsbetrag netto
=	Obergrenze in der Bilanz
-	Verrechnung mit der Schlussrechnung, wenn der Auftrag abgeschlossen ist
=	Wert in der Bilanz Aktiva

4.4.2 Buchung und bildliche Darstellung

Siehe CD-ROM

Beispiel:

Wie vereinbart, überweisen Sie an den Lieferanten eine Anzahlung in Höhe von 11.900 Euro inkl. 19 % USt. Ihr Banksaldo beträgt 20.000 Euro.

Ein paar Tage später ist die Lieferung erfolgt, und Sie erhalten die Schlussrechnung über 16.660 Euro inkl. 19 % USt. Nach Abzug der Anzahlung verbleibt ein Zahlbetrag von 4.760 Euro.

Wie ist zu buchen? Unter welchen Voraussetzungen ist der Vorsteuerabzug zulässig?

Die Warenlieferung in diesem Beispiel wurde direkt weiterverkauft, deshalb werden die Kosten nicht in das Umlaufvermögen gebucht, sondern direkt als Aufwendungen erfasst.

Buchungen

Konto SKR 03 Soll	Konto SKR 04 Soll	Konten- bezeichnung	Betrag	an	Konto SKR 03 Haben	Konto SKR 04 Haben	Konten- bezeichnung	USt oder VSt
Anzahlung Warenlieferung								
1518	1186	Geleistete Anzahlungen	11.900		1200	1800	Bank	VSt 19 %
Schlussrechnung der Warenlieferung								
3400	5400	Wareneingang	16.660		70000	70000	Kreditorenkonto	VSt 19 %
Umbuchung der Anzahlung auf Verbindlichkeiten								
70000	70000	Kreditorenkonto	11.900		1518	1186	Geleistete Anzahlungen	VSt 19 %

Der Vorsteuerabzug ist möglich, wenn Ihnen eine einwandfreie Rechnung vorliegt und die Lieferung oder die Zahlung erfolgt ist. Haben Sie Anzahlungen geleistet und fehlt die einwandfreie Rechnung, ist der Vorsteuerabzug nur möglich, wenn Sie an Ihren Lieferanten eine Gutschrift schreiben, wie in Kapitel 2.4 „Voraussetzungen für den Vorsteuerabzug" beschrieben.

Bilanz			
Vermögen (Aktiva)		Kapital (Passiva)	
Anzahlungen		**Kapital**	
+ Zahlung Anzahlung	+ 10.000 €	Stand vorher	20.000 €
– Umbuchung Verb.	– 10.000 €	– Verlust	– 14.000 €
Stand nachher	0 €	Stand nachher	**6.000 €**
Bank		**Verbindlichkeiten aus L+L**	
Stand vorher	20.000 €	+ Schlussrechnung	+16.660 €
– Zahlung an Lieferant	– 11.900 €	– Umbuchung Anzahlg.	– 11.900 €
Stand nachher	8.100 €	Stand nachher	**4.760 €**
Vorsteuer			
+ Vorsteuer Anzahlung	+ 1.900 €		
+ Vorsteuer Schlussrechnung	+ 2.660 €		
– Vorsteuer Anzahlung	– 1.900 €		
Stand nachher	**2.660 €**		
Bilanzsumme	10.760 €	Bilanzsumme	10.760 €

Gewinn- und Verlust-Rechnung			
Aufwendungen		Erlöse	
Wareneingang	14.000 €	Verlust	14.000 €
Summe	14.000 €	Summe	14.000 €

Möchten Sie diese Warenlieferung dem Warenbestand zubuchen, ersetzen Sie das Konto „Wareneingang" durch das Konto „Warenbestand 3980/1140". In diesem Fall verändert sich Ihr Ergebnis nicht, sondern der Warenbestand in der Bilanz erhöht sich.

4.5 Forderungen aus Lieferungen und Leistungen

Hier werden alle offenen Kundenrechnungen erfasst, die sicher bezahlt werden. Wissen Sie, welche Forderungen ganz sicher eingehen werden?

Hier ist neben der Offene-Posten-Liste zum Zeitpunkt der Bilanzerstellung auch Ihre Erfahrung notwendig, die Sie mit Ihren Kunden haben. Diese zusammen werden Sie ggf. dazu veranlassen, beim Kunden nachzuhaken, ob es sich vielleicht sogar um eine zweifelhafte Forderung handelt.

Wie gehen Sie in der Praxis vor?

Jede Forderung sollte zunächst einzeln bewertet werden. Diese Forderungen, die wahrscheinlich ausfallen werden, müssen Sie auf zweifelhafte Forderungen umbuchen.

Zweifelhafte Forderungen

Zweifelhafte Forderungen werden im nächsten Kapitel beschrieben. Dort wird auch gezeigt, wie Sie mit tatsächlich ausgefallenen Forderungen umgehen, die im aktuellen Jahr ausgefallen sind und gar nicht erst auf zweifelhafte Forderungen umgebucht wurden.

Pauschalwertberichtigungen (PWB)

Für die verbleibenden einwandfreien Forderungen können Sie eine Pauschalwertberichtigung bilden. Die Pauschalwertberichtigung mindert nicht den Bilanzansatz der Forderungen, sondern wird in der Bilanz auf der Seite der Passiva ausgewiesen. Hier handelt es sich um eine indirekte Abschreibung, auch genannt „Einstellung in Pauschalwertberichtigungen (PWB) zu Forderungen".

Achtung:
Verwenden Sie für die Erfassung von Kundenrechnungen verschiedene Debitorenkonten, werden diese in der Bilanz automatisch in einer Summe ausgewiesen.
Die Verwendung von Debitorenkonten hat den Vorteil, dass Sie eine Übersicht aller offenen Kundenrechnungen pro Kunde oder pro Kundengruppe erhalten, auch genannt „OP-Liste".

4.5.1 Bilanzansatz und Bewertung

Forderungen aus Lieferungen und Leistungen
Rechnungsbetrag brutto
– Gutschrift wegen Mängeln und Rücklieferung
= Korrigierter Rechnungsbetrag
= Obergrenze in der Bilanz
– Umbuchung auf zweifelhafte Forderungen
– oder direkte Abschreibung bei tatsächlichem Forderungsausfall
oder Zahlungseingang Kunden
= Wert in der Bilanz Aktiva

Forderungen werden auf der Aktiva der Bilanz ausgewiesen und Pauschalwertberichtigungen auf der Passiva.

Pauschalwertberichtigung auf Forderungen PWB
– 1 % der einwandfreien Forderungssumme netto
bei Nachweis ggf. mehr als 1 %
= Obergrenze in der Bilanz
= Wert in der Bilanz Passiva

Pauschalwertberichtigungen können in Höhe von 1 % der Forderungssumme ohne Umsatzsteuer gebildet werden.

Tipp:
Können Sie anhand der Vorjahre schriftlich nachweisen, dass in Ihrem Unternehmen regelmäßig 2 % Skonto abgezogen werden oder aus anderen Gründen in der Regel weniger Geld eingeht, kann die Pauschalwertberichtigung auch höher ausfallen.

4.5.2   Buchung und bildliche Darstellung

Siehe CD-ROM

Beispiel:

Im Abschlussjahr betragen Ihre offenen, einwandfreien Forderungen 95.200 Euro inkl. 19 % USt. Sie können nachweisen, dass Ihre Kunden regelmäßig 2 % Skonto abziehen. Wie ist zu buchen?

Buchung

Konto SKR 03 Soll	Konto SKR 04 Soll	Konten-bezeichnung	Betrag	an	Konto SKR 03 Haben	Konto SKR 04 Haben	Konten-bezeichnung	USt oder VSt
2450	6920	Einstellung in PWB Forderungen	1.600		996	1248	PWB Forderungen	keine

Umsatzsteuer

Pauschalwertberichtigungen werden vom Nettobetrag der Forderungen gebildet. Die Umsatzsteuer bleibt unberührt.

Bilanz			
Vermögen (Aktiva)		Kapital (Passiva)	
Forderungen		**Kapital**	
Stand vorher	95.200 €	Stand vorher	95.200 €
Stand nachher	**95.200 €**	– Verlust	– 1.600 €
		Stand nachher	**93.600 €**
		Pauschalwertberichtigungen	
		+ Bildung PWB	1.600 €
		Stand nachher	**1.600 €**
Bilanzsumme	95.200 €	Bilanzsumme	95.200 €

Gewinn- und Verlust-Rechnung			
Aufwendungen		Erlöse	
Einstellung in PWB	1.600 €	Verlust	1.600 €
Summe	1.600 €	Summe	1.600 €

Die Umsatzsteuer bleibt in dieser Buchung unberührt. Erst wenn eine Forderung nachweislich uneinbringlich wird, darf die Umsatzsteuer korrigiert werden.

| **Tipp:**

Die Pauschalwertberichtigung muss in jedem Jahr an die tatsächliche Forderungssumme angepasst werden. Erhöht sich die Forderungssumme, buchen Sie den Differenzbetrag wie vorher gezeigt.

Ist die Forderungssumme gesunken, verwenden Sie dazu das Konto „Erträge aus der Herabsetzung der Pauschalwertberichtigung 2730/4920".

4.6 Zweifelhafte Forderungen

Alle offenen Kundenrechnungen, die wahrscheinlich teilweise oder ganz ausfallen werden, müssen Sie auf das Konto „Zweifelhafte Forderungen" umbuchen.

Für jede zweifelhafte Forderung kann eine Einzelwertberichtigung gebildet werden, in genau der Höhe, in der Sie den Ausfall vermuten. In diesem Fall ist jede Forderung einzeln zu bewerten und zu jeder Wertberichtung eine Begründung zu schreiben.

Einzelwertberichtigungen mindern den Bilanzansatz der zweifelhaften Forderungen nicht, sie werden auf der Passiva der Bilanz gesondert ausgewiesen. Diese indirekte Abschreibung nennt man „Einstellung in Einzelwertberichtigungen zu Forderungen", die Abkürzung ist EWB.

Einzelwertberichtigungen (EWB)

Forderungen, die tatsächlich teilweise oder ganz ausfallen, werden direkt abgeschrieben, und die Umsatzsteuer darf korrigiert werden.

Beispiele für zweifelhafte Forderungen:
- Ein Insolvenzverfahren wird eröffnet.
- Ein Gerichtsverfahren wegen Mängeln läuft noch.
- Der Kunde hat das Zahlungsziel längst überschritten und reagiert nicht auf Mahnungen.

Beispiele für uneinbringliche Forderungen:
- Das Insolvenzverfahren Ihres Kunden wird eröffnet, R 223 UStR.
- Das Insolvenzverfahren wird mangels Masse eingestellt oder es ging nach Abschluss des Verfahrens nur ein Teilbetrag ein.
- Eine Zwangsvollstreckung ist erfolglos verlaufen und es ist nicht mit einer Besserung zu rechnen.
- Ein Gerichtsverfahren wegen Mängeln ist abgeschlossen.

4.6.1 Bilanzansatz und Bewertung

Zweifelhafte Forderungen
Rechnungsbetrag brutto
- Gutschrift wegen Mängeln und Rücklieferung
= Korrigierter Rechnungsbetrag
= Obergrenze in der Bilanz
- direkte Abschreibung bei tatsächlichem Forderungsausfall
- oder Zahlungseingang Kunden
= Wert in der Bilanz Aktiva

Zweifelhafte Forderungen werden auf der Aktiva der Bilanz ausgewiesen und Einzelwertberichtigungen auf der Passiva.

Einzelwertberichtigung auf Forderungen EWB
- Anteil der zweifelhaften Forderungssumme netto
mit Begründung
= Obergrenze in der Bilanz
= Wert in der Bilanz Passiva oder wahlweise
Wert in der Bilanz Aktiva mit negativem Vorzeichen

Uneinbringliche Forderungen werden direkt abgeschrieben (Abschreibung auf Forderungen), sie verschwinden aus der Bilanz und die Umsatzsteuer darf korrigiert werden, § 17 UStG.

4.6.2 Buchung und bildliche Darstellung

Siehe CD-ROM

Beispiel:

Beim Kunden A wurde der Prozess begonnen. Die Forderung beträgt 2.380 Euro inkl. 19 % USt. Es ist mit einem Vergleich zu rechnen. Der Rechtsanwalt schätzt einen Forderungsausfall von 50 %.

Buchungen

Konto SKR 03 Soll	Konto SKR 04 Soll	Konten-bezeichnung	Betrag	an	Konto SKR 03 Haben	Konto SKR 04 Haben	Konten-bezeichnung	USt oder VSt
Umbuchung der Forderung auf zweifelhafte Forderungen								
1460	1240	Zweifelhafte Forderungen	2.380		10000	10000	Debitorenkonto	keine
Bildung der Einzelwertberichtigung								
2451	6923	Einstellung in EWB Forderungen	1.000		0998	1246	EWB auf Forderungen	keine

Einzelwertberichtigungen werden vom Nettobetrag der Forderungen gebildet. Die Umsatzsteuer bleibt unberührt. Umsatzsteuer

Bilanz			
Vermögen (Aktiva)		Kapital (Passiva)	
Forderungen aus L+L		**Kapital**	
Stand vorher	2.380 €	Stand vorher	2.380 €
– zweifelh. Forderung	– 2.380 €	– Verlust	– 1.000 €
Stand nachher	0 €	Stand nachher	**1.380 €**
Zweifelhafte Forderungen		**Einzelwertberichtigungen**	
+ zweifelh. Forderung	+ 2.380 €	+ Einstellung in EWB	+ 1.000 €
Stand nachher	**2.380 €**	Stand nachher	**1.000 €**
Bilanzsumme	2.380 €	Bilanzsumme	2.380 €

Gewinn- und Verlust-Rechnung			
Aufwendungen		Erlöse	
Einstellung in EWB	1.000 €	Verlust	1.000 €
Summe	1.000 €	Summe	1.000 €

Tipp:

Würde zum Beispiel dieser Brief vom Rechtsanwalt bei Ihnen genau in dem Augenblick eingehen, in dem Sie die fertige Bilanz abschicken wollen, ist es fraglich, ob Sie diesen Brief berücksichtigen müssen oder nicht und ob sich dieser Aufwand lohnt.

In Kapitel 1.5.1 „Zeitpunkt der Bewertung" wird beschrieben, welche nachträglichen Erkenntnisse Sie beim Bilanzansatz berücksichtigen müssen.

Bevor Sie sich dazu entscheiden, die Bilanz vorzudatieren oder noch einmal zu ändern, sollten Sie auch die möglichen steuerlichen Auswirkungen beachten, wie z. B., dass bei der Gewerbesteuer kein Verlustrücktrag möglich ist, wie in Kapitel 1.6 „Gewinnsteuerung und ihre steuerlichen Auswirkungen" ausgeführt.

Siehe CD-ROM

Beispiel:

Bei Kunde B wurde ein Vergleichsverfahren abgeschlossen. Die ursprüngliche Forderung betrug 3.570 Euro inkl. 19 % USt. Im Vorjahr, zu Beginn des Verfahrens, wurde die Forderung auf zweifelhafte Forderungen umgebucht und 20 % vom Nettowert wurden auf Einzelwertberichtigungen gebucht.

Im aktuellen Jahr gingen doch 90 % der Forderung, 3.213 Euro, auf Ihrem Bankkonto ein. Wie ist zu buchen?

Buchungen

Konto SKR 03 Soll	Konto SKR 04 Soll	Konten-bezeichnung	Betrag	an	Konto SKR 03 Haben	Konto SKR 04 Haben	Konten-bezeichnung	USt oder VSt
Auflösung der Einzelwertberichtigung								
0998	1246	EWB zu Forderungen	600		2731	4923	Erträge aus der Herabsetzung von EWB	keine
Teilzahlung des Kunden								
1200	1800	Bank	3.213		1460	1240	Zweifelhafte Forderungen	keine
Abschreibung der ausgefallenen Forderungen								
2406	6936	Forderungs-verluste 19 % USt	357		1460	1240	Zweifelhafte Forderungen	USt 19 %

Korrektur Umsatzsteuer

Erst wenn die Forderung nachweislich ausgefallen ist, darf die Umsatzsteuer korrigiert werden.

Bilanz				
Vermögen (Aktiva)		Kapital (Passiva)		
Zweifelhafte Forderungen		Kapital		
Stand vorher	3.570 €	Stand vorher		2.970 €
– Teilzahlung Kunde	– 3.213 €	+ Gewinn		+ 300 €
– Abschreibung Forder.	– 357 €	Stand nachher		3.270 €
Stand nachher	0 €	Einzelwertberichtigungen		
Bank		Stand vorher		600 €
+ Teilzahlung Kunde	+ 3.213 €	– Auflösung EWB		600 €
Stand nachher	3.213 €	Stand nachher		0 €
		Umsatzsteuer		
		– Abschreibung Forder.		– 57 €
		Stand nachher		– 57 €
Bilanzsumme	3.213 €	Bilanzsumme		3.213 €

Gewinn- und Verlust-Rechnung			
Aufwendungen		Erlöse	
Abschreibung Forderung	300 €	Erträge Auflösung EWB	600 €
Gewinn	300 €		
Summe	600 €	Summe	600 €

4.7 Sonstige Vermögensgegenstände

Steuerforderungen und sonstige kurzfristige Forderungen, wie Versicherungserstattungen, Mieten, Zinsen, Nebenkostenerstattungen und ähnliche Erstattungen, gehören zum Umlaufvermögen, bis der Geldeingang erfolgt ist.

Über die Konten „Sonstige Forderungen" und „Sonstige Vermögensgegenstände" werden Erlöse im Abschlussjahr erfasst, die wirtschaftlich in das Abschlussjahr oder in Vorjahre gehören und noch nicht eingegangen sind.

> **Achtung:**
> Forderungen gegenüber verbundenen Unternehmen und gegenüber Beteiligten des Unternehmens müssen in der Bilanz gesondert ausgewiesen werden.

4.7.1 Steuererstattungen

Betriebliche Steuern, wie Gewerbe- und Körperschaftssteuer, werden in dem Jahr erfasst, in das sie wirtschaftlich gehören.

Zu erwartende Steuererstattungen werden über das Konto „Steuerüberzahlungen" abgegrenzt. Also buchen Sie Steuererstattungen aus Vorjahren auf dieses Konto und gleichen so die offene Forderung aus. Handelt es sich allerdings um eine Erstattung von Steuervorauszahlungen des laufenden Jahres, buchen Sie den Geldeingang auf das Aufwandskonto der entsprechenden Steuerart, d. h. der Steueraufwand wird gemindert.

Die Gewerbesteuer für Gewinne seit 2008 ist steuerlich keine Betriebsausgabe mehr, § 4 Abs. 5 b EStG. Trotz dieser Änderung wird die Gewerbesteuer weiterhin gebucht, allerdings wurden neue Konten eingerichtet. Ist die Gewerbesteuererstattung höher, wurde also zu wenig abgegrenzt, buchen Sie auf folgende Konten.

GewSt für Gewinne bis 2007	GewSt für Gewinne seit 2008
2282/7642 Gewerbesteuererstattung Vorjahre	2281/7641 Gewerbesteuererstattung Vorjahre § 4 (5 b) EStG

Die nicht abzugsfähige Gewerbesteuer wird außerhalb der Bilanz dem zu versteuernden Gewinn hinzu- oder abgerechnet. Mehr dazu in Kapitel 10.3 „Steuerrückstellungen".

> **Achtung:**
> Einkommensteuer sowie dazugehörige Kirchensteuer und Solidaritätszuschlag sind keine Betriebsausgaben. Vorauszahlungen, Erstattungen und Nachzahlungen werden auf das Konto „Privatsteuern" gebucht.

Die Vorsteuer sowie die Umsatzsteuer werden in Kapitel 11 „Verbindlichkeiten" behandelt.

4.7.2 Bilanzansatz und Bewertung

Sonstige Vermögensgegenstände
Rechnungsbetrag brutto
– Gutschrift wegen Mängeln und Rücklieferung
= Korrigierter Rechnungsbetrag
Oder
Wert des Steuer- oder Gebührenbescheids
= Obergrenze in der Bilanz
– direkte Abschreibung bei tatsächlichem Forderungsausfall
= Wert in der Bilanz

4.7.3 Buchung und bildliche Darstellung

Beispiel:

Sie erhalten eine Gewerbesteuererstattung aus dem Vorjahr in Höhe von 1.000 Euro und eine Erstattung der Einkommensteuer inkl. Solidaritätszuschlag in Höhe von 2.500 Euro aus dem Vorjahr. Wie ist der Geldeingang zu buchen?

Siehe CD-ROM

Im Abschlussjahr haben Sie einen Verlust erwirtschaftet, es fällt keine Körperschaftsteuer an. Im laufenden Jahr haben Sie Körperschaftsteuer 2.000 Euro und Solidaritätszuschlag 110 Euro vorausgezahlt. Wie sind die Zahlung im laufenden Jahr und der Erstattungsbetrag am 31.12. zu buchen?

Die gezahlten Vorauszahlungen für Körperschaftsteuer und Solidaritätszuschlag werden in voller Höhe erstattet.

Buchungen

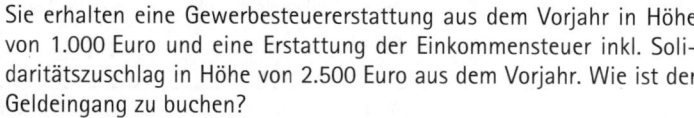

Konto SKR 03 Soll	Konto SKR 04 Soll	Konten-bezeichnung	Betrag	an	Konto SKR 03 Haben	Konto SKR 04 Haben	Konten-bezeichnung	USt oder VSt
Gewerbesteuererstattung für das Vorjahr								
1200	1800	Bank	1.000		1540	1435	Steuer-überzahlungen	keine
Einkommensteuererstattung								
1200	1800	Bank	2.500		1810	2150	Privatsteuern	keine

Konto SKR 03 Soll	Konto SKR 04 Soll	Konten-bezeichnung	Betrag	an	Konto SKR 03 Haben	Konto SKR 04 Haben	Konten-bezeichnung	USt oder VSt
Vorauszahlung Körperschaftsteuer laufendes Jahr								
2200	7600	Körperschafts-teuer	2.000		1200	1800	Bank	keine
2208	7608	Solidaritäts-zuschlag	110		1200	1800	Bank	keine
Körperschaftsteuer-Erstattung des aktuellen Jahres								
1540	1435	Steuerüber-zahlungen	2.000		2200	7600	Körperschafts-teuer	keine
1540	1435	Steuerüber-zahlungen	110		2208	7608	Solidaritäts-zuschlag	keine

Vorsteuerabzug   In Steuern ist grundsätzlich keine Vorsteuer enthalten.

Bilanz			
Vermögen (Aktiva)		Kapital (Passiva)	
Bank		**Kapital**	
+ Gemeinde GewSt	+ 1.000 €	Stand vorher	1.000 €
+ Finanzamt ESt	+ 2.500 €	+ Privateinlage ESt	+ 2.500 €
– Zahlung KSt	– 2.000 €		
– Zahlung Soli	– 110 €		
Stand nachher	**1.390 €**	**Stand nachher**	**3.500 €**
Sonst. Vermögensgegenstände			
Stand vorher	1.000 €		
– Erstattung GewSt	– 1.000 €		
+ Überzahlung KSt	+ 2.000 €		
+ Überzahlung Soli	+ 110 €		
Stand nachher	**2.110 €**		
Bilanzsumme	3.500 €	Bilanzsumme	3.500 €

Gewinn- und Verlust-Rechnung		
Aufwendungen		Erlöse
+ Körperschaftsteuer	+ 2.000 €	
+ Solidaritätszuschlag	+ 110 €	
– Körperschaftsteuer	– 2.000 €	
– Solidaritätszuschlag	– 110 €	
Summe	0 €	Summe 0 €

4.8 Wertpapiere

Aktien, die jederzeit verkauft werden können, und sonstige kurzfristige Beteiligungen zählen zum Umlaufvermögen des Unternehmens. Finanzanlagen des Umlaufvermögens werden bereits bei vorübergehender Wertminderung außerplanmäßig abgeschrieben. Die Erträge aus Wertpapieren werden auf den entsprechenden Erlöskonten erfasst. Mehr dazu in Kapitel 3.9.1 „Erträge aus Finanzanlagen".

Achtung:
Grundsätzlich sind die Bruttoerträge zu erfassen, einbehaltene Steuern wie Kapitalertragsteuer, Solidaritätszuschlag müssen Sie auf den entsprechenden Steuerkonten erfassen, wie in Kapitel 7.8 „Sonstige Steuern" beschrieben.

Wertpapiere, die verkauft wurden, sind über das Konto „Abgang vom Umlaufvermögen" auszubuchen.

4.8.1 Bilanzansatz und Bewertung

Wertpapiere Umlaufvermögen	
Wertpapiere und sonstige Beteiligungen	
Ursprünglich gezahlte Anschaffungskosten bzw. Einlagen	
+ nicht ausgezahlte, sondern zugeschriebene Erträge	
= Obergrenze in der Bilanz	
– ggf. außerplanmäßige Abschreibung	
lt. Handelsrecht bei vorübergehender Wertminderung	§ 253
lt. Steuerrecht bei voraussichtlich dauernder Wertminderung	R 6.8 EStR
+ ggf. Zuschreibung bis zu den Anschaffungskosten,	
wenn die Wertminderung wegfällt	
– Abgang Restbuchwert bei Veräußerung	
= Wert in der Bilanz	

4.8.2 Buchung und bildliche Darstellung

Siehe CD-ROM

Beispiel:

Ihr Kontostand beträgt 5.000 Euro. Im laufenden Jahr haben Sie folgende Aktien angeschafft:

A-Aktien 1.000 Euro, B-Aktien 1.100 Euro und C-Aktien 1.500 Euro. Noch im gleichen Jahr verkaufen Sie die A-Aktien für 1.200 Euro, die anderen Aktien befinden sich noch in Ihrem Bestand.

Folgende Werte weist der Depotauszug am Bilanzstichtag aus: B-Aktien 1.000 Euro und C-Aktien 1.800 Euro. Wie ist zu buchen?

Am Bilanzstichtag liegt der Wert der B-Aktien unter den tatsächlichen Anschaffungskosten, deshalb ist eine außerplanmäßige Abschreibung in Höhe von 100 Euro vorzunehmen.

Buchungen

Konto SKR 03 Soll	Konto SKR 04 Soll	Konten-bezeichnung	Betrag	an	Konto SKR 03 Haben	Konto SKR 04 Haben	Konten-bezeichnung	USt oder VSt
Anschaffung Aktien								
1348	1510	Sonstige Wertpapiere	3.600		1200	1800	Bank	keine
Verkauf Aktien und Abgang Umlaufvermögen								
1200	1800	Bank	1.200		2725	4905	Erträge aus Abgang von UV	
2325	6905	Abgang Um-laufvermögen	1.000		1348	1510	Sonstige Wertpapiere	keine
Außerplanmäßige Abschreibung bei vorübergehender Wertminderung								
4875	7210	Abschreibung Wertpapiere des UV	100		1348	1510	Sonstige Wertpapiere	keine

Vorsteuerabzug   In Wertpapieren ist keine Vorsteuer enthalten.

Achtung:

Wertpapiere werden maximal mit den tatsächlichen Anschaffungskosten inkl. gutgeschriebener Erträge in der Bilanz ausgewiesen. Liegt der Marktwert darüber, handelt es sich um stille Reserven, die erst bei einer Veräußerung aufgedeckt werden.

Bilanz			
Vermögen (Aktiva)		**Kapital (Passiva)**	
Bank		**Kapital**	
Stand vorher	5.000 €	Stand vorher	5.000 €
– Kauf Aktien	– 3.600 €	+ Gewinn	+ 100 €
+ Verkauf Aktien	+ 1.200 €	Stand nachher	**5.100 €**
Stand nachher	**2.600 €**		
Wertpapiere			
+ Kauf Aktien	+ 3.600 €		
– Abgang Wertpapiere	– 1.000 €		
– Abschreibung Wertp.	– 100 €		
Stand nachher	**2.500 €**		
Bilanzsumme	5.100 €	Bilanzsumme	5.100 €

Gewinn- und Verlust-Rechnung			
Aufwendungen		**Erlöse**	
Abgang Wertpapiere	1.000 €	Erlöse Verkauf Aktien	1.200 €
Abschreibung Wertpapiere	100 €		
Gewinn	100 €		
Summe	1.200 €	Summe	1.200 €

4.9 Flüssige Mittel

Hier werden die Bestände der Girokonten, Festgeldkonten, Sparbücher und des Kassenbuchs in der Bilanz ausgewiesen.

4.9.1 Bilanzansatz

Flüssige Mittel
laut Kontoauszug, Sparbuch, Kassenbuch
= Wert in der Bilanz

4.9.2 Buchung und bildliche Darstellung

Siehe CD-ROM

Beispiel:

Sie erfassen einen Kontoauszug Ihres Geschäftskontos. Bitte buchen Sie folgende Geldein- und -ausgänge vom 01.10. Ein Kunde zahlt die bereits gebuchte Rechnung in Höhe von 5.950 Euro inkl. 19 % USt, Gehaltszahlung an Mitarbeiter B 2.300 Euro, Kfz-Versicherung bis 31.12. 400 Euro.

Buchungen

Konto SKR 03 Soll	Konto SKR 04 Soll	Konten-bezeichnung	Betrag	an	Konto SKR 03 Haben	Konto SKR 04 Haben	Konten-bezeichnung	USt oder VSt
1200	1800	Bank	5.950		10000	10000	Debitorenkonto	keine
1740	3720	Verbindlichkeit. aus Gehalt	2.300		1200	1800	Bank	keine
4520	6520	Kfz-Versich.	400		1200	1800	Bank	keine

Die offene Kundenrechnung wurde bereits gebucht, der Geldeingang verändert nicht den Gewinn, sondern gleicht die Forderungen aus. Das Gleiche gilt für die Auszahlung der Löhne. Lediglich die Kfz-Versicherung wird jetzt in der G+V erfasst.

Bilanz			
Vermögen (Aktiva)		**Kapital (Passiva)**	
Forderungen aus L+L		**Kapital**	
Stand vorher	5.950 €	Stand vorher	3.650 €
– Kunde zahlt	– 5.950 €	– Verlust	– 400 €
Stand nachher	0 €	Stand nachher	**3.250 €**
Bank		**Verbindlichkeiten**	
+ Kunde zahlt	+ 5.950 €	Stand vorher	2.300 €
– Auszahlung Lohn	– 2.300 €	– Auszahlung Lohn	– 2.300 €
– Kfz-Versicherung	– 400 €	Stand nachher	0 €
Stand nachher	**3.250 €**		
Bilanzsumme	3.250 €	Bilanzsumme	3.250 €

Gewinn- und Verlust-Rechnung			
Aufwendungen		Erlöse	
Kfz-Versicherung	400 €	Verlust	400 €
Summe	400 €	Summe	400 €

5 Rechnungsabgrenzungsposten

In der Gewinn- und Verlust-Rechnung werden nur Aufwendungen und Erlöse erfasst, die wirtschaftlich in das Abschlussjahr gehören, unabhängig von der Zahlung und dem Rechnungsdatum. Sind Aufwendungen oder Erlöse, die das Folgejahr betreffen, bereits im Abschlussjahr geflossen, sind diese über folgende Konten in das Folgejahr zu übertragen.

Aufwendungen	Aktive Rechnungsabgrenzungsposten (Kapitel 5.1)
Erlöse	Passive Rechnungsabgrenzungsposten (Kapitel 5.2)

5.1 Aktive Rechnungsabgrenzungsposten

Über das Konto „Aktive Rechnungsabgrenzungsposten" werden bereits gezahlte Aufwendungen, die wirtschaftlich in Folgejahre gehören, in die Folgejahre transferiert. Dazu gehören Versicherungen, Mieten, Zinsen, Löhne, Gehälter, Leasing-Sonderzahlungen, Damnum, Mietereinbauten, die der Mieter gezahlt hat und mit der Miete verrechnet.

Im neuen Jahr werden die aktiven Rechnungsabgrenzungsposten teilweise oder ganz aufgelöst durch Umbuchung auf die entsprechenden Aufwandskonten. Diese Aufwendungen werden in den Folgejahren nur in den Zeiträumen erfasst, in die sie wirtschaftlich gehören. Vom Mieter gezahlte Reparaturen und Mietereinbauten, die mit der Miete verrechnet werden, sind nur in Höhe der nicht gezahlten Miete als Aufwand zu erfassen.

Tipp:

Auf das Konto „Aktive Rechnungsabgrenzung" wird auch die bereits abgeführte Umsatzsteuer aus erhaltenen Anzahlungen am Bilanzstichtag gebucht, da erhaltene Anzahlungen und andere Verbindlichkeiten in der Handelsbilanz mit dem Bruttowert auszuweisen sind. Am 01.01. wird diese Buchung wieder zurückgebucht. Diese Buchung ist in der neuen Handelsbilanz nicht mehr notwendig (Kapitel 11.3 „Erhaltene Anzahlungen").

5.1.1 Bilanzansatz

Aktive Rechnungsabgrenzungsposten
Aufwendungen ohne Umsatzsteuer sie wurden im Abschlussjahr gezahlt, gehören aber wirtschaftlich in Folgejahre
− Anteil, der wirtschaftlich in das Abschlussjahr gehört
= Wert in der Bilanz

5.1.2 Buchung und bildliche Darstellung

Siehe CD-ROM

Beispiel:

1. Seit Januar leasen Sie ein Fahrzeug. Die Leasing-Sonderzahlung, bezahlt am 04.01., beträgt 8.925 Euro inkl. 19 % USt und die monatlichen Leasingraten betragen 595 Euro inkl. 19 % USt. Der Leasingvertrag vom Januar läuft 36 Monate.

2. Auf dem Kontoauszug vom 30.12. sehen Sie, dass die Januarmiete fürs Büro von 1.190 Euro inkl. 19 % USt bereits abgebucht wurde, obwohl diese laut Mietvertrag erst am 1. des Monats fällig ist. Wie ist im Abschlussjahr zu buchen?

In diesem Beispiel werden zur besseren Übersicht die Leasing-Sonderzahlung (1/3 von 8.925 Euro = 2.975 Euro) sowie die monatlichen Raten (12 x 595 Euro = 7.140 Euro) in einer Summe gebucht. Die verbleibende Leasing-Sonderzahlung von 5.000 Euro netto wird über das Konto „Aktive Rechnungsabgrenzung" in die Folgejahre transferiert. Der Vorsteuerabzug ist in voller Höhe im Jahr der Zahlung möglich.

In der Praxis sollten Sie nicht nur die Leasingrate monatlich erfassen, sondern auch die Leasing-Sonderzahlung. So sind die monatlichen Auswertungen aussagekräftiger.

Buchungen

Konto SKR 03 Soll	Konto SKR 04 Soll	Konten-bezeichnung	Betrag	an	Konto SKR 03 Haben	Konto SKR 04 Haben	Konten-bezeichnung	USt oder VSt
Zahlung der Leasing-Sonderzahlung								
0980	1900	Aktive Rechnungs-abgrenzung	5.950		1200	1800	Bank	VSt 19 %
4570	6560	Leasing-fahrzeugkosten	2.975		1200	1800	Bank	VSt 19 %
Zahlung der monatlichen Raten								
4570	6560	Leasing-fahrzeugkosten	7.140		1200	1800	Bank	VSt 19 %
Zahlung der Miete, die in das Folgejahr gehört, sowie der Vorsteuer								
0980	1900	Aktive Rechnungs-abgrenzung	1.000		1200	1800	Bank	keine
1548	1434	Vorsteuer im Folgejahr abzugsfähig	190		1200	1800	Bank	keine

Der Vorsteuerabzug ist möglich, wenn die einwandfreie Rechnung vorliegt und die Leistung erbracht oder die Zahlung erfolgt ist. Das ist bei der Leasing-Sonderzahlung und den Raten der Fall. Die Vorsteuer aus der Miete für den Januar ist erst im Folgejahr abzugsfähig, da keine Rechnung vorliegt und die Miete laut Mietvertrag am 1. des Monats fällig ist.

Vorsteuerabzug

Bilanz 1. Jahr			
Vermögen (Aktiva)		Kapital (Passiva)	
Abziehbare Vorsteuer		**Kapital**	
+ Leasing-Sonderzahl.	+ 1.425 €	– Verlust	– 8.500 €
+ Leasingraten	+ 1.140 €	Stand nachher	**– 8.500 €**
Stand nachher	**2.565 €**	**Bank (Verbindlichkeiten)**	
Vorsteuer Folgejahr		+ Leasing-Sonderzahl.	+ 8.925 €
+ Miete	+ 190 €	+ Leasingraten	+ 7.140 €
Stand nachher	**190 €**	+ Miete Folgejahr	+ 1.190 €
Aktive Rechnungsabgrenzung		Stand nachher	**17.255 €**
+ Leasing-Sonderzahl.	+ 5.000 €		
+ Miete Folgejahr	+ 1.000 €		
Stand nachher	**6.000 €**		
Bilanzsumme	8.755 €	Bilanzsumme	8.755 €

Gewinn- und Verlust-Rechnung 1. Jahr			
Aufwendungen		Erlöse	
Kfz-Leasingkosten (Anz.)	2.500 €	Verlust	8.500 €
Kfz-Leasingkosten (Raten)	6.000 €		
Summe	8.500 €	Summe	8.500 €

Siehe CD-ROM

Beispiel:

Im Folgejahr werden die monatlichen Leasingraten abgebucht in Höhe von 595 Euro inkl. 19 % USt.

Wie sind die Raten, die anteilige Leasing-Sonderzahlung und die Januar-Miete im Folgejahr, zu buchen?

Über das Konto „Aktive Rechnungsabgrenzung" wurde die Leasing-Sonderzahlung in Höhe von 5.000 Euro in das aktuelle Jahr transferiert. Davon werden 2.500 Euro, der Anteil des Abschlussjahres, als Aufwand erfasst. Die Januar-Miete wurde ebenfalls in das aktuelle Jahr transferiert und kann nun in voller Höhe als Aufwand erfasst werden.

Buchungen

Konto SKR 03 Soll	Konto SKR 04 Soll	Kontenbezeichnung	Betrag	an	Konto SKR 03 Haben	Konto SKR 04 Haben	Kontenbezeichnung	USt oder VSt
Zahlung der monatlichen Leasingraten								
4570	6560	Leasingfahrzeugkosten	7.140		1200	1800	Bank	VSt 19 %
Umbuchung der anteiligen Leasing-Sonderzahlung								
4570	6560	Leasingfahrzeugkosten	2.500		0980	1900	Aktive Rechnungsabgrenzung	keine
Umbuchung der Januar-Miete								
4210	6310	Miete	1.000		0980	1900	Aktive Rechnungsabgrenzung	keine
Umbuchung der Vorsteuer der Miete								
1576	1406	Abziehbare Vorsteuer 19 %	190		1548	1434	Vorsteuer im Folgejahr abzugsfähig	keine

Vorsteuerabzug

Die Vorsteuer aus der Januar-Miete ist jetzt abzugsfähig, sie ist laut Mietvertrag am 1. des Monats fällig.

Bilanz im Folgejahr			
Vermögen (Aktiva)		**Kapital (Passiva)**	
Abziehbare Vorsteuer		**Kapital**	
Stand vorher	2.565 €	Stand vorher	– 8.500 €
+ Leasingraten	+ 1.140 €	– Verlust	– 9.500 €
+ Vorsteuer Miete	+ 190 €	Stand nachher	– 18.000 €
Stand nachher	3.895 €	**Bank (Verbindlichkeiten)**	
Vorsteuer Folgejahr		Stand vorher	17.255 €
Stand vorher	190 €	+ Leasingraten	+ 7.140 €
– Vorsteuer Miete	– 190 €	Stand nachher	24.395 €
Stand nachher	0 €		
Aktive Rechnungsabgrenzung			
Stand vorher	6.000 €		
– Leasing-Sonderz.	– 2.500 €		
– Miete Januar	– 1.000 €		
Stand nachher	2.500 €		
Bilanzsumme	6.395 €	Bilanzsumme	6.395 €

Gewinn- und Verlust-Rechnung Folgejahr			
Aufwendungen		**Erlöse**	
Miete	1.000 €	Verlust	9.500 €
Kfz-Leasingkosten (Anz.)	2.500 €		
Kfz-Leasingkosten (Raten)	6.000 €		
Summe	9.500 €	Summe	9.500 €

5.2 Passive Rechnungsabgrenzungsposten

Über das Konto „Passive Rechnungsabgrenzungsposten" werden bereits erhaltene Erlöse, die wirtschaftlich in Folgejahre gehören, in die Folgejahre transferiert.

Beispiele für Geldeingänge, die in Folgejahre gehören:

• Mieten

• Mietvorauszahlungen, die der Vermieter erhalten hat, z. B. Abstandszahlung des Mieters, um früher aus dem Vertrag auszutreten

- Mietereinbauten, die der Mieter gezahlt hat und mit der Miete verrechnet
- Leasing-Sonderzahlung beim Leasinggeber
- Zinsen

Im neuen Jahr werden diese Passiven Rechnungsabgrenzungsposten teilweise oder ganz aufgelöst durch Umbuchung auf die entsprechenden Erlöskonten.

Diese Erlöse werden in den Folgejahren nur in den Zeiträumen erfasst, in die sie wirtschaftlich gehören. Vom Mieter gezahlte Reparaturen und Mietereinbauten, die mit der Miete verrechnet werden, sind nur in Höhe der nicht gezahlten Miete als Erlös zu erfassen.

Achtung:
Die erhaltene Umsatzsteuer wird im Jahr der Zahlung in voller Höhe abgeführt, § 13 (1) UStG.

5.2.1 Bilanzansatz

Passive Rechnungsabgrenzungsposten
Erlöse ohne Umsatzsteuer
Sie sind im Abschlussjahr eingegangen, gehören aber wirtschaftlich in Folgejahre.
− Anteil, der wirtschaftlich in das Abschlussjahr gehört
= Wert in der Bilanz Passiva

5.2.2 Buchung und bildliche Darstellung

Siehe CD-ROM

Beispiel:
Am 30.12. des Abschlussjahres gehen auf Ihrem Konto Zinsen in Höhe von 1.500 Euro ein. Die Zinsen wurden gezahlt für Dezember und Januar

Außerdem hat Ihr Mieter einen Mietereinbau (Praxiseinrichtung) vorgenommen, den Sie indirekt bezahlen, indem die Kosten mit der ausstehenden Miete verrechnet werden.

Im Mai war der Einbau in Höhe von 10.000 Euro fertig gestellt. Seit Mai zahlt Ihr Mieter keine Miete mehr. Die monatliche Miete beträgt 1.000 Euro. Es handelt sich um eine umsatzsteuerfreie Vermietung. Wie ist zu buchen?

Die Zinsen werden aufgeteilt: 750 Euro gehören in das Abschlussjahr und 750 Euro werden ins Folgejahr transferiert. Der Mietereinbau wird beim Vermieter aktiviert. Die nicht eingegangene Miete für acht Monate wird als Erlös erfasst.

Buchungen

Konto SKR 03 Soll	Konto SKR 04 Soll	Konten-bezeichnung	Betrag	an	Konto SKR 03 Haben	Konto SKR 04 Haben	Konten-bezeichnung	USt oder VSt
Geldeingang Zinsen für Dezember und Januar								
1200	1800	Bank	750		2650	7100	Zinsen und ähnliche Erträge	keine
1200	1800	Bank	750		0990	3900	Passive Rechnungs-abgrenzung	keine
Aktivierung Mietereinbau								
0113	0290	Einrichtung für Geschäfts-bauten	10.000		0990	3900	Passive Rechnungs-abgrenzung	keine
Verrechnung Mietereinbau mit Miete								
0990	3900	Passive Rechnungs-abgrenzung	8.000		2750	4860	Mieteinnahmen	keine

In diesem Beispiel wird zur besseren Übersicht die verrechnete Miete in einer Summe gebucht.
In der Praxis sollten Sie diese Beträge monatlich erfassen. So sind die monatlichen Auswertungen aussagekräftiger.

Bilanz 1. Jahr			
Vermögen (Aktiva)		Kapital (Passiva)	
Einbauten in Gebäude		**Kapital**	
+ Mietereinbau	+ 10.000 €	+ Gewinn	+ 8.750 €
Stand nachher	**10.000 €**	Stand nachher	**8.750 €**
Bank		**Passive Rechnungsabgrenzung**	
Stand vorher	0 €	+ Zinsen Januar	+ 750 €
+ Zinszahlung	+ 1.500 €	+ Mietereinbau	+ 10.000 €
Stand nachher	**1.500 €**	– Miete 8 Monate	– 8.000 €
		Stand nachher	**2.750 €**
Bilanzsumme	11.500 €	Bilanzsumme	11.500 €

Gewinn- und Verlust-Rechnung 1. Jahr			
Aufwendungen		Erlöse	
Gewinn	8.750 €	Zinserträge	750 €
		Mieterträge	8.000 €
Summe	8.750 €	Summe	8.750 €

Siehe CD-ROM

Beispiel:

Im Folgejahr sind die Zinserträge im Januar zu erfassen und die Mieterträge für die Monate Januar und Februar. Wie ist zu buchen?

Buchungen

Konto SKR 03 Soll	Konto SKR 04 Soll	Konten-bezeichnung	Betrag	an	Konto SKR 03 Haben	Konto SKR 04 Haben	Konten-bezeichnung	USt oder VSt
Zinserträge Januar								
0990	3900	Passive Rechnungs-abgrenzung	750		2650	7100	Zinsen und ähnliche Erträge	keine
Mieterträge Januar und Februar								
0990	3900	Passive Rechnungs-abgrenzung	2.000		2750	4860	Mieteinnahmen	keine

Bilanz Folgejahr			
Vermögen (Aktiva)		Kapital (Passiva)	
Einbauten in Gebäude	**10.000 €**	**Kapital**	
Bank	**1.500 €**	Stand vorher	8.750 €
		+ Gewinn	+ 2.750 €
		Stand nachher	**11.500 €**
		Passive Rechnungsabgrenzung	
		Stand vorher	2.750 €
		– Zinsen Januar	– 750 €
		– Miete 2 Monate	– 2.000 €
		Stand nachher	**0 €**
Bilanzsumme	11.500 €	Bilanzsumme	11.500 €

Gewinn- und Verlust-Rechnung Folgejahr			
Aufwendungen		Erlöse	
Gewinn	2.750 €	Zinserträge	750 €
		Mieterträge	2.000 €
Summe	2.750 €	Summe	2.750 €

6 Gewinn- und Verlust-Rechnung Betriebseinnahmen

6.1 Überblick Betriebseinnahmen

In der Gewinn- und Verlust-Rechnung werden alle Erlöse erfasst, die wirtschaftlich in das Abschlussjahr gehören.

Es zählt ausschließlich der Rechnungsinhalt. Weder das Rechnungsdatum noch die Zahlung beeinflussen das Ergebnis.

Stellen Sie Ihren Kunden zusätzlich Umsatzsteuer in Rechnung, müssen Sie bei der Kontenauswahl auf die Umsatzsteuersätze achten. Nur dann wird die enthaltene Umsatzsteuer automatisch korrekt herausgerechnet und in den richtigen Feldern der Umsatzsteuerformulare eingetragen.

Beispiel:

Folgende Rechnungen schrieb das Maklerbüro: Vermittlung Versicherungen 3.000 Euro ohne Umsatzsteuer, Vermittlung Immobilien 5.950 Euro inkl. 19 % USt und Verkauf Bücher 1.070 Euro inkl. 7 % USt. Wie ist zu buchen?

Buchungen

Konto SKR 03 Soll	Konto SKR 04 Soll	Kontenbezeichnung	Betrag	an	Konto SKR 03 Haben	Konto SKR 04 Haben	Kontenbezeichnung	USt oder VSt
10000	10000	Debitorenkonto	3.000		8500	4500	Provisionserlöse ohne USt	keine
10000	10000	Debitorenkonto	5.950		8519	4569	Provisionserlöse 19 % USt	USt 19 %
10000	10000	Debitorenkonto	1.070		8300	4300	Erlöse 7 % USt	USt 7 %

Steuerfreie Erlöse ohne Vorsteuerabzug werden im Feld 48, Netto-Erlöse 19 % USt im Feld 81 und Netto-Erlöse 7 % USt im Feld 86 der Umsatzsteuer-Voranmeldung eingetragen.

Steuerfreie Umsätze ohne Vorsteuerabzug Umsätze nach § 4 Nr. 8 bis 28 UStG	48	3.000	■		
Steuerpflichtige Umsätze (Lieferungen und sonstige Leistungen einschl. unentgeltlicher Wertabgaben)					
zum Steuersatz von 19 %	81	5.000	■	950	00
zum Steuersatz von 7 %	86	1.000	■	70	00
Umsätze, die anderen Steuersätzen unterliegen	35		■ 36		

Geschäfte mit dem Ausland (Kapitel 6.2) und Bauleistungen (Kapitel 6.3) werden in den Umsatzsteuerformularen gesondert erfasst.

Achtung:

Unterliegen Sie bezüglich der Umsatzsteuer der Soll- oder Ist-Versteuerung? Im Fall der Soll-Versteuerung wird die Umsatzsteuer abgeführt, wenn der Auftrag abgeschlossen ist, wie in Kapitel 2.5.2 „Diese Zahlen werden in die Formulare eingetragen" beschrieben.

Zu den Betriebseinnahmen zählen auch Warenentnahmen sowie Nutzung von sonstigen Leistungen (Kfz, Telefon) für private Zwecke des Unternehmers und seiner Familienangehörigen. Diese werden in Kapitel 6.5 „Privatnutzung durch Unternehmer" behandelt.

Entnehmen Arbeitnehmer Waren für private Zwecke oder nutzen sie sonstige Leistungen (Kfz), erhalten sie Sachbezüge. Sachbezüge sind teilweise lohnsteuer- und sozialversicherungspflichtig und werden im Rahmen der Gehaltsabrechnung versteuert.

Mehr dazu in Kapitel 6.4 „Sachbezüge Arbeitnehmer".

6.2 Geschäfte mit dem Ausland

Bei Geschäften mit dem Ausland ist zu klären, ob die Umsatzsteuer zu berechnen ist oder nicht. Umgekehrt stellt sich die Frage, was beim Einkauf im Ausland zu beachten ist.

Unter bestimmten Voraussetzungen können Sie Rechnungen an ausländische Kunden ohne Umsatzsteuer ausstellen. Der ausländische Kunde wird also nicht die deutsche Umsatzsteuer, sondern die Umsatzsteuer seines Landes zahlen.

Die Voraussetzungen sind beim EU-Ausland anders als beim sonstigen Ausland (Drittland).

	EU-Ausland	Sonstiges Ausland
Einkauf	innergemeinschaftlicher Erwerb	Import
Verkauf	innergemeinschaftliche Lieferung	Export

Sind die Voraussetzungen nicht erfüllt, behandeln Sie Ihren Kunden wie einen inländischen Kunden und berechnen die deutsche Umsatzsteuer. Beim Einkauf im Ausland zahlen Sie die ausländische Umsatzsteuer.

6.2.1 Nachteil ausländische Umsatzsteuer

Nur inländische Vorsteuer ist abzugsfähig. Stellen Sie Ihrem Kunden deutsche Umsatzsteuer in Rechnung, kann er diese nicht als Vorsteuer abziehen. Das Gleiche gilt auch für Sie, wenn Sie im Ausland einkaufen, die ausländische Vorsteuer können Sie nicht abziehen.

An der Grenze, beim Zollamt oder über Formulare werden falsch ausgestellte Rechnungen korrigiert. Kunden erhalten beim Import in das eigene Land die deutsche Umsatzsteuer zurück und zahlen die Umsatzsteuer des Importlandes.

In dem Fall wird die Behörde, bei der die Steuer umgetauscht wurde, den Verkäufer auffordern, seine Rechnung zu korrigieren, nämlich nur mit dem Nettobetrag auszustellen, die Lieferung als steuerfreie Lieferung zu behandeln und die erhaltene Umsatzsteuer zurückzuzahlen.

Es ist also einfacher für alle Beteiligten, wenn die Voraussetzungen erfüllt sind. Sie berechnen Ihrem Kunden keine Umsatzsteuer, und er zahlt beim Import die Umsatzsteuer seines Landes.

Nachträgliche Erstattung ausländischer Vorsteuer

Liegen Ihnen Rechnungen mit ausländischer Umsatzsteuer vor, über Ausgaben auf Messen und Veranstaltungen, Reisekosten sowie vor Ort gekaufte Kleinteile, ist auch nachträglich der Umtausch möglich. Sie erhalten die ausländische Vorsteuer zurück und zahlen die deutsche Vorsteuer, die Sie dann abziehen können.

Dieser Vorgang erfolgt bei allen EU-Mitgliedstaaten und einigen Drittländern auf Antrag. Seit 2010 gibt es für Rechnungen aus dem EU-Ausland ein einfacheres Erstattungsverfahren. Alle Informationen werden online an das Bundeszentralamt für Steuern übermittelt und von dort aus an das entsprechende Land weitergeleitet. Der Antrag muss bis zum 30.09. des Folgejahres gestellt sein. Bei Rechnungen aus dem Drittland bleibt es wie bisher. Dazu benötigen Sie das Formular USt1 T/EG, dieses können Sie beim Bundeszentralamt für Steuern (www.BZSt.de) anfordern. Dieser Antrag, zusammen mit den Originalrechnungen, muss bis zum 30.06. des Folgejahres bei der Erstattungsbehörde eingegangen sein.

6.2.2 Lieferung oder sonstige Leistung

In welchem Land ist der Umsatz umsatzsteuerpflichtig, in Deutschland oder im Ausland?
Das hängt davon ab, ob es sich um eine Lieferung oder eine sonstige Leistung handelt. Bei einer Leistung kommt es auf die Art der Leistung an.

Lieferungen

Bei Warenlieferungen an das Ausland gilt das Bestimmungslandprinzip. Sind alle Voraussetzungen erfüllt, stellen Sie Ihre Rechnung ohne Umsatzsteuer aus, und Ihr Kunde zahlt beim Import die Umsatzsteuer seines Landes.

Sonstige Leistungen bis 2009

Erbrachte Leistungen sind in dem Land umsatzsteuerpflichtig, in dem die Leistung erbracht wurde. Eigentlich wäre das der Sitz des leistenden Unternehmers, wenn es nicht so viele Ausnahmen gäbe.

*   Ist der Leistungsempfänger Unternehmer oder ist er Privatkunde mit Wohnsitz im Drittland, ist die Leistung im Land des Leistungsempfängers umsatzsteuerpflichtig
*   Wird die Leistung an einem Grundstück erbracht, ist es das Land, in dem das Grundstück liegt
*   Handelt es sich um eine kulturelle, künstlerische, wissenschaftliche, sportliche und unterrichtende Tätigkeit, ist die Leistung in dem Land umsatzsteuerpflichtig, in dem die Tätigkeit ausgeführt wird
*   Bei Beratung ist es das Land des Leistungsempfängers

Beförderungsleistungen sind in dem Land umsatzsteuerpflichtig, in dem die Beförderung stattfindet, und ggf. auf die verschiedenen Länder aufzuteilen, aber auch hier gibt es viele Ausnahmen.

Sonstige Leistungen seit 2010

Grundsätzlich ist zu unterscheiden, ob Geschäfte mit ausländischen Unternehmen oder Privatpersonen gemacht werden.

Kunde ist Unternehmer	Kunde ist Privatperson
Die Leistung ist in dem Land umsatzsteuerpflichtig, in dem der Leistungsempfänger sitzt.	Die Leistung ist in dem Land umsatzsteuerpflichtig, in dem der leistende Unternehmer sitzt.

Doch es gibt weiterhin einige Ausnahmen:

- Wird die Leistung an einem Grundstück erbracht, ist es das Land, in dem das Grundstück liegt. Es gibt Ausnahmen, z. B. Schweiz, Finnland.

- Handelt es sich um eine kulturelle, künstlerische, wissenschaftliche, sportliche und unterrichtende Tätigkeit, ist die Leistung in dem Land umsatzsteuerpflichtig, in dem die Tätigkeit ausgeführt wird. Es gibt Ausnahmen, z. B. Schweden, Schweiz.

- Bei kurzfristiger Vermietung von Beförderungsmitteln (Kfz 30 Tage, Schiffe 90 Tage) ist die Leistung in dem Land umsatzsteuerpflichtig, in dem die Übergabe stattfindet.

- Bei sog. Katalogleistungen wie Werbung, Öffentlichkeitsarbeit, Leistungen als Steuerberater, Rechtsanwalt, Personalgestellung etc., gilt für Unternehmer und Nicht-Unternehmer der Ort des Leistungsempfängers. Nur bei Leistungen an Nicht-Unternehmer mit Sitz im Drittland ist die Umsatzsteuer im Land des leistenden Unternehmens zu berechnen.

Tipp:

Sogar Fachleute in diesem Bereich müssen nachlesen und im Zweifel sogar spezielle Software nutzen, um den Ort herauszufinden, an dem die Leistung umsatzsteuerpflichtig ist. Auch das Finanzamt kann nicht immer alle Fragen beantworten. Also scheuen Sie sich nicht zu fragen, Sie werden sehen, dass in diesem Bereich jede Frage berechtigt ist.

In den folgenden Kapiteln wird gezeigt, wie Rechnungen, die mit Geschäften im Ausland zusammenhängen, gebucht werden und welche Steuerschlüssel Sie verwenden müssen, um die Umsatzsteuerformulare richtig auszufüllen.

6.2.3 EU-Ausland

Beim Handel im EU-Ausland ist die Umsatzsteuer-Identifikationsnummer (ID-Nr.) die Grundlage für das Ausstellen von Rechnungen ohne Umsatzsteuer. Diese Vorgänge werden nicht an der Grenze oder beim Zollamt, sondern auf Formularen geregelt.

Umsatzsteuer bei EU-Ausland	
Rechnungsaussteller innergemeinschaftliche Lieferung	Rechnungsempfänger innergemeinschaftlicher Erwerb
• Rechnung schreiben ohne Umsatzsteuer • Vierteljährlich/monatlich „Zusammenfassende Meldung an das Bundeszentralamt für Steuern.	• Nettobetrag an Rechnungsaussteller zahlen • Deutsche Umsatzsteuer an das Finanzamt abführen • ggf. Vorsteuerabzug
Voraussetzung: geprüfte und bestätigte ID-Nr. liegt vor. Nutzen Sie dazu unter www.bzst.de die Funktion „qualifizierte Abfrage"	

Verkauf an EU Ausland – innergemeinschaftliche Lieferung

Legt Ihnen ein Kunde eine ID-Nr. vor, sind Sie dazu verpflichtet, diese zu überprüfen. Das erledigen Sie im Internet unter www.bzst.de, noch besser ist es, eine schriftliche Bestätigung anzufordern. Sind alle Papiere in Ordnung, können Sie die Rechnung ohne Umsatzsteuer ausstellen.

An alle anderen ausländischen Kunden, vor allem Privatkunden, müssen Sie die Rechnung zuzüglich der deutschen Umsatzsteuer ausstellen.

Ausnahme: Neuwagen sind für jeden Kunden im Importland umsatzsteuerpflichtig.

Siehe CD-ROM

Beispiel:

Ein französisches Unternehmen bestellt bei Ihnen Waren, Sie haben die ID-Nr. überprüft und eine schriftliche Bestätigung erhalten. Sie stellen die Rechnung über 5.000 Euro ohne Umsatzsteuer aus. Wie buchen Sie diesen Vorgang?

Buchung

Konto SKR 03 Soll	Konto SKR 04 Soll	Konten- bezeichnung	Betrag	an	Konto SKR 03 Haben	Konto SKR 04 Haben	Konten- bezeichnung	USt oder VSt
10000	10000	Debitorenkonto	5.000		8125	4125	Innergemein-schaftliche Lieferung ohne USt mit Vor-steuerabzug	keine

Umsatzsteuer

Der Nettoumsatz wird im Feld 41 der Umsatzsteuer-Voranmeldung eingetragen.

Lieferungen und sonstige Leistungen (einschließlich unentgeltlicher Wertabgaben) Steuerfreie Umsätze mit Vorsteuerabzug Innergemeinschaftliche Lieferungen (§ 4 Nr. 1 Buchst. b UStG) an Abnehmer mit USt-IdNr.		Bemessungsgrundla ohne Umsatzsteuer volle EUR
	41	5.000
neuer Fahrzeuge an Abnehmer ohne USt-IdNr.	**44**	

Zusammen-fassende Meldung

Zusätzlich müssen Sie vierteljährlich, d. h. zehn Tage nach Quartalsende, eine „Zusammenfassende Meldung" an das Bundeszentralamt für Steuern online übermitteln. Ab 1.7.2010 gilt monatliche Abgabe. Hier werden die Umsatzsteuer-Identifikationsnummer jedes Kunden sowie dessen Gesamtumsatz eingetragen. Seit 2010 sind auch innergemeinschaftliche Dienstleistungen zu melden.

Das Formular finden Sie auf der beiliegenden CD-ROM.

Siehe CD-ROM

Tipp:

Erbringen Sie Leistungen für einen Kunden im EU-Ausland und ist die Leistung dort umsatzsteuerpflichtig, tragen Sie den Umsatz im Feld 21 der Umsatzsteuer-Voranmeldung ein. (Reparatur in französischem Wohnhaus, Auftritt im englischen Theater Kapitel 6.2.2). Zusätzlich ist der Umsatz seit 2010 in der zusammenfassenden Meldung zu erfassen.

Einkauf im EU-Ausland, innergemeinschaftlicher Erwerb

Legen Sie Ihrem Lieferanten die ID-Nr. vor, wird er Ihnen eine Rechnung ohne Umsatzsteuer ausstellen. In diesem Fall sind Sie verpflichtet, den innergemeinschaftlichen Erwerb in der Umsatzsteuer-Voranmeldung gesondert einzutragen.

Beispiel:

Sie bestellen Waren in England und erhalten eine Rechnung über 3.000 Euro netto. Wie ist dieser Vorgang zu buchen?

Siehe CD-ROM

Buchungen

Konto SKR 03 Soll	Konto SKR 04 Soll	Konten- bezeichnung	Betrag	an	Konto SKR 03 Haben	Konto SKR 04 Haben	Konten- bezeichnung	USt oder VSt
3425	5425	Innergemein- schaftl. Erwerb USt und VSt 19 %	3.000		70000	70000	Kreditoren- konto	EU VSt + USt 19 %
Buchung nur erforderlich, wenn die o.g. Steuerschlüssel nicht verwendet werden.								
1574	1404	Anrechenbare Vorsteuer innergem. Erwerb 19 %	570		1774	3804	Umsatzsteuer innergem. Erwerb 19 %	keine

Den Nettobetrag des Erwerbs sowie die 19 % Umsatzsteuer erfassen Sie im Feld 89.

Innergemeinschaftliche Erwerbe			
Steuerfreie innergemeinschaftliche Erwerbe Erwerbe nach § 4b UStG	91	▬	
Steuerpflichtige innergemeinschaftliche Erwerbe zum Steuersatz von 19 %	89	3.000 ▬	570 00
zum Steuersatz von 7 %	93	▬	
zu anderen Steuersätzen	95	▬ 98	

Sind Sie zum Vorsteuerabzug berechtigt, erfassen Sie die Vorsteuer im Feld 61.

Umsatzsteuer		570 00
Abziehbare Vorsteuerbeträge Vorsteuerbeträge aus Rechnungen von anderen Unternehmern (§ 15 Abs. 1 Satz 1 Nr. 1 UStG), aus Leistungen im Sinne des § 13a Abs. 1 Nr. 6 UStG (§ 15 Abs. 1 Satz 1 Nr. 5 UStG) und aus innergemeinschaftlichen Dreiecksgeschäften (§ 25b Abs. 5 UStG)	66	
Vorsteuerbeträge aus dem innergemeinschaftlichen Erwerb von Gegenständen (§ 15 Abs. 1 Satz 1 Nr. 3 UStG)	61	570 00

> **Tipp:**
>
> Bei empfangenen Leistungen aus dem EU-Ausland, die in Deutschland umsatzsteuerpflichtig sind, werden der Netto-Umsatz im Feld 46 und die deutsche Umsatzsteuer im Feld 47 der Umsatzsteuer-Voranmeldung eingetragen (Beratung durch ausländischen Berater, ausländische Künstler bei Veranstaltung). Die Vorsteuer ist in Feld 67 zu erfassen.

Bildliche Darstellung

Bilanz			
Vermögen (Aktiva)		**Kapital (Passiva)**	
Forderungen		**Kapital**	
+ RG Kunde Frankreich	+ 5.000 €	+ Gewinn	+ 2.000 €
Stand nachher	**5.000 €**	Stand nachher	**2.000 €**
Vorsteuer			
– USt Einkauf England	– 570 €	**Verbindlichkeiten**	
+ VSt Einkauf England	+ 570 €	+ RG Einkauf England	+ 3.000 €
Stand nachher	**0 €**	Stand nachher	**3.000 €**
Bilanzsumme	5.000 €	Bilanzsumme	5.000 €

Gewinn- und Verlust-Rechnung			
Aufwendungen		**Erlöse**	
Innergemeinschaftlicher Erwerb		Innergemeinschaftl. Lieferung	
(Einkauf England)	3.000 €	(Verkauf Frankreich)	5.000 €
Gewinn	2.000 €		
Summe	5.000 €	Summe	5.000 €

6.2.4   Sonstiges Ausland

Beim Handel im sonstigen Ausland muss der Nachweis vorliegen, dass die Ware das Land verlassen hat, erst dann kann die Rechnung ohne Umsatzsteuer ausgestellt werden.

Umsatzsteuer bei sonstigem Ausland	
Rechnungsaussteller Export	Rechnungsempfänger Import
• Rechnung schreiben ohne Umsatzsteuer	• Nettobetrag an Rechnungsaussteller zahlen • inländische Einfuhrumsatzsteuer bezahlen + ggf. Zoll • ggf. Vorsteuerabzug vornehmen
Voraussetzung: amtlicher Ausfuhrnachweis liegt vor.	

Verkauf an sonstiges Ausland – Export

Liegt Ihnen der amtliche Ausfuhrnachweis vor, in der Regel erhalten Sie den vom Spediteur, können Sie die Rechnung ohne Umsatzsteuer ausstellen. Das Gleiche gilt für Touristen, die Ihnen den Personalausweis sowie ein Formular vom Zollamt vorlegen.

Beispiel:

Ein amerikanischer Kunde bestellte bei Ihnen Waren. Die Spedition hat Ihnen den Ausfuhrnachweis übermittelt, und Sie stellen die Rechnung über 6.000 Euro ohne Umsatzsteuer aus. Buchen Sie bitte die Rechnung.

Siehe CD-ROM

Buchung

Konto SKR 03 Soll	Konto SKR 04 Soll	Konten- bezeichnung	Betrag	an	Konto SKR 03 Haben	Konto SKR 04 Haben	Konten- bezeichnung	USt oder VSt
10000	10000	Debitorenkonto	6.000		8120	4120	Steuerfreie Lieferung § 4 Nr. 1 a UStG	keine

Der Nettoumsatz wird im Feld 43 der Umsatzsteuer-Voranmeldung eingetragen.

	volle EUR
Steuerfreie Umsätze mit Vorsteuerabzug	
Innergemeinschaftliche Lieferungen (§ 4 Nr. 1 Buchst. b UStG) an Abnehmer mit USt-IdNr. **41**	
neuer Fahrzeuge an Abnehmer **ohne** USt-IdNr. **44**	
neuer Fahrzeuge außerhalb eines Unternehmens (§ 2a UStG) **49**	
Weitere steuerfreie Umsätze mit Vorsteuerabzug (z.B. **Ausfuhrlieferungen**, Umsätze nach § 4 Nr. 2 bis 7 UStG) ... **43**	6.000

Tipp:

Erbringen Sie Leistungen für einen ausländischen Kunden im Drittland und sind die Leistungen dort umsatzsteuerpflichtig sind, wird der Umsatz im Feld 45 der Umsatzsteuer-Voranmeldung eingetragen. (Beratung eines Schweizer Kunden, Vortrag an amerikanischer Uni, Kapitel 6.2.2)

Einkauf im sonstigen Ausland – Import

Erhalten Sie eine Materiallieferung aus der Schweiz, zahlen Sie den Netto-Rechnungsbetrag an den Lieferanten und die deutsche Einfuhrumsatzsteuer an den Spediteur.

Siehe CD-ROM

Beispiel:

Ihr Kassenstand beträgt 2.000 Euro. Sie erhalten eine Materiallieferung aus der Schweiz. Sie zahlen den Rechnungsbetrag über 1.000 Euro netto sowie die deutsche Einfuhrumsatzsteuer von 190 Euro direkt an den Spediteur. Wie ist zu buchen?

Buchungen

Konto SKR 03 Soll	Konto SKR 04 Soll	Konten-bezeichnung	Betrag	an	Konto SKR 03 Haben	Konto SKR 04 Haben	Konten-bezeichnung	USt oder VSt
3559	5559	Steuerfreie Einfuhr-lieferung	1.000		1000	1600	Kasse	keine
1588	1433	Bezahlte – Einfuhr-umsatzsteuer	190		1000	1600	Kasse	keine

Die gezahlte Einfuhrumsatzsteuer wird in der Umsatzsteuer-Voranmeldung im Feld 62 erfasst.

Abziehbare Vorsteuerbeträge		
Vorsteuerbeträge aus Rechnungen von anderen Unternehmern (§ 15 Abs. 1 Satz 1 Nr. 1 UStG), aus Leistungen im Sinne des § 13a Abs. 1 Nr. 6 UStG (§ 15 Abs. 1 Satz 1 Nr. 5 UStG) und aus innergemeinschaftlichen Dreiecksgeschäften (§ 25b Abs. 5 UStG)	66	
Vorsteuerbeträge aus dem innergemeinschaftlichen Erwerb von Gegenständen (§ 15 Abs. 1 Satz 1 Nr. 3 UStG)	61	
Entrichtete Einfuhrumsatzsteuer (§ 15 Abs. 1 Satz 1 Nr. 2 UStG)	62	190 00

Tipp:

Siehe
Kapitel 6.2.2

Bei empfangenen Leistungen aus dem Drittland, die in Deutschland umsatzsteuerpflichtig sind, werden der Netto-Umsatz im Feld 52 und die deutsche Umsatzsteuer im Feld 53 der Umsatzsteuer-Voranmeldung eingetragen (Renovierung deutsches Wohnhaus, ausländischer Referent.) Die Vorsteuer ist in Feld 67 zu erfassen.

Bildliche Darstellung

Bilanz			
Vermögen (Aktiva)		**Kapital (Passiva)**	
Forderungen		**Kapital**	
+ RG Kunde Amerika	6.000 €	Stand vorher	2.000 €
Stand nachher	**6.000 €**	+ Gewinn	+ 5.000 €
		Stand nachher	**7.000 €**
Einfuhrumsatzsteuer			
+ Spediteur Schweiz	+ 190 €		
Stand nachher	**190 €**		
Kasse			
Stand vorher	2.000 €		
– Zahlung Einkauf Schweiz	–1.000 €		
– Zahlung Spediteur	– 190 €		
Stand nachher	**810 €**		
Bilanzsumme	7.000 €	Bilanzsumme	7.000 €

Gewinn- und Verlust-Rechnung			
Aufwendungen		**Erlöse**	
Einfuhrlieferung steuerfrei (Einkauf Schweiz)	1.000 €	Steuerfrei Lieferung (Verkauf Amerika)	6.000 €
Gewinn	5.000 €		
Summe	6.000 €	Summe	6.000 €

6.3 Bauleistungen

Handelt es sich bei einem Auftrag um eine Bauleistung, müssen Sie ggf. bei der Umsatzsteuer die Steuerschuldumkehr beachten und ggf. laut Einkommensteuergesetz Bauabzugsteuer einbehalten.
Was sind Bauleistungen und was nicht?

Bauleistungen an Bauwerken	Keine Bauleistungen
Herstellung	Planung und Überwachung
Abbruch, Beseitigung	Materiallieferung
Änderung	Miete für Arbeitsgeräte
Instandsetzung	Entsorgung von Baumaterial
	Gartenanlage und Pflege

6.3.1 Beispiele für Bauleistungen

Aushub der Baugrube, Rohbau mit Dach, Putz, Estrich, Fenster, Türen, Elektroinstallation, Heizung, Sanitär, Fliesen und alles, was zum Innenausbau gehört, Einbau Brandmeldeanlage, fest verbundene Einbauküche, Hausanschlüsse, Bauaustrocknung, Solaranlagen, Schaufensteranlagen, Erstellung der Außenanlagen, Fertiggaragen, Erdkabel, Fahrbahnbelag, Gartenanlagen, künstlerische Leistung an Bauwerken, Fassadenreinigung, Reparaturarbeiten, Rohrreinigung und vieles mehr (siehe CD-ROM „Übersicht Bauleistungen") und BMF-Schreiben vom 16.10.2009.

Siehe CD-ROM

Reparaturen oder Wartungsarbeiten unter 500 Euro werden nicht wie Bauleistungen behandelt.

6.3.2 Umsatzsteuer bei Bauleistungen, UStG

Unternehmen, die selbst Bauleistungen ausführen und ein anderes Unternehmen beauftragen, das ebenfalls Bauleistungen ausführt, müssen sich mit der Steuerschuldumkehr gemäß § 13 b UStG befassen.
Befreite Unternehmen:

- Unternehmen, die nur in geringem Maße Bauleistungen ausführen, deren Erlöse aus Bauleistungen im Vorjahr unter 10 % des Gesamtumsatzes lagen, sind davon befreit.

- Bauträger, die ausschließlich an private Kunden verkaufen, also umsatzsteuerfreie Umsätze nach § 4 Nr. 9 a tätigen, die unter das Grunderwerbsteuergesetz fallen.

Was bedeutet die Steuerschuldumkehr?

Wenn Sie eine Rechnung ausstellen zuzüglich Umsatzsteuer, sind Sie verpflichtet, die Umsatzsteuer an das Finanzamt abzuführen.

Bei Bauleistungen ist das anders, hier schuldet der Rechnungsempfänger die Umsatzsteuer. Die Rechnung wird ohne Umsatzsteuer ausgestellt, wie die folgende Übersicht zeigt.

Rechnungsaussteller	Rechnungsempfänger
• Rechnung schreiben ohne Umsatzsteuer, mit dem Hinweis auf Steuerschuldumkehr nach § 13 b UStG	• Rechnungsbetrag netto bezahlen an den Rechnungsaussteller • Umsatzsteuer an das Finanzamt abführen • ggf. Vorsteuerabzug
	Schuldet für das Abführen der Umsatzsteuer

Bauleistungen beim Rechnungsaussteller

Der Rechnungsaussteller berechnet die Bauleistung ohne Umsatzsteuer und erhält auch nur den Nettobetrag. Für das Abführen der Umsatzsteuer ist der Rechnungsempfänger verantwortlich.

Beispiel:

Sie schreiben eine Rechnung über eine Bauleistung in Höhe von 4.000 Euro netto mit dem Hinweis auf den § 13 b UStG.

Siehe CD-ROM

Buchung

Konto SKR 03 Soll	Konto SKR 04 Soll	Kontenbezeichnung	Betrag	an	Konto SKR 03 Haben	Konto SKR 04 Haben	Kontenbezeichnung	USt oder VSt
10000	10000	Debitorenkonto	4.000		8337	4337	Erträge Bauleistungen	keine

Den Nettoumsatz erfassen Sie in der Umsatzsteuer-Voranmeldung im Feld 60.

Ergänzende Angaben zu Umsätzen		
Lieferungen des ersten Abnehmers bei **innergemeinschaftlichen Dreiecksgeschäften** (§ 25b Abs. 2 UStG)	**42**	
Steuerpflichtige Umsätze im Sinne des § 13b UStG, für die der **Leistungsempfänger** die **Steuer schuldet**	**60**	4.000
Nicht steuerbare sonstige Leistungen gem. § 18b Satz 1 Nr. 2 UStG	**21**	
Übrige nicht steuerbare Umsätze (Leistungsort nicht im Inland)	**45**	

Tipp:

Hinweis auf Rechnungen an Unternehmer:

„Die Umsatzsteuer für diese Leistung schuldet der Auftraggeber (Leistungsempfänger) gemäß § 13 b Abs. 1 Nr. 4 UStG in Verbindung mit § 14 a Abs. 5 UStG."

Hinweis auf Rechnungen an Privatpersonen:

„Laut Gesetz sind Sie dazu verpflichtet, diese Rechnung zwei Jahre aufzubewahren."

Bauleistungen beim Rechnungsempfänger

Der Empfänger einer Bauleistung erhält zwar eine Rechnung ohne Umsatzsteuer, muss aber die Umsatzsteuer an das Finanzamt abführen. Gleichzeitig kann er die Vorsteuer aus dieser Leistung abziehen. Dieser Vorgang ist gesondert in der Umsatzsteuer-Voranmeldung zu erfassen.

Siehe CD-ROM

Beispiel:

Ihnen liegt eine Rechnung über eine Bauleistung in Höhe von 2.000 Euro netto vor mit dem Hinweis auf den § 13 b UStG.

Buchungen

Konto SKR 03 Soll	Konto SKR 04 Soll	Kontenbezeichnung	Betrag	an	Konto SKR 03 Haben	Konto SKR 04 Haben	Kontenbezeichnung	USt oder VSt
3120	5920	Bauleistungen § 13 b UStG 19 %	2.000		70000	70000	Kreditorenkonto	Baul. VSt 19 %
Die Buchung ist nur erforderlich, wenn die o. g. Steuerschlüssel nicht verwendet werden.								
1577	1407	Anrechenbare Vorsteuer § 13 b UStG 19 %	380		1787	3837	Umsatzsteuer § 13 b UStG 19 %	keine

Umsätze, für die als Leistungsempfänger die Steuer nach § 13b Abs. 2 UStG geschuldet wird	Bemessungsgrundlage ohne Umsatzsteuer		
	volle EUR	ct	
Im Inland steuerpflichtige sonstige Leistungen von im übrigen Gemeinschaftsgebiet ansässigen Unternehmern	46	— 47	
Andere Leistungen eines im Ausland ansässigen Unternehmers (§ 13b Abs. 1 Satz 1 Nr. 1 und 5 UStG)	52	— 53	
Lieferungen sicherungsübereigneter Gegenstände und Umsätze, die unter das GrEStG fallen (§ 13b Abs. 1 Satz 1 Nr. 2 und 3 UStG)	73	— 74	
Bauleistungen eines im Inland ansässigen Unternehmers (§ 13b Abs. 1 Satz 1 Nr. 4 UStG)	84 2.000	— 85	380 00
Steuer infolge Wechsels der Besteuerungsform sowie Nachsteuer auf versteuerte Anzahlungen u. a. wegen Steuersatzänderung	65		
Umsatzsteuer			380 00
Abziehbare Vorsteuerbeträge Vorsteuerbeträge aus Rechnungen von anderen Unternehmern (§ 15 Abs. 1 Satz 1 Nr. 1 UStG), aus Leistungen im Sinne des § 13a Abs. 1 Nr. 6 UStG (§ 15 Abs. 1 Satz 1 Nr. 5 UStG) und aus innergemeinschaftlichen Dreiecksgeschäften (§ 25b Abs. 5 UStG)	66		
Vorsteuerbeträge aus dem innergemeinschaftlichen Erwerb von Gegenständen (§ 15 Abs. 1 Nr. 3 UStG)	61		
Entrichtete Einfuhrumsatzsteuer (§ 15 Abs. 1 Satz 1 Nr. 2 UStG)	62		
Vorsteuerbeträge aus Leistungen im Sinne des § 13b UStG (§ 15 Abs. 1 Satz 1 Nr. 4 UStG)	67		380 00

Der Nettoumsatz wird in der Umsatzsteuer-Voranmeldung im Feld
84, die Umsatzsteuer im Feld 85 und die Vorsteuer im Feld 67 eingetragen. Dadurch ergibt sich zwar eine Zahllast von 0 Euro, aber auf
diese Weise wird der Vorgang dem Finanzamt mitgeteilt.

Achtung:

Die Vorsteuer ist im gleichen Monat abzugsfähig, in dem auch die Umsatzsteuer abgeführt wird, § 13 b und § 15 (4) UStG.

Bildliche Darstellung

Bilanz			
Vermögen (Aktiva)		Kapital (Passiva)	
Forderungen		**Kapital**	
+ Geleistete Bauleistung	+ 4.000 €	+ Gewinn	+ 2.000 €
Stand nachher	4.000 €	Stand nachher	**2.000 €**
Vorsteuer		**Verbindlichkeiten aus L+L**	
+ RG Bauleistung USt	+ 380 €	+ Erhaltene Bauleistung	+ 2.000 €
+ RG Bauleistung VSt	– 380 €	Stand nachher	**2.000 €**
Stand nachher	0 €		
Bilanzsumme	4.000 €	Bilanzsumme	4.000 €

Gewinn- und Verlust-Rechnung			
Aufwendungen		Erlöse	
Erhaltene Bauleistungen	2.000 €	Geleistete Bauleistungen	4.000 €
Gewinn	2.000 €		
Summe	4.000 €	Summe	4.000 €

6.3.3 Bauabzugsteuer bei Bauleistungen, EStG

Bauabzugsteuer hat mit der Umsatzsteuer nichts zu tun, hier handelt es sich um eine Form der Vorauszahlung für Steuern, die das Bauunternehmen später zu zahlen hat, wie Lohnsteuer, Einkommensteuer bzw. Körperschaftsteuer.

Freistellungsbescheinigung liegt vor

Erbringen Sie Bauleistungen bei anderen Unternehmern oder Vermietern, die mehr als zwei Wohnungen vermieten, sollten Sie beim Finanzamt eine Freistellungsbescheinigung nach § 48 Abs. 1 Satz 1 EStG beantragen. Legen Sie diese Ihrem Auftraggeber vor, ist er nicht verpflichtet Bauabzugsteuer einzubehalten.

Der Auftraggeber sollte die Freistellungsbescheinigung unter www.bzst.de überprüfen und ablegen. Ist sie in Ordnung, muss er keine Bauabzugsteuer einbehalten.

Liegt eine Freistellungsbescheinigung vor, was meistens der Fall ist, können Sie hier aufhören zu lesen.

Freistellungsbescheinigung liegt nicht vor

In diesem Fall muss der Auftraggeber Bauabzugsteuer einbehalten, sowie folgende Freigrenzen pro Jahr überschritten werden.
Sind Sie Unternehmer oder Vermieter?

Freigrenze 15.000 Euro	Freigrenze 5.000 Euro
Vermieter von mehr als zwei Wohnungen, die umsatzsteuerfrei vermieten, § 4 Nr. 12 UStG	Alle anderen Unternehmer Kleinunternehmer Vermieter von mehr als zwei Wohnungen, die zuzüglich Umsatzsteuer vermieten, § 9 UStG

Ist das Auftragsvolumen größer, darf der Leistungsempfänger nicht den gesamten Rechnungsbetrag auszahlen, sondern muss 15 % Bauabzugsteuer vom Rechnungsbetrag inkl. Umsatzsteuer einbehalten. Diese ist am zehnten Tag des Folgemonats an das Finanzamt abzuführen. Dazu gibt es ein Formular „Anmeldung über den Steuerabzug bei Bauleistungen".

Der Auftraggeber erhält den Rechnungsbetrag abzüglich 15 %.

Führt der Auftraggeber selbst keine Bauleistungen aus, ist er in einer ganz anderen Branche tätig oder Vermieter von mehr als zwei Wohnungen entfällt die Steuerschuldumkehr lt. § 13 b UStG. In diesem Fall erhalten Sie die Rechnung zuzüglich Umsatzsteuer und müssen von diesem Bruttobetrag die 15 % Bauabzugsteuer einbehalten.

Nur Auftragnehmer führt Bauleistungen aus

Sind Sie zum Vorsteuerabzug berechtigt, ist die gesamte Vorsteuer der Rechnung abzugsfähig.

Bauabzugsteuer beim Rechnungsaussteller

Sie berechnen Ihrem Kunden die Bauleistung zuzüglich Umatzsteuer, erhalten aber nur den Rechnungsbetrag abzüglich der Bauabzugsteuer

Die Bauabzugsteuer stellt für Sie eine Forderung an das Finanzamt dar, die mit zukünftigen Steuerzahlungen wie Lohnsteuer, Einkommensteuer- bzw. Körperschaftsteuer-Vorauszahlungen verrechnet werden kann.

In diesem Fall buchen Sie „Verbindlichkeiten gegenüber dem Finanzamt aus Steuern an Forderungen an das Finanzamt aus abgeführtem Bauabzugsbetrag".

Spätestens mit der Abgabe der Einkommensteuer- oder Körperschaftsteuererklärung wird die zu viel einbehaltene Bauabzugsteuer ausgezahlt.

Siehe CD-ROM

Beispiel:

Am 15.06. schreiben Sie eine Rechnung an ein Autohaus über die Renovierung eines Bürogebäudes in Höhe von 11.900 Euro inkl. 19 % USt. Ihnen liegt keine Freistellungsbescheinigung vor und die Freigrenzen sind überschritten. Welchen Betrag erhalten Sie vom Autohaus und wie ist zu buchen?

Der Leistungsempfänger muss 1.785 Euro Bauabzugsteuer einbehalten, d. h. 15 % von 11.900 Euro, dem Rechnungsbetrag zuzüglich 19 % Umsatzsteuer. Es wird der Rechnungsbetrag abzüglich der Bauabzugsteuer, also 10.115 Euro überweisen.

Buchungen

Konto SKR 03 Soll	Konto SKR 04 Soll	Konten-bezeichnung	Betrag	an	Konto SKR 03 Haben	Konto SKR 04 Haben	Konten-bezeichnung	USt oder VSt
Zeitpunkt Rechnungsausstellung								
10000	10000	Debitorenkonto	11.900		8400	4400	Umsatzerlöse 19 % USt	USt 19 %
Zeitpunkt Geldeingang Kunde								
1200	1800	Bank	10.115		10000	10000	Debitorenkonto	keine
1543	1456	Forderungen aus abgeführter Bauabzugssteuer	1.785		10000	10000	Debitorenkonto	keine

Bilanz Rechnungsaussteller			
Vermögen (Aktiva)		Kapital (Passiva)	
Forderungen aus L+L		**Kapital**	
+ RG Renovierung	+ 11.900 €	+ Gewinn	+ 10.000 €
– Bauabzugsteuer	– 1.785 €	Stand nachher	**10.000 €**
– Kunde zahlt	– 10.115 €	**Umsatzsteuer**	
Stand nachher	0 €	+ RG Renovierung	+ 1.900 €
Forderungen Finanzamt		Stand nachher	**1.900 €**
+ Bauabzugsteuer	+ 1.785 €		
Stand nachher	**1.785 €**		
Bank			
+ Kunde zahlt	+ 10.115 €		
Stand nachher	**10.115 €**		
Bilanzsumme	11.900 €	Bilanzsumme	11.900 €

Gewinn- und Verlust-Rechnung			
Aufwendungen		Erlöse	
Gewinn	10.000 €	Umsatzerlöse	10.000 €
Summe	10.000 €	Summe	10.000 €

Bauabzugsteuer beim Rechnungsempfänger

Der Rechnungsempfänger erhält eine Rechnung inkl. Umsatzsteuer und muss Bauabzugsteuer einbehalten.

Beispiel:

Das Autohaus erhält die Rechnung am 18.06. über die Renovierung des Bürogebäudes in Höhe von 11.900 Euro inkl. 19 % USt. Wie ist dieser Vorgang beim Rechnungsempfänger zu buchen?

Siehe CD-ROM

Sie zahlen an den Handwerker nur 10.115 Euro, den Rechnungsbetrag abzüglich der Bauabzugsteuer. Zu diesem Zeitpunkt ist die Bauabzugsteuer in Höhe von 1.785 Euro fällig und muss gebucht werden.

Buchungen

Konto SKR 03 Soll	Konto SKR 04 Soll	Konten-bezeichnung	Betrag	an	Konto SKR 03 Haben	Konto SKR 04 Haben	Konten-bezeichnung	USt oder VSt
Zeitpunkt Rechnungseingang								
4260	6335	Instandhal-tung betrieb-liche Räume	11.900		70000	70000	Kreditorenkonto	VSt 19 %
Zeitpunkt Zahlung an Handwerker, Fälligkeit der Bauabzugsteuer								
70000	70000	Kreditoren-konto	10.115		1200	1800	Bank	keine
70000	70000	Kreditoren-konto	1.785		1749	3726	Verbindl. an Fi-nanzamt aus Bau-abzugssteuer	keine

Bilanz Rechnungsempfänger	
Vermögen (Aktiva)	**Kapital (Passiva)**
Vorsteuer	**Kapital**
+ VSt RG Renovierung + 1.900 €	– Verlust – 10.000 €
Stand nachher **1.900 €**	Stand nachher **– 10.000 €**
	Verbindlichkeiten aus L+L
	+ RG Renovierung + 11.900 €
	– Zahlung RG – 10.115 €
	– Bauabzugsteuer – 1.785 €
	Stand nachher **0 €**
	Verbindlichkeiten Finanzamt
	+ Bauabzugsteuer + 1.785 €
	Stand nachher **1.785 €**
	Verbindlichkeiten Bank
	+ Zahlung RG + 10.115 €
	Stand nachher **10.115 €**
Bilanzsumme 1.900 €	Bilanzsumme 1.900 €

Gewinn- und Verlust-Rechnung	
Aufwendungen	Erlöse
Instandhaltung Räume 10.000 €	Verlust 10.000 €
Summe 10.000 €	Summe 10.000 €

Führen beide Unternehmen Bauleistungen aus und hat der Auftragnehmer keine Freistellungsbescheinigung, liegt eine Kombination aus Steuerschuldumkehr nach § 13 b UStG und der Bauabzugsteuer vor. Ein Buchungsbeispiel dazu finden Sie auf der CD-ROM.

Siehe CD-ROM

6.4 Sachbezüge Arbeitnehmer

Eine andere Form von Arbeitslohn sind Sachbezüge. Arbeitnehmer erhalten zum Beispiel freie Verpflegung, einen Firmenwagen, den sie auch privat nutzen dürfen, oder Warengutscheine statt höherem Arbeitslohn. Sachbezüge stellen also nicht für Ihr Unternehmen, sondern ggf. für Ihren Arbeitnehmer eine Einnahme dar.

Achtung:
Zu den Arbeitnehmern gehören auch Gesellschafter-Geschäftsführer einer Kapitalgesellschaft, sie erhalten Gehalt und Sachbezüge.

Ist das Unternehmen zum Vorsteuerabzug berechtigt und sind die Sachbezüge umsatzsteuerpflichtig, müssen Sie die enthaltene Umsatzsteuer an das Finanzamt abführen.

Zuzahlungen von Arbeitnehmern mindern die Bemessungsrundlage für die Lohnsteuer und Sozialversicherung, nicht aber die für die Umsatzsteuer. Die enthaltene Umsatzsteuer ist aus dem Gesamtbetrag abzuführen. **Zuzahlungen**

6.4.1 Sachbezüge umsatzsteuerfrei

Diese Sachbezüge sind umsatzsteuerfrei sowie lohnsteuer- und sozialversicherungsfrei.
Beispiele

* Gewährte Rabatte für Waren bis 1.080 Euro inkl. USt pro Jahr bzw. Warengutscheine, einzulösen in Ihrem Unternehmen. Der Abfluss erfolgt bei der Einlösung des Gutscheins

* Zuwendungen vom Arbeitgeber bezahlt – Freigrenze 44 Euro inkl. USt pro Person und Monat – Bewirtung, Geschenke, Jobticket, Beitrag Fitnessstudio und Warengutscheine einzulösen bei anderen Unternehmen (Benzingutschein). Wichtig: Der Gut-

schein darf keine Betragsangabe enthalten, außerdem müssen Gegenstand und Menge festgelegt sein (20 l Diesel)

* Aufmerksamkeiten für besondere Anlässe bis 40 Euro inkl. USt pro Person
* Betriebsveranstaltung inkl. Geschenken, Anteil 110 Euro inkl. USt pro Person, max. 2 Veranstaltungen pro Jahr. Pauschalversteuerung mit 25 % ist möglich, wenn alle Mitarbeiter einer Abteilung oder Filiale daran teilnehmen können (Eine Veranstaltung nur für die Arbeiter oder nur für die Führungsebene ist nicht damit gemeint. FG Baden-Württemberg vom 23.11.2005)
* seit 2009: betriebliche Gesundheitsförderung (gemäß Leitfaden www.gkv-spitzenverband.de) bis zu 500 Euro pro Person im Jahr

Freie Unterkunft in einer Wohnung (ohne Vorsteuerabzug) ist umsatzsteuerfrei, aber lohnsteuer- und sozialversicherungspflichtig.

6.4.2 Sachbezüge umsatzsteuerpflichtig

Diese Sachbezüge sind nicht nur umsatzsteuerpflichtig, sondern auch lohnsteuer- und sozialversicherungspflichtig.
Beispiele

* Privatnutzung Kfz, freie Verpflegung, freie Unterkunft im Hotel
* Gewährte Rabatte für Waren über 1.080 Euro inkl. USt pro Jahr

Achtung:
Sie sollten an Arbeitnehmer kein Bargeld auszahlen. In diesem Fall geht das Finanzamt erst einmal von einer Lohnzahlung aus, obwohl es sich vielleicht um eine Reisekostenerstattung handelt. Bei Kostenübernahmen von zum Beispiel Hotelrechnungen und Kraftstoff, werden keine Vermutungen angestellt. Sprechen Sie darüber auch mit Ihrem Steuerberater.

6.4.3 Sachbezüge Waren

In diesem Fall ist der Arbeitnehmer Kunde des Unternehmens. Waren, die er nicht bezahlen muss, oder Rabatte, die er erhält und die über 1.080 Euro liegen, werden im Rahmen der Gehaltsabrechnung versteuert.

Beispiel:

Der Rabattfreibetrag wurde überschritten um 238 Euro inkl. 19 % Umsatzsteuer. Wie ist dieser Sachbezug zu buchen?

Siehe CD-ROM

Buchung

Konto SKR 03 Soll	Konto SKR 04 Soll	Konten-bezeichnung	Betrag	an	Konto SKR 03 Haben	Konto SKR 04 Haben	Konten-bezeichnung	USt oder VSt
4120	6020	Gehälter	238		1590	1370	Durchlaufende Posten	keine
1590	1370	Durchlaufende Posten	238		8595	4945	Sachbezug Waren USt 19 %	USt 19 %

Der Arbeitnehmer versteuert den Bruttobetrag und das Unternehmen muss die enthaltene Umsatzsteuer an das Finanzamt abführen.

6.4.4 Sachbezüge Kfz

Zu den Privatfahrten mit dem Firmenwagen gehören die Fahrten am Wochenende, im Urlaub sowie die Fahrten zwischen Wohnung und Arbeitsstätte. Für die Berechnung gibt es zwei Varianten.

- Sachbezug Kfz Arbeitnehmer, pauschale 1-%-Methode
- Sachbezug Kfz Arbeitnehmer, Fahrtenbuchmethode

Die Privatnutzung Kfz ist für jedes Fahrzeug separat zu ermitteln. Ihre Buchführung sollte so aufbereitet sein, dass die notwendigen Zahlen für die Ermittlung der privaten Nutzungsanteile kurzfristig zur Verfügung stehen.

Beide Ermittlungsmethoden erfordern unterschiedliche Zahlen.

Sachbezüge Kfz – 1-%-Methode	
Ermittlung Sachbezug	Brutto-Listen-Neupreis
	Anzahl der Monate
	Entfernungskilometer Wohnung – Arbeitsstätte
Kontrolle – Vergleich	tatsächliche Kosten für dieses Fahrzeug

Sachbezüge Kfz – Fahrtenbuchmethode	
Aufteilung Fahrtenbuch	betriebliche Fahrten
	private Fahrten inkl. Fahrten Wohnung-Arbeitsstätte
Ermittlung Sachbezug	Abschreibung netto
	Kfz-Kosten netto

Tipp:

Fahrtenbücher werden nur noch selten anerkannt. Aus diesem Grund ermitteln viele Unternehmen für ihre Arbeitnehmer die Sachbezüge Kfz nach der 1-%-Methode.

Das Fahrtenbuch sowie eine Aufstellung der Kfz-Kosten kann der Arbeitnehmer im Rahmen seiner Einkommensteuererklärung beim Finanzamt einreichen. Wird das Fahrtenbuch anerkannt, erhält der Arbeitnehmer einen Steuerausgleich.

Das folgende Beispiel zeigt ein Fahrzeug, für das der private Nutzungsanteil einmal nach den Regeln der 1-%-Methode und einmal nach der Fahrtenbuchmethode ermittelt wird.

Siehe CD-ROM

Beispiel:

Es handelt sich um einen Pkw mit einem Brutto-Listen-Neupreis von 42.000 Euro. inkl. Umsatzsteuer. Im laufenden Jahr fallen folgende Kosten an: Kfz-Steuer und Versicherung 1.500 Euro sowie Abschreibung 7.000 Euro, Benzin und Reparaturen 3.000 Euro.

Die einfache Entfernung zwischen Wohnung und Arbeitsstätte beträgt 10 km, 210 Arbeitstage.

Wie hoch ist der Sachbezug Kfz bei beiden Methoden für zwölf Monate?

1-%-Methode Arbeitnehmer

Vorbereitung der Zahlen	
Brutto-Listen-Neupreis	42.000 €
Privatnutzung, Anzahl der Monate	12
einfache Strecke Wohnung–Arbeitsstätte, Entfernungskilometer	10 km
Kfz-Kosten gesamt	11.500 €

Zum Brutto-Listen-Neupreis gehört auch die Sonderausstattung wie Klimaanlage, Radio, Freisprechanlage, Navigationsgerät etc.

Berechnung reine Privatfahrten (Wochenende, Urlaub)	
Brutto-Listen-Neupreis x 1 % x Anzahl der Monate	42.000 x 1 % x 12
= **Sachbezug Kfz inkl. USt 19 %**	**5.040,00 €**
Achtung! Maximal die Höhe der tatsächlichen Kfz-Kosten	
in diesem Betrag sind 804,71 € Umsatzsteuer enthalten	
Sachbezug netto	4.235,29 €

Berechnung Fahrten Wohnung-Arbeitsstätte	
Brutto-Listen-Neupreis x Entfernungskilometer x 0,03 % x Monate	42.000 x 10 x 0,03 % x 12
= **Sachbezug Kfz inkl. USt 19 %**	**1.512,00 €**
in diesem Betrag sind 241,41 € Umsatzsteuer enthalten	
= **Sachbezug netto**	1.270,59 €

Bei dieser Formel wird davon ausgegangen, dass die regelmäßige Arbeitsstätte an mindestens 15 Tagen im Monat bzw. 180 Tagen im Jahr aufgesucht wird. Wer zum Beispiel nur zwei Tage in der Woche ins Büro fährt und dies dem Finanzamt nachweisen kann, könnte theoretisch folgende ggf. günstigere Berechnung durchführen:

0,002 % x Brutto-Listen-Neupreis x Entfernungskilometer x Anzahl der Fahrten

Beispiel:
Brutto-Listen-Neupreis 59.500 Euro, Entfernungskilometer 15 km, 90 Fahrten in 12 Monaten.
Variante 1: 59.500 x 0,03 % x 15 km x 12 Monate = 3.213,00 Euro
Variante 2: 59.500 x 0,002 % x 15 km x 90 Fahrten = 1.606,50 Euro
Achtung: Trotz des Urteils akzeptiert das Finanzamt diese Regelung noch nicht. Sie sollten mit Ihrem Steuerberater sprechen und ggf. Einspruch gegen den Steuerbescheid einlegen.

Summe Sachbezüge	
Sachbezug Kfz inkl. 19 % USt reine Privatfahrten	5.040,00 €
+ Sachbezug Kfz inkl. 19 % USt Fahrten Wohnung-Arbeitsstätte	1.512,00 €
= **Summe Sachbezüge Kfz inkl. 19 % USt**	**6.552,00 €**

Tipp:

Diese Pauschale kann Ihre tatsächlichen Kfz-Kosten übersteigen. In diesem Fall müssen Sie nur die tatsächlichen Kosten als Pauschale ansetzen. Richten Sie Ihre Buchführung so ein, dass Sie die tatsächlichen Kfz-Kosten für dieses Fahrzeug erkennen können.

Liegt die Pauschale über den tatsächlichen Kfz-Kosten, sollte Ihr Mitarbeiter unbedingt ein Fahrtenbuch führen! Der Sachbezug kann nur niedriger werden.

Fahrtenbuchmethode Arbeitnehmer

Siehe CD-ROM

Vorbereitung der Zahlen	
Gesamtkilometer laut Fahrtenbuch = 100 %	50.000 km = 100 %
Kilometeranteil für reine Privatfahrten laut Fahrtenbuch	10.500 km
Kilometeranteil für Fahrten Wohnung-Arbeitsstätte laut Fahrtenbuch	4.000 km
Summe der Privatfahrten und Fahrten Wohnung-Arbeitsstätte laut Fahrtenbuch = x %	14.500 km = 29 %
Kfz-Kosten netto	
Kfz-Steuer und -Versicherung	1.500,00 €
Abschreibung netto	7.000,00 €
Benzin, Reparaturen netto	3.000,00 €
Kfz-Kosten gesamt	11.500,00 €

Tipp:

Für die Berechnung benötigen Sie die tatsächlichen laufenden Kfz-Kosten für dieses Fahrzeug sowie die jährliche Abschreibung. Für die Sachbezugsermittlung für Arbeitnehmer, müssen Sie nicht die tatsächliche Abschreibung zu Grunde legen, sondern können von einer linearen Abschreibung und einer Nutzungsdauer von acht Jahren ausgehen (BFH vom 29.03. 2005).

Berechnung Privatfahrten (Wochenende, Urlaub) + Fahrten Wohnung–Arbeitsstätte	
tatsächliche Kfz-Kosten gesamt netto	11.500,00 €
x Anteil Privatfahrten inkl. Fahrten Wohnung-Arbeitsstätte	29 %
= **Sachbezüge Kfz netto**	**3.335,00 €**
+ Umsatzsteuer 19 %	633,65 €
= **Sachbezüge Kfz USt 19 %**	**3.968,65 €**

Buchung und bildliche Darstellung

Der Sachbezug Kfz wurde für das gleiche Fahrzeug nach beiden Methoden ermittelt.

Siehe CD-ROM

Jede Methode erfordert andere Zahlen und Werte für die Ermittlung, doch gebucht werden sie gleich. Sie unterscheiden sich lediglich in der Höhe.

Bei der 1-%-Methode versteuert der Arbeitnehmer 6.552 Euro und bei der Fahrtenbuchmethode nur 3.968,65 Euro. Die enthaltene Umsatzsteuer muss das Unternehmen abführen.

Buchungen

Konto SKR 03 Soll	Konto SKR 04 Soll	Konten- bezeichnung	Betrag	an	Konto SKR 03 Haben	Konto SKR 04 Haben	Konten- bezeichnung	USt oder VSt
Sachbezüge Kfz bei Ermittlung der 1-%-Methode								
4120	6020	Gehälter	6.552,00		1590	1370	Durchlaufende Posten	keine
1590	1370	Durchlaufende Posten	6.552,00		8611	4947	Sachbezug Kfz USt 19 %	USt 19 %
Sachbezüge Kfz bei Ermittlung der Fahrtenbuchmethode								
4120	6020	Gehälter	3.968,65		1590	1370	Durchlaufende Posten	keine
1590	1370	Durchlaufende Posten	3.968,65		8611	4947	Sachbezug Kfz USt 19 %	USt 19 %

Bilanz			
Vermögen (Aktiva)		Kapital (Passiva)	
		Kapital	
		– Verlust	– 633,65 €
		Stand nachher	**– 633,65 €**
		Umsatzsteuer	
		+ USt Sachbezüge Kfz	+ 633,65 €
		Stand nachher	**633,65 €**
Bilanzsumme	0 €	Bilanzsumme	0 €

Gewinn- und Verlust-Rechnung			
Aufwendungen		Erlöse	
Gehälter	3.968,65 €	Sachbezüge Kfz	3.335,00 €
		Verlust	633,65 €
Summe	3.968,65 €	Summe	3.968,65 €

Fahrten zwischen Wohnung und Arbeitsstätte

Diese zählen zu den Privatfahrten. Der Arbeitnehmer kann 0,30 Euro pro Entfernungskilometer (einfache Strecke) in seiner privaten Steuererklärung absetzen. Unbegrenzt bei Fahrten mit dem eigenen Kraftwagen bzw. dem Firmenwagen und begrenzt auf 4.500 Euro bei allen anderen Verkehrsmitteln. Liegen die tatsächlichen Kosten für öffentliche Verkehrsmittel über den 4.500 Euro, können diese angesetzt werden. Flugkosten können ebenfalls in voller Höhe angesetzt werden. Grundsätzlich wird die kürzeste Strecke, ggf. auch die verkehrsgünstigste (in der Regel schnellere) Strecke zwischen Wohnung und Arbeitsstätte zu Grunde gelegt. Mit der Entfernungspauschale abgegolten sind Parkgebühren, Maut, Tunnelgebühren und Fahrzeugdiebstahl. Zusätzlich angesetzt werden können Fährkosten und Unfallkosten. Mehr dazu im BMF Schreiben vom 31.08.09 auf der CD-ROM.

Im Rahmen dieser Grenzen können Sie Ihren Arbeitnehmern die Entfernungspauschale zwischen Wohnung und Arbeitsstätte erstatten und mit 15 % pauschal versteuern. Höhere Erstattungen sind wie das Gehalt lohnsteuer- und sozialversicherungspflichtig.

Siehe CD-ROM

Erstattung an Arbeitnehmer

6.5 Privatnutzung durch Unternehmer (Personenfirma)

Entnimmt ein Unternehmer oder ein Familienmitglied Waren aus dem Sortiment des Unternehmens oder nutzt er sonstige Leistungen des Unternehmens wie Kfz und Telefon für private Zwecke, handelt es sich um unentgeltliche Wertabgaben. Diese werden als Betriebseinnahmen erfasst und sind umsatzsteuerpflichtig, soweit Ihr Unternehmen zum Vorsteuerabzug berechtigt ist.

Siehe Kapitel 6.4.

Wichtig! Dazu gehören nicht Gesellschafter-Geschäftsführer einer Kapitalgesellschaft, diese sind vor dem Gesetz Arbeitnehmer .

6.5.1 Warenentnahmen für private Zwecke des Unternehmers

Warenentnahmen für private Zwecke sind grundsätzlich aufzuzeichnen und als Betriebseinnahme zu erfassen.

Für bestimmte Branchen wie die Gastronomie, den Lebensmittel- und Getränkehandel gibt es Richtsätze bzw. Pauschalen für die private Warenentnahme, das erspart aufwändige Aufzeichnungen. Die Pauschalen laut Richtsatzsammlung 2009 finden Sie auf der beiliegenden CD-ROM. Im Sommer werden die neuen Zahlen veröffentlicht unter www.bundesfinanzministerium.de.

Siehe CD-ROMI

Beispiel:

Der Richtsatz für einen Unternehmer in einem Getränkehandel beträgt 364 Euro zuzüglich 19 % Umsatzsteuer. Wie ist zu buchen?

Siehe CD-ROM

Buchung

Konto SKR 03 Soll	Konto SKR 04 Soll	Kontenbezeichnung	Betrag	an	Konto SKR 03 Haben	Konto SKR 04 Haben	Kontenbezeichnung	USt oder VSt
1880	2130	Unentgeltliche Wertabgabe	433,16		8910	4620	Private Warenentnahme 19 % USt	USt 19 %

Unentgeltliche Wertabgaben sind umsatzsteuerpflichtig, die enthaltene Umsatzsteuer muss an das Finanzamt abgeführt werden.

Bilanz		
Vermögen (Aktiva)	Kapital (Passiva)	
	Kapital	
	– Unentgeltl. Wertabgabe	– 433,16 €
	+ Gewinn	+ 364,00 €
	Stand nachher	**– 69,16 €**
	Umsatzsteuer	
	+ USt Warenentnahme	69,16 €
	Stand nachher	**69,16 €**
Bilanzsumme 0 €	Bilanzsumme	0 €

Gewinn- und Verlust-Rechnung			
Aufwendungen		Erlöse	
Gewinn	364 €	Private Warenentnahme	364 €
Summe	364 €	Summe	364 €

6.5.2 Privatnutzung Kfz durch Unternehmer

Für jeden Pkw, der sich im Betriebsvermögen befindet, muss am Jahresende der private Nutzungsanteil ermittelt und gebucht werden. Hierfür gibt es drei Varianten, wobei die beiden letzten Methoden von der Berechnung und der Buchung gleich zu behandeln sind:

- Pauschale 1-%-Methode, wenn das Fahrzeug über 50 % betrieblich genutzt wird

- Ermittlung tatsächliche Privatnutzung laut sonstigen Aufzeichnungen, wenn das Fahrzeug unter 50 % betrieblich genutzt wird und kein Fahrtenbuch geführt wurde.

- Ermittlung tatsächliche Privatnutzung laut Fahrtenbuch

Die Privatnutzung Kfz wird für jedes Fahrzeug separat ermittelt. Ihre Buchführung sollte so aufbereitet sein, dass die notwendigen Zahlen für die Ermittlung der privaten Nutzungsanteile kurzfristig zur Verfügung stehen.

Beide Ermittlungsmethoden erfordern unterschiedliche Zahlen.

Privatnutzung Kfz – pauschale 1-%-Methode	
Ermittlung Privatanteil	Brutto-Listen-Neupreis
	Anzahl der Monate
	Entfernungskilometer Wohnung-Arbeitsstätte
	Anzahl der Arbeitstage
Kontrolle – Vergleich	tatsächliche Kfz-Kosten für dieses Fahrzeug

Privatnutzung Kfz – nach Fahrtenbuch oder sonstigen Aufzeichnungen	
Aufteilung Fahrtenbuch	betriebliche Fahrten
	private Fahrten
	Entfernungskilometer Fahrten Wohnung-Arbeitsstätte
	Anzahl der Arbeitstage
Ermittlung Privatanteil	Kfz-Kosten ohne Vorsteuerabzug
	Kfz-Kosten mit Vorsteuerabzug

Achtung:
Die ersten 20 Kilometer der Wegstrecke zwischen Wohnung und Arbeitsstätte sind und bleiben wieder abzugsfähig. Die Kürzung seit 2007 war verfassungswidrig und das geltende Recht aus 2006 wird zunächst zeitlich unbegrenzt fortgeführt. Wer beim Jahresabschluss 2007 die ersten 20 Kilometer bereits angegeben hat, wird sein Geld automatisch zurück erhalten. Wer keine Angaben gemacht hat, muss diese nachmelden. Sprechen Sie mit dem Finanzamt oder Ihrem Steuerberater, wie Sie Ihr Geld schnellstmöglich zurück erhalten. Mehr dazu finden Sie auf der CD-ROM.

Siehe CD-ROM

Das folgende Beispiel zeigt ein Fahrzeug, für das der private Nutzungsanteil einmal nach den Regeln der 1-%-Methode und einmal nach der Fahrtenbuchmethode ermittelt wird. Das Fahrzeug wird über 50 % betrieblich genutzt.

Beispiel:
Es handelt sich um einen Pkw mit einem Brutto-Listen-Neupreis von 42.000 Euro. Im laufenden Jahr fallen folgende Kosten an: Kfz-Steuer und Versicherung 1.500 Euro sowie Abschreibung 7.000 Euro, Benzin und Reparaturen 3.000 Euro. Die einfache Entfernung zwischen Wohnung und Arbeitsstätte beträgt 10 km, 210 Arbeitstage. Wie hoch ist die unentgeltliche Wertabgabe Kfz bei beiden Methoden für zwölf Monate?

Siehe CD-ROM

1-%-Methode Unternehmer

Diese Methode kann nur noch für Fahrzeuge angewandt werden, die zu mehr als 50 % betrieblich genutzt werden („notwendiges Betriebsvermögen"). Bei Unternehmer/innen, die aufgrund ihrer Tätigkeit das Fahrzeug oft nutzen (Fuhrunternehmen, Baubranche, Außendienst etc.), geht das Finanzamt von einer betrieblichen Nutzung von über 50 % aus. Das Gleiche gilt für Fahrzeuge, die an Arbeitnehmer überlassen werden.

Unternehmer/innen, die überwiegend im Büro bzw. in der Praxis tätig sind (Steuerberater, Ärzte etc.), müssen die Höhe der betrieblichen Nutzung nachweisen. Mehr dazu in diesem Kapitel im Abschnitt „Ermittlung tatsächliche Privatnutzung laut sonstigen Aufzeichnungen".

Vorbereitung der Zahlen	
Brutto-Listen-Neupreis	42.000 €
Privatnutzung, Anzahl der Monate	12
einfache Strecke Wohnung – Arbeitsstätte, Entfernungskilometer	10 km
Arbeitstage im Jahr	210 Tage
Kfz-Kosten gesamt	11.500 €

Zum Brutto-Listen-Neupreis gehört auch die Sonderausstattung wie Klimaanlage, Radio, Freisprechanlage, Navigationsgerät etc.

Berechnung reine Privatfahrten (Wochenende, Urlaub)	
Brutto-Listen-Neupreis x 1 % x Anzahl der Monate	42.000 x 1 % x 12
= unentgeltliche Wertabgabe netto (Privatnutzung Kfz) **Achtung! Maximal die Höhe der tatsächlichen Kfz-Kosten**	5.040,00 €
x 20 % des Nettobetrags	1.008,00 €
= **Privatnutzung Kfz ohne USt**	**1.008,00 €**
x 80 % des Nettobetrags	4.032,00 €
+ 19 % Umsatzsteuer	766,08 €
= **Privatnutzung Kfz USt 19 %**	**4.798,08 €**

Der private Nutzungsteil ist nur teilweise umsatzsteuerpflichtig, da nicht in allen Kfz-Kosten Vorsteuer enthalten ist. Der ermittelte Wert nach der 1-%-Methode ist zu 20 % umsatzsteuerfrei und zu 80 % umsatzsteuerpflichtig.

Berechnung Privatanteil Fahrten Wohnung-Arbeitsstätte	
Brutto-Listen-Neupreis x Entfernungskilometer x 0,03 % x Monate	42.000 x 10 x 0,03 % x 12 = 1.512,00 €
= **Fahrten Wohnung-Arbeitsstätte nicht abziehbarer Anteil**	1.512,00 €

Übersteigt diese Pauschale Ihre tatsächlichen Kfz-Kosten, liegt eine Kostendeckelung vor. In diesem Fall sind die tatsächlichen Kosten als Pauschale anzusetzen und die abzuführende Umsatzsteuer ist geringer. Mehr dazu in nächsten Abschnitt „Kostendeckelung bei der 1-%-Methode". Richten Sie Ihre Buchführung so ein, dass Sie die tatsächlichen Kfz-Kosten für dieses Fahrzeug erkennen können. Die Entfernungspauschale von 0,30 Euro ist von der Kostendeckelung nicht betroffen. Die Entfernungspauschale kann in jedem Fall als Betriebsausgabe erfasst werden (OFD Koblenz vom 03.07.2006).

Fahrten Wohnung – Arbeitsstätte

Berechnung Fahrten Wohnung-Arbeitsstätte	
– 0,30 € x Entfernungskilometer x Arbeitstage	0,30 x 10 x 210 = 630,00 €
= **Fahrten Wohnung-Arbeitsstätte abziehbarer Anteil**	630,00 €

Behandlung der Umsatzsteuer bei Kostendeckelung durch die 1-%-Methode

Für die Privatnutzung Kfz müssen Unternehmer/innen von Personenfirmen Umsatzsteuer abführen. In der Regel wird diese wie im vorherigen Beispiel berechnet. Das BMF-Schreiben vom 27.08.2004 erlaubt im Falle der Kostendeckelung bei der 1-%-Methode eine sachgerechte Schätzung der Umsatzsteuer. Liegen keine Schätzwerte vor, wird von 50 % Privatnutzung ausgegangen. In diesem Fall wird die Umsatzsteuer wie folgt berechnet:

Siehe CD-ROM

Beispiel

Im vorherigen Beispiel beträgt der Brutto-Listen-Neupreis 42.000 Euro und nach den Berechnungen beträgt die Privatnutzung netto 6.552 Euro (5.040 + 1.512). Weiterhin sind 80 % von 5.040 Euro umsatzsteuerpflichtig, es müssen also 776,08 Euro USt abgeführt werden.

Angenommen, die Kfz-Kosten hätten nur 6.500 Euro betragen, und zwar 2.000 Euro ohne Vorsteuerabzug und 4.500 Euro mit Vorsteuerabzug. Dann würde in der Gewinnermittlung nur der private Nut-

199

zungsanteil von 6.500 Euro angesetzt, nämlich maximal in Höhe der Kfz-Kosten. Wie hoch ist in diesem Fall die Umsatzsteuer, die abgeführt werden muss?

Berechnung der Umsatzsteuer bei Kostendeckelung	
Kfz-Kosten mit Vorsteuerabzug	4.500,00 €
: 50 % Privatnutzung oder weniger	
= Bemessungsgrundlage für die Umsatzsteuer	2.250,00 €
+ 19 % Umsatzsteuer	427,50 €
= **Privatnutzung Kfz 19 % USt**	2.677,50 €

Nach dieser Berechnung muss also weniger Umsatzsteuer abgeführt werden, denken Sie daran. Vielleicht liegen Ihnen auch Aufzeichnungen vor, die eine niedrigere Privatnutzung nachweisen, dann müsste noch weniger Umsatzsteuer abgeführt werden.

Ermittlung tatsächliche Privatnutzung laut sonstigen Aufzeichnungen

Wird das Fahrzeug unter 50 % betrieblich genutzt und haben Sie kein Fahrtenbuch geführt, müssen Sie anhand von Terminkalendern, Reisekostenabrechnungen oder Ähnlichem den Anteil der betrieblichen Nutzung nachweisen. Das betrifft vor allem Unternehmer/innen, die überwiegend im Büro bzw. in der Praxis tätig sind (Steuerberater, Ärzte etc.).

Der Nachweis der betrieblichen Nutzung wurde in den BMF-Schreiben vom 07.07.2006 und 18.11.2009 klargestellt.

Siehe CD-ROM

> **Achtung:**
> Die Fahrten zwischen Wohnung und Arbeitsstätte zählen in dieser Berechnung zu den betrieblichen Fahrten. Außerdem ist die Gesamtkilometerleistung des Jahres die Grundlage für diese Aufzeichnungen, daher müssen Sie unbedingt den Kilometerstand vom 01.01. und vom 31.12. notieren. Fragen Sie Ihren Steuerberater, welche Aufzeichnungen in Ihrem Fall erforderlich sind. Ist der Nachweis nicht ausreichend, behält sich das Finanzamt eine Schätzung vor.

Haben Sie den privaten Nutzungsanteil ermittelt, erfolgt die Berechnung wie bei der Fahrtenbuchmethode.

Beispiel:

Sie können dem Finanzamt laut Fahrtenbuch oder sonstigen Aufzeichnungen lediglich eine betriebliche Nutzung von 30 % nachweisen. In diesem Fall werden die gesamten Kfz-Kosten als Betriebsausgabe erfasst und der private Nutzungsanteil, der als Betriebseinnahme erfasst wird, beträgt 70 % der Kfz-Kosten.

Fahrtenbuchmethode, Unternehmer

Ein Fahrtenbuch lohnt sich vor allem, wenn das Fahrzeug abgeschrieben ist oder wenn es sich um einen Gebrauchtwagen handelt, Sie insgesamt wenige Kilometer im Jahr fahren oder der Anteil der Privatfahrten sehr gering ist.

Vorbereitung der Zahlen	
Gesamtkilometer laut Fahrtenbuch = 100 %	50.000 km = 100 %
Kilometeranteil für reine Privatfahrten laut Fahrtenbuch = x %	10.500 km = 21 %
Kilometeranteil für Fahrten Wohnung-Arbeitsstätte laut Fahrtenbuch	4.000 km
einfache Strecke Wohnung-Arbeitsstätte, Entfernungskilometer	10 km
Arbeitstage im Jahr	210 Tage
Kfz-Kosten ohne Vorsteuerabzug Kfz-Steuer und Versicherung	1.500,00 €
Kfz-Kosten mit Vorsteuerabzug Abschreibung netto	7.000,00 €
Benzin, Reparaturen netto	3.000,00 €
Kfz-Kosten gesamt	11.500,00 €

Siehe CD-ROM

Nur ein ordnungsgemäß geführtes Fahrtenbuch wird anerkannt, folgende Angaben sollte es mindestens enthalten.

- Kilometerstand zu Beginn und zum Ende jeder Fahrt
- Datum
- Reiseroute, Reiseziel
- Reisezweck bzw. Name der besuchten Person oder Firma
- bei Privatfahrten genügt die Bezeichnung „privat"
- Fahrten Wohnung-Arbeitsstätte müssen gekennzeichnet werden

Das Fahrtenbuch muss zeitnah, fortlaufend und in geschlossener Form geführt werden. Wichtig! Eine Loseblattsammlung wird nicht anerkannt und elektronisch geführte Fahrtenbücher werden nur akzeptiert, wenn das Programm Änderungen nicht zulässt bzw. alle nachträglichen Änderungen zeigt.

> **Tipp:**
>
> Das Finanzamt behält sich vor, die Angaben des Fahrtenbuchs mit mathematischen Prüfprogrammen zu durchleuchten, verzichten Sie daher auf gerundete Zahlen.

Berechnung reine Privatfahrten (Wochenende, Urlaub)	
tatsächliche Kfz-Kosten ohne Vorsteuerabzug	1.500,00 €
x Anteil Privatfahrten	21 %
= **unentgeltliche Wertabgabe (Privatnutzung Kfz) ohne USt**	**315,00 €**
tatsächliche Kfz-Kosten mit Vorsteuerabzug	10.000,00 €
x Anteil Privatfahrten	21 %
= unentgeltliche Wertabgabe (Privatnutzung Kfz) netto	2.100,00 €
+ Umsatzsteuer 19 %	399,00 €
= **unentgeltliche Wertabgaben (Privatnutzung Kfz) USt 19 %**	**2.499,00 €**

Der private Nutzungsteil ist teilweise umsatzsteuerpflichtig. Die anteiligen Kfz-Kosten ohne Vorsteuerabzug sind umsatzsteuerfrei und die anteiligen Kfz-Kosten mit Vorsteuerabzug sind steuerpflichtig.

Berechnung Privatanteil Fahrten Wohnung–Arbeitsstätte	
Kfz-Kosten gesamt	11.500,00 €
Gesamtkilometer	50.000 km
= tatsächliche Kfz-Kosten pro km	0,23 €
Kilometer Wohnung-Arbeitsstätte x tatsächliche Kfz-Kosten pro km	4.000 km x 0,23 € = 920,00 €
= **Fahrten Wohnung-Arbeitsstätte nicht abziehbarer Anteil**	**920,00 €**

Berechnung Betriebsausgaben Fahrten Wohnung–Arbeitsstätte	
– 0,30 € x Entfernungskilometer Wohnung –Arbeitsstätte x Arbeitstage	0,30 € x 10 km x 210 = 630,00 €
= **Fahrten Wohnung-Arbeitsstätte abziehbarer Anteil**	**630,00 €**

> **Tipp:**
>
> Für die Berechnung benötigen Sie neben dem vorschriftsmäßig ausgefüllten Fahrtenbuch die tatsächlichen Kfz-Kosten für dieses Fahrzeug, und diese getrennt nach Kosten mit und ohne Vorsteuerabzug.
>
> Gibt es im Unternehmen mehr als ein Fahrzeug, kann es schwierig werden, diese Zahlen zu ermitteln. Denken Sie daran beim Buchen der Kfz-Kosten. Richten Sie die entsprechenden Konten ein, erspart das viel Rechnerei am Jahresende.

Buchung und bildliche Darstellung

Der private Nutzungsanteil Kfz wurde für das gleiche Fahrzeug nach beiden Methoden ermittelt.

Jede Methode erfordert andere Zahlen und Werte für die Ermittlung, doch gebucht werden sie gleich. Sie unterscheiden sich lediglich in der Höhe.

Siehe CD-ROM

Buchungen

Konto SKR 03 Soll	Konto SKR 04 Soll	Konten-bezeichnung	Betrag	an	Konto SKR 03 Haben	Konto SKR 04 Haben	Konten-bezeichnung	USt oder VSt
Ermittlung nach der 1-%-Methode								
1880	2130	Unentgeltliche Wertabgabe	1.008,00		8924	4639	Privatnutzung Kfz ohne Umsatzsteuer	keine
1880	2130	Unentgeltliche Wertabgabe	4.798,08		8921	4645	Privatnutzung Kfz USt 19 %	USt 19 %
1800	2100	Privatent-nahmen	1.512,00		4680	6690	Fahrten Whg. Arbeit. nicht abziehbarer Anteil	keine
4678	6688	Fahrten Whg. Arbeit abzieh-barer Anteil	630,00		1800	2100	Privatentnah-men	keine
Ermittlung nach der Fahrtenbuchmethode								
1880	2130	Unentgeltliche Wertabgabe	315,00		8924	4639	Privatnutzung Kfz ohne Umsatzsteuer	keine
1880	2130	Unentgeltliche Wertabgabe	2.499,00		8921	4645	Privatnutzung Kfz USt 19 %	USt 19 %
1800	2100	Privatent-nahmen	920,00		4680	6690	Fahrten Whg. Arbeit nicht abziehbarer Anteil	keine

Konto SKR 03 Soll	Konto SKR 04 Soll	Konten-bezeichnung	Betrag	an	Konto SKR 03 Haben	Konto SKR 04 Haben	Konten-bezeichnung	USt oder VSt
4678	6688	Fahrten Whg. Arbeit abzieh-barer Anteil	630,00		1800	2100	Privatentnah-men	keine

In der bildlichen Darstellung sind die tatsächlichen Kfz-Kosten bereits gebucht, und es werden die ermittelten Werte nach der 1-%-Methode gezeigt.

Die tatsächlichen Kfz-Kosten setzen sich wie folgt zusammen:

Kfz-Kosten ohne Vorsteuerabzug	1.500 €
Kfz-Kosten mit Vorsteuerabzug netto	10.000 €
abziehbare Vorsteuer	900 €
Summe	12.400 €

Es wird von einem Kassenstand von 15.000 Euro ausgegangen.

Bilanz			
Vermögen (Aktiva)		Kapital (Passiva)	
Kasse		**Kapital**	
Stand vorher	15.000,00 €	Stand vorher	15.000,00 €
– Kfz-Kosten	– 12.400,00 €	– Unentg. Wertabgabe	– 1.008,00 €
Stand nachher	**2.600,00 €**	– Unentg. Wertabgabe	– 4.798,08 €
Vorsteuer		– Privatentnahmen	– 1.512,00 €
+ VSt Kfz-Kosten	+ 900,00 €	– Privatentnahmen	+ 630,00 €
– USt Privatnutzung	– 766,08 €	– Verlust	– 5.578,00 €
Stand nachher	**133,92 €**	Stand nachher	**2.733,92 €**
Bilanzsumme	2.733,92 €	Bilanzsumme	2.733,92 €

Gewinn- und Verlust-Rechnung			
Aufwendungen		Erlöse	
Kfz-Kosten	11.500,00 €	Privatnutzung Kfz	1.008,00 €
– Fahrten Whg. Arbeit abziehbarer Anteil	630,00 €	Privatnutzung Kfz	4.032,00 €
		Fahrten Whg. Arbeit nicht abziehbarer Anteil	1.512,00 €
		Verlust	5.578,00 €
Summe	12.130,00 €	Summe	12.130,00 €

Dieses Beispiel zeigt, dass durch die Privatnutzung Kfz nicht nur indirekt Ihre Kfz-Kosten gemindert werden, sondern auch der Vorsteuerabzug.
Bei der Ermittlung nach der 1-%-Methode ergeben sich folgende Werte.

Kosten	12.130,00 €	1-%-Methode
• tatsächliche Kfz-Kosten netto 11.500 €		
• Fahrten Whg. – Arbeit abziehbar 630 €		
– Privatnutzung Kfz netto	– 6.552,00 €	
• unentgeltliche Wertabgabe 5.040 €		
• Fahrten Whg. – Arbeit nicht abziehbar 1.512 €		
= indirekt verbleibende, abzugsfähige Kfz-Kosten	**5.578,00 €**	
abziehbare Vorsteuer aus Kfz-Kosten	900,00 €	
– abzuführende Umsatzsteuer Privatnutzung	– 766,08 €	
= indirekt verbleibender Vorsteuerabzug	**133,92 €**	

Bei der Ermittlung nach Fahrtenbuchmethode ergeben sich diese Werte.

Kosten	12.130,00 €	Fahrtenbuchmethode
• tatsächliche Kfz-Kosten netto 11.500 €		
• Fahrten Whg. Arbeit abziehbar 630 €		
– Privatnutzung Kfz netto	– 3.335,00 €	
• unentgeltliche Wertabgabe 2.415 €		
• Fahrten Whg. Arbeit nicht abziehbar 920 €		
= indirekt verbleibende, abzugsfähige Kfz-Kosten	**8.795,00 €**	
abziehbare Vorsteuer aus Kfz-Kosten	900,00 €	
– abzuführende Umsatzsteuer Privatnutzung	– 399,00 €	
= indirekt verbleibender Vorsteuerabzug	**501,00 €**	

6.5.3 Privatnutzung Telefon

Hier gibt es drei Varianten für die Ermittlung des privaten Nutzungsanteils:
• tatsächliche Privatgespräche lt. Einzelgesprächsnachweis

205

- pauschal 30 % der gesamten Telefonkosten
- pauschal 360 Euro

Siehe CD-ROM

Beispiel:

Die gesamten Telefonkosten betragen 1.000 Euro. Den Einzelgesprächsnachweis möchten Sie nicht auswerten, wählen Sie daher die günstigste Pauschale. Wie ist zu buchen?

In diesem Fall ist die Variante 30 % der Telefonkosten die günstigere, hier beträgt der private Nutzungsanteil 300 Euro netto.

Buchung

Konto SKR 03 Soll	Konto SKR 04 Soll	Konten-bezeichnung	Betrag	an	Konto SKR 03 Haben	Konto SKR 04 Haben	Konten-bezeichnung	USt oder VSt
1880	2130	Unentgeltliche Wertabgabe	357		8922	4646	Privatnutzung Telefon USt 19 %	USt 19 %

Umsatzsteuer

Ist das Unternehmen zu Vorsteuerabzug berechtigt, ist die Privatnutzung Telefon umsatzsteuerpflichtig.

Bilanz			
Vermögen (Aktiva)		Kapital (Passiva)	
		Kapital	
		– Unentg. Wertabgabe	– 357 €
		+ Gewinn	+ 300 €
		Stand nachher	**– 57 €**
		Umsatzsteuer	
		+ USt Privatnutzung	+ 57 €
		Stand nachher	**57 €**
Bilanzsumme	0 €	Bilanzsumme	0 €

Gewinn- und Verlust-Rechnung			
Aufwendungen		Erlöse	
Gewinn	300 €	Privatnutzung Telefon	300 €
Summe	300 €	Summe	300 €

7 Gewinn- und Verlust-Rechnung Betriebsausgaben

7.1 Überblick Betriebsausgaben

In der Gewinn- und Verlust-Rechnung werden alle Aufwendungen erfasst, die wirtschaftlich in das Abschlussjahr gehören. Es zählt ausschließlich der Rechnungsinhalt, weder das Rechnungsdatum noch die Zahlung beeinflussen das Ergebnis.

Dazu gehören alle Ausgaben, die angefallen sind, um die Erlöse zu erzielen, soweit diese nach allgemeiner Verkehrsauffassung angemessen sind.

- Wareneinsatz
- Personalkosten
- Raumkosten
- Sonstige betriebliche Aufwendungen
- Abschreibungen, wenn die Rechnung vorliegt und das Anlagegut dem Unternehmen zur Verfügung steht bzw. betriebsbereit ist

Beispiel:

Die Gehälter für den Dezember wurden ermittelt. Insgesamt werden 10.900 Euro an die verschiedenen Mitarbeiter ausgezahlt, Lohnsteuer ist am 10.01. fällig in Höhe von 3.200 Euro und an die verschiedenen Krankenkassen sind 2.700 Euro zu überweisen. Wie ist am 31.12. zu buchen?

Buchungen

Konto SKR 03 Soll	Konto SKR 04 Soll	Konten-bezeichnung	Betrag	an	Konto SKR 03 Haben	Konto SKR 04 Haben	Konten-bezeichnung	USt oder VSt
4120	6020	Gehälter	10.900		1740	3720	Verbindlich-keiten aus Lohn und Gehalt	keine
4120	6020	Gehälter	3.200		1741	3730	Verbindlichkei-ten aus Lohn- und Kirchen-steuer	keine

Konto SKR 03 Soll	Konto SKR 04 Soll	Konten-bezeichnung	Betrag	an	Konto SKR 03 Haben	Konto SKR 04 Haben	Konten-bezeichnung	USt oder VSt
4120	6020	Gehälter	2.700		1742	3740	Verbindlichkei-ten im Rahmen der sozialen Sicherheit	keine

Vorsteuerabzug

Ist Ihr Unternehmen zum Vorsteuerabzug berechtigt, müssen Sie darauf achten, dass Ihnen eine einwandfreie Rechnung vorliegt und die Leistung erbracht oder die Lieferung erfolgt ist. Außerdem ist die Vorsteuer nur in dem Jahr abzugsfähig, in dem die Rechnung vorliegt. Buchen Sie die Vorsteuer ggf. auf das Konto „Vorsteuer im Folgejahr abzugsfähig", statt auf das Konto „Abziehbare Vorsteuer", bzw. verwenden Sie die entsprechenden Steuerschlüssel, wie in Kapitel 2.5.2 „Diese Zahlen werden in die Formulare eingetragen" beschrieben.

7.1.1 Hinweis zur Bilanz nach Steuer- und Handelsrecht

Siehe Kapitel 1.2.4

Nicht abzugsfähige oder beschränkt abzugsfähige Betriebsausgaben kennt das Handelsrecht nicht, dagegen erkennt das Steuerrecht nicht alle betrieblich veranlassten Aufwendungen an. Aus diesem Grund werden diese Aufwendungen zwar gesondert erfasst, mindern das Ergebnis der Bilanz aber nicht. Erst außerhalb der Bilanz werden diese „nicht abzugsfähigen Betriebsausgaben" dem zu versteuernden Gewinn zugerechnet, wie im Kapitel 7.4 „Bewirtungskosten" beschrieben.

7.2 Beschränkt abzugsfähige Betriebsausgaben

Bestimmte Betriebsausgaben werden nicht in voller Höhe anerkannt. Dazu gehören

- Bewirtungskosten
- Geschenke
- Reisekosten
- Zinsaufwendungen bei Personenfirmen

7.3 Nicht abzugsfähige Betriebsausgaben

Geschenke über 35 Euro, Bewirtungskosten 30 % und nicht abzugsfähige Schuldzinsen sind Beispiele für nicht abzugsfähige Betriebsausgaben.

7.3.1 Weitere nicht abzugsfähige Betriebsausgaben

- Geldbußen (wenige Ausnahmen)
- Gewerbesteuer für Gewinne seit 2008
- Zinsen und Säumniszuschläge auf Körperschaftsteuer
- 50 % der Aufwendungen für Erträge, die dem Halbeinkünfteverfahren unterliegen, bzw. 40 % der Aufwendungen für Erträge,
  die dem Teileinkünfteverfahren unterliegen

7.4 Bewirtungskosten

Für jeden Bewirtungsbeleg ist zu klären, ob ein betrieblicher Anlass
oder ein geschäftlicher Anlass vorliegt.

Betrieblicher Anlass

Bewirtungskosten 100 %, Vorsteuerabzug 100 %
Verköstigen Sie Ihre Kunden bei Veranstaltungen oder Seminaren
und steht die Veranstaltung bzw. der Auftrag im Vordergrund,
nicht die Bewirtung, handelt es sich um betriebliche Anlässe. Das
Gleiche gilt für Bewirtung von Arbeitnehmern (Arbeitsessen, Veranstaltungen).

Tipp:

Bei kleinen Aufmerksamkeiten wie Getränke, Kaffee, Kekse, die im Büro
zu Besprechungen angeboten werden, handelt es sich nicht um Bewirtungskosten, diese sind zu 100 % als Betriebsausgabe abzugsfähig. Das
gilt auch für die Bewirtung im Rahmen eines Auftrags, R4.10 EStR.

Geschäftlicher Anlass

Bewirtungs-
kosten 70 %
Vorsteuerabzug
100 %

Bei Bewirtung von Geschäftspartnern, die der Geschäftsanbahnung, Geschäftserhaltung und der Öffentlichkeitsarbeit dienen, handelt es sich um geschäftliche Anlässe. Die Bewirtung kann in Ihrem Büro oder in einem Restaurant stattfinden, vorausgesetzt, die Kosten der Bewirtung sind nach allgemeiner Verkehrsauffassung angemessen.

> **Tipp:**
> Bewirtungskosten, die zu 100 % anerkannt werden, sollten Sie auf einem gesonderten Konto erfassen. Das ist übersichtlicher, verhindert eine versehentliche Kürzung und erleichtert die Umbuchung am Jahresende.

Bewirtung
Arbeitnehmer

Bei Bewirtung von Arbeitnehmern aus persönlichen Gründen, wie Geburtstag oder Anerkennung des Erfolgs, ist diese Zuwendung für den Arbeitnehmer steuer- und beitragsfrei, wenn 44 Euro inkl. USt. pro Person und Monat nicht überschritten werden. Gegebenenfalls können Sachbezüge für Verpflegung (Mittagessen 2,80 Euro) zusammen mit dem Gehalt versteuert werden.

7.4.1 Buchung und bildliche Darstellung

Siehe CD-ROM

Beispiel:
Bisher haben Sie alle Bewirtungsbelege in voller Höhe 1.190 Euro inkl. 19 % USt auf das Konto Bewirtungskosten gebucht und den vollen Vorsteuerabzug vorgenommen. Es handelt sich ausschließlich um Bewirtungen aus geschäftlichem Anlass. Buchen Sie bitte die 30 % „nicht abzugsfähige Bewirtungskosten" um. Wie können Sie den neuen Bewirtungsbeleg über 59,50 Euro inkl. 19 % Umsatzsteuer, der nur zu 70 % anerkannt wird, alternativ buchen? Er wurde aus der Kasse bezahlt. Wie sollten Sie die Bewirtungskosten behandeln, die zu 100 % anerkannt werden?

Buchungen

Konto SKR 03 Soll	Konto SKR 04 Soll	Konten- bezeichnung	Betrag	an	Konto SKR 03 Haben	Konto SKR 04 Haben	Konten- bezeichnung	USt oder VSt
Umbuchung der nicht abzugsfähigen Bewirtungskosten								
4654	6644	Nicht abzugsfä- hige Bewirtungs- kosten 30 %	300,00		4650	6640	Bewirtungs- kosten	keine
Buchung des neuen Bewirtungsbelegs								
4650	6640	Bewirtungs- kosten 70 %	41,65		1000	1600	Kasse	VSt 19 %
4654	6644	Nicht abzugs- fähige Bewir- tungskosten 30 %	17,85		1000	1600	Kasse	VSt 19 %

Der Vorsteuerabzug ist bei betrieblichem und geschäftlichem Anlass in voller Höhe möglich, wenn die Bewirtungskosten angemessen sind. Vorsteuerabzug

Bilanz			
Vermögen (Aktiva)		Kapital (Passiva)	
Kasse		**Kapital**	
Stand vorher	2.000,00 €	Stand vorher	2.000,00 €
– Bewirtungskosten	– 1.190,00 €	– Verlust	– 1.050,00 €
– Bewirtungskosten	– 59,50 €	Stand nachher	**950,00 €**
Stand nachher	**750,50 €**		
Vorsteuer			
+ VSt Bewirtung	+ 190,00 €		
+ VSt Bewirtung	+ 9,50 €		
Stand nachher	**199,50 €**		
Bilanzsumme	950,00 €	Bilanzsumme	950,00 €

Gewinn- und Verlust-Rechnung			
Aufwendungen		Erlöse	
Bewirtungskosten		Verlust	1.050 €
Stand vorher	1.000 €		
– Umbuchung 30 %	– 300 €		
+ Bewirtungsbeleg 70 %	+ 35 €		
Stand nachher	735 €		
Nicht abzugsfähige BA			
+ Umbuchung 30 %	+ 300 €		
+ Bewirtungsbeleg 30 %	+ 15 €		
Stand nachher	315 €		
Summe	1.050 €	Summe	1.050 €

Für die „nicht abzugsfähigen Betriebsausgaben" müssen Sie zusätzlich zu Ihrer Gewinn- und Verlust-Rechnung folgende Anlage schreiben.

Anlage zur G+V

Beispiel:

Verlust lt. Gewinn- und Verlust-Rechnung	– 1.050 €
+ nicht abzugsfähige Betriebsausgaben	+ 315 €
zu versteuernder Verlust	– 735 €

Bei Kapitalgesellschaften tragen Sie die nicht abzugsfähigen Betriebsausgaben in die Formulare der Körperschaftsteuererklärung ein.

7.5 Geschenke

Geschenke an Kunden und Geschäftspartner werden nur bis zu 35 Euro netto pro Person und Jahr anerkannt. Hier handelt es sich um eine Freigrenze, wird diese überschritten, wird der gesamte Beleg nicht anerkannt.

Sind Sie nicht zum Vorsteuerabzug berechtigt, liegt diese Freigrenze bei 35 Euro inkl. Umsatzsteuer.

Geschenke an Mitarbeiter werden in voller Höhe anerkannt. Allerdings sollten Sie folgende Freigrenzen einhalten, dann sind die Geschenke für den Arbeitnehmer von der Lohnsteuer und der Sozialversicherung befreit.

- Bewirtung, Geschenke, Jobticket, monatliche Freigrenze bis 44 Euro inkl. USt pro Person
- Gesamtaufwand für eine Betriebsveranstaltung inkl. Geschenke bis 110 Euro inkl. USt pro Person (max. zwei Veranstaltungen pro Jahr), siehe auch Kapitel 6.4. „Sachbezüge Arbeitnehmer".

Tipp:

Etwas mehr Honorar für den freien Mitarbeiter wird in voller Höhe als Betriebsausgabe anerkannt. Außerdem könnte der freie Mitarbeiter den Aktenkoffer als Betriebsausgabe geltend machen. In beiden Fällen ist Vorsteuerabzug zulässig.

7.5.1 Buchung Geschenke

Beispiel:

Ihnen liegen drei Geschenkbelege vor: Blumen für einen Kunden 21,40 Euro inkl. 7 % USt, ein Aktenkoffer für einen freien Mitarbeiter 95,20 Euro inkl. 19 % USt sowie ein Buch für den Mitarbeiter 42,80 Euro inkl. 7 % USt. Sie sind zum Vorsteuerabzug berechtigt. Bitte buchen Sie diese Kassenbelege.

Siehe CD-ROM

Buchungen

Konto SKR 03 Soll	Konto SKR 04 Soll	Konten- bezeichnung	Betrag	an	Konto SKR 03 Haben	Konto SKR 04 Haben	Konten- bezeichnung	USt oder VSt
Blumen für Kunden								
4630	6610	Geschenke bis 35 Euro	21,40		1000	1600	Kasse	VSt 7 %
Aktenkoffer für den freien Mitarbeiter								
4635	6620	Geschenke über 35 Euro	95,20		1000	1600	Kasse	keine
Buch für den Mitarbeiter								
4140	6130	Freiwillige soziale Auf- wendungen an Arbeitnehmer	42,80		1000	1600	Kasse	VSt 7 %

Bei Geschenken über 35 Euro ist kein Vorsteuerabzug möglich.

Vorsteuerabzug

Die bildliche Darstellung ist ähnlich wie bei den Bewirtungskosten in Kapitel 7.4.

7.5.2 Sachzuwendungen pauschal versteuern

Es besteht die Möglichkeit, betrieblich veranlasste Sachzuwendungen (z. B. Incentive-Reisen, Geschenke), die Sie Ihren Arbeitnehmern und Geschäftspartnern zukommen lassen, mit 30 % pauschal zu versteuern. Eine einzelne Zuwendung darf 10.000 Euro inkl. USt nicht übersteigen, allerdings sind Zuzahlungen möglich. Gleichzeitig darf die Summe aller Zuwendungen diese 10.000 Euro inkl. USt pro Person im Jahr nicht übersteigen. Das BMF Schreiben vom 29.04.08 finden Sie auf der CD-ROM.

§
Siehe CD-ROM

Diese Zuwendungen werden beim schenkenden Unternehmen als Betriebsausgaben anerkannt, während bei der beschenkten Person keine weiteren Steuern anfallen.

Bei Sachzuwendungen an Arbeitnehmer ist sogar die pauschale Steuer als Betriebsausgabe abzugsfähig, allerdings fällt beim Arbeitnehmer ggf. Sozialversicherung an.

Sachzuwendungen	
an Arbeitnehmer/innen	an Geschäftspartner/innen
Die Sachzuwendungen bis zur Höchstgrenze sowie die pauschale Steuer werden in voller Höhe als Betriebsausgaben anerkannt.	Nur die Sachzuwendungen bis zur Höchstgrenze werden als Betriebsausgabe anerkannt, die pauschalen Steuern nicht.

An die Wahl der Pauschalierung ist man für den entsprechenden Personenkreis ein Jahr gebunden. Das heißt: Sowie Sie eine Zuwendung an einen Geschäftspartner pauschal versteuern, müssen Sie in diesem Jahr alle Zuwendungen an Geschäftspartner auch rückwirkend pauschal versteuern, auch die Geschenke unter 35 Euro.

Werden die Geschenke unter 35 Euro pauschal versteuert, zählt die dafür anfallende Pauschalsteuer auch zu den Betriebsausgaben.

Die Entscheidung für die Pauschalversteuerung können Sie auch erst am Jahresende treffen. Sprechen Sie mit Ihrem Steuerberater, ob die Pauschalierung in Ihrem Fall sinnvoll ist, § 37 b EStG.

7.6 Reisekosten

Die Kosten, die Unternehmern/innen von Personenfirmen für eine betrieblich veranlasste Reise entstehen, sind nur begrenzt als Betriebsausgaben abzugsfähig.

Reisekosten, die für einen Arbeitnehmer anfallen, werden beim Arbeitgeber dagegen in voller Höhe als Betriebsausgaben anerkannt, soweit sie angemessen sind.

Diese Aussagen beziehen sich auf die Buchführung des Unternehmens. Wie die Lohnbuchhaltung das sieht, erfahren Sie im Abschnitt „Reisekosten Arbeitnehmer".

Achtung:
Gesellschafter einer Kapitalgesellschaft sind zu behandeln wie Arbeitnehmer.

7.6.1 Reisekostengrenzen

Folgende Reisekostengrenzen gibt es:

Fahrtkosten	• Fahrten mit Bahn, Flugzeug, Taxi und Mietwagen werden in voller Höhe anerkannt • 0,30 € pro gefahrenem Kilometer mit dem Privatwagen • tatsächliche anteilige Fahrzeugkosten des Privatwagens
Verpflegungskosten im Inland	8 bis unter 14 Stunden = 6 € 14 bis unter 24 Stunden = 12 € 24 Stunden = 24 € (ein Tag von 0.00 Uhr bis 24.00 Uhr)
Verpflegungskosten im Ausland	Verpflegungspauschale der verschiedenen Länder, siehe CD-ROM
Übernachtungs-kosten Inland	Tatsächliche Übernachtungskosten ohne Mahlzeiten Ist die Mahlzeit enthalten und nicht gesondert ausgewiesen, pauschale Kürzung seit 2008: Frühstück 20 % von 24 € = 4,80 € Mittagsessen 40 % von 24 € = 9,60 € Abendessen 40 % von 24 € = 9,60 € Steuerfreie Erstattung von Übernachtungspauschalen an Arbeitnehmer weiterhin möglich, 20 € pro Nacht

Siehe CD-ROM

Siehe CD-ROM

Übernachtungs-kosten Ausland	Tatsächliche Übernachtungskosten ohne Mahlzeiten. Steuerfreie Erstattung von Übernachtungspauschalen an Arbeitnehmer weiterhin möglich, siehe CD-ROM.
Reisenebenkosten	Parkgebühren, Versicherungen, Impfung, Maut, Telefonkosten etc. werden in voller Höhe anerkannt, soweit sie angemessen sind.

Für jede Reise ist eine Reisekostenabrechnung zu erstellen. Übernachtungspauschalen werden seit 2008 weder bei Unternehmern als Betriebsausgaben noch bei Arbeitnehmern als Werbungskosten anerkannt. Hier können nur noch die tatsächlichen Rechnungen angesetzt werden.

Kürzung der Übernachtungsrechnungen

Grundsätzlich werden nur die reinen Übernachtungskosten anerkannt. Bei Rechnungen für Übernachtung mit Frühstück, Halb- oder Vollpension sind die beinhalteten Verpflegungskosten herauszurechnen. Sind diese Kosten in der Rechnung nicht gesondert ausgewiesen, muss pauschal gekürzt werden. Die pauschale Kürzung erfolgt pro Mahlzeit und Tag jeweils vom höchsten Verpflegungsmehraufwand, dieser beträgt im Inland zurzeit 24 Euro (siehe vorherige Tabelle).

7.6.2 Reisekosten von Unternehmern/innen – Personenfirma

Siehe CD-ROM

Beispiel:

Buchen Sie bitte folgende Inlandsgeschäftsreise des Unternehmers laut Reisekostenabrechnung. Fahrt mit dem Privatwagen 300 km einfach, Abwesenheit von Montag 6.00 Uhr bis Mittwoch 21.00 Uhr, Übernachtungskosten ohne Frühstück 238 Euro inkl. 19 % Umsatzsteuer. Die Reisekosten wurden aus der Kasse entnommen.

Fahrtkosten 600 km x 0,30 Euro = 180 Euro
Verpflegungsmehraufwendungen:　Montag, 18 Std.:　　12 Euro
　　　　　　　　　　　　　　　Dienstag, 24 Std.:　　24 Euro
　　　　　　　　　　　　　　　Mittwoch, 21 Std.:　　12 Euro

Buchungen

Konto SKR 03 Soll	Konto SKR 04 Soll	Konten-bezeichnung	Betrag	an	Konto SKR 03 Haben	Konto SKR 04 Haben	Konten-bezeichnung	USt oder VSt
Fahrtkosten								
4673	6673	Reisekosten Unternehmer Fahrtkosten	180		1000	1600	Kasse	keine
Verpflegungsmehraufwendungen								
4674	6674	Reisekosten Unternehmer Verpflegungs-mehraufwand	48		1000	1600	Kasse	keine
Übernachtungskosten								
4676	6680	Reisekosten Unternehmer Übernach-tungsaufwand	238		1000	1600	Kasse	VSt 19 %

Der Vorsteuerabzug aus den Pauschalen ist nicht zulässig, aber aus den tatsächlichen Kosten, soweit die Belege vorliegen.

Vorsteuerabzug

Tipp:

Deutsche Vorsteuer ist abzugsfähig, ausländische Vorsteuer nicht. Bei Belegen aus dem Ausland haben Sie die Möglichkeit, an der Grenze oder später über Formulare die ausländische Umsatzsteuer zurückzufordern, wie in Kapitel 6.2.1 „Nachteil ausländische Umsatzsteuer" beschrieben.

Die bildliche Darstellung ist ähnlich wie bei den Bewirtungskosten in Kapitel 7.4.

Verbinden Sie eine betrieblich veranlasste Reise mit einer privaten Reise, wurden bisher die Reisekosten, die für beide Bereiche angefallen sind, gar nicht anerkannt. Aufgrund offener Revisionsverfahren, soll es nun doch möglich sein, den betrieblichen Anteil herauszurechnen und diesen als Betriebsausgabe anzusetzen. Hier kommt es auf die Zeitanteile der Reise an, wie viel der Zeit betrieblich und wie viel privat war. Sprechen Sie darüber mit Ihrem Steuerberater, damit Sie bereits vor Reisebeginn wissen, welche Aufzeichnungen mindestens zu führen sind (FG Rheinland Pfalz vom 27.06.2005 und BFH vom 20.07.06).

Gemischte Reisen

217

7.6.3 Reisekosten Arbeitnehmer

Bei Reisekosten von Arbeitnehmern ist nicht nur die Buchführung des Unternehmens zu beachten. Es ist auch darauf zu achten, welche Auswirkungen Reisekostenerstattungen und Kostenübernahmen auf die Lohnbuchführung haben.

Siehe CD-ROM

Beispiel:

Folgende Reisekostenabrechnung eines Arbeitnehmers liegt Ihnen vor:

Fahrt mit dem Privatwagen 100 km einfach, Abwesenheit von Dienstag 12.00 Uhr bis Mittwoch 19.00 Uhr. Übernachtungskosten inkl. Frühstück 59,50 Euro inkl. 19 % USt. Die Verpflegungskosten wurden vom Arbeitgeber übernommen in Höhe von 119 Euro inkl. 19 % USt und zusätzlich werden dem Arbeitnehmer die zulässigen Verpflegungsmehraufwendungen steuer- und beitragsfrei erstattet. Die Reisekosten wurden aus der Kasse entnommen.

Fahrtkosten 200 km x 0,30 Euro = 60 Euro
Verpflegungsmehraufwendungen für die Reise insgesamt 18 Euro, Dienstag 12 Std. = 6 Euro und Mittwoch 19 Std. = 12 Euro

Buchungen

Konto SKR 03 Soll	Konto SKR 04 Soll	Kontenbezeichnung	Betrag	an	Konto SKR 03 Haben	Konto SKR 04 Haben	Kontenbezeichnung	USt oder VSt
Fahrtkosten								
4668	6668	Kilometergeld erst. Arbeitnehmer	60,00		1000	1600	Kasse	keine
Verpflegungskosten								
4660	6650	Reisekosten Arbeitnehmer	119,00		1000	1600	Kasse	VSt 19 %
Erstattung Verpflegungsmehraufwendungen								
4664	6664	Reisekosten Arbeitnehmer Verpflegungsmehraufwendungen	18,00		1000	1600	Kasse	keine
Übernachtungskosten								
4666	6660	Reisekosten Arbeitnehmer Übernachtungsaufwand	59,50		1000	1600	Kasse	VSt 19 %

Der Arbeitgeber hat alle Reisekosten übernommen und als Betriebsausgabe erfasst.

Jetzt ist die Lohn- und Gehaltsbuchhaltung zu informieren. Vielleicht haben Sie Kosten übernommen, die für Ihren Arbeitnehmer lohnsteuer- und sozialversicherungspflichtige Einnahmen darstellen.

Lohn-buchhaltung

Fahrtkostenerstattung an Arbeitnehmer

Diese wurden im Rahmen der zulässigen Grenzen erstattet und sind daher steuer- und beitragsfrei. Erstatten Sie mehr, ist der übersteigende Betrag wie das Gehalt steuer- und beitragspflichtig. Zusätzlich können Sie freiwillig pro Mitfahrer und Kilometer 0,02 Euro steuer- und beitragsfrei erstatten, wenn Ihr Arbeitnehmer andere Arbeitnehmer mitnimmt.

Verpflegungskostenerstattung an Arbeitnehmer

Übernimmt der Arbeitgeber die tatsächlichen Verpflegungskosten für die Arbeitnehmer während einer Dienstreise, gibt es zwei Alternativen.

Alternative 1 – die Anwendung der Lohnsteuerrichtlinien:
Vorausgesetzt, der Wert der Mahlzeit liegt nicht über der Üblichkeitsgrenze von 40 Euro und der Arbeitgeber hat vor Antritt der Dienstreise die Mahlzeit veranlasst, ist der Sachbezug von zum Beispiel 2,80 Euro zusammen mit dem Gehalt zu versteuern. Zusätzlich kann der Arbeitgeber dem Arbeitnehmer die zulässigen Verpflegungsmehraufwendungen steuer- und beitragsfrei erstatten. Erstattet der Arbeitgeber diese nicht, kann der Arbeitnehmer diese Pauschalen als Werbungskosten abziehen. Werden Sachbezüge versteuert, ist die 44-Euro-Grenze nicht anzuwenden.

Alternative 2 – Anwendung BFH Beschluss vom 19.11.2008:
In diesem Fall werden keine Sachbezugswerte versteuert, sondern die tatsächlichen Kosten. Allerdings darf von diesen Kosten zunächst der zulässige Verpflegungsmehraufwand abgezogen und für den verbleibenden Betrag die 44-Euro-Grenze angewendet werden.

Im Beispiel werden die Lohnsteuerrichtlinien angewendet. Die zulässigen Verpflegungsmehraufwendungen für diese Reise betragen 18 Euro und können steuer- und beitragsfrei erstattet werden.

Dienstag, 12 Std.:   6 Euro
Mittwoch, 19 Std.:   12 Euro
Summe   18 Euro

Da Sie die tatsächlichen Kosten von 119 Euro. übernommen haben, muss der Arbeitnehmer Sachbezüge für Verpflegung im Rahmen der Gehaltsabrechnung versteuern.
Diese betragen pro Frühstück 1,57 Euro (1,53 Euro in 2009) und pro Mittag- oder Abendessen 2,80 Euro (2,73 Euro in 2009). Die 119 Euro waren Kosten für zwei Mittagessen und ein Abendessen. Also muss Ihr Arbeitnehmer für 8,40 Euro (3 x 2,80 Euro) Lohnsteuer und Sozialversicherung zahlen.

Achtung:
Nur bei der Bewirtung von Kunden und reinen Arbeitsessen fällt für den Arbeitnehmer kein Sachbezug an. Sprechen Sie mit Ihrem Steuerberater.

Pauschal-
versteuerung

Freiwillig wurden in dem Beispiel dem Arbeitnehmer zusätzlich die Verpflegungsmehraufwendungen von 18 Euro steuer- und beitragsfrei erstattet.
Möchten Sie Ihren Arbeitnehmern noch höhere Verpflegungsmehraufwendungen erstatten, müssen Sie diese mit 25 % pauschal versteuern. Das ist allerdings nur bis zu folgenden Höchstgrenzen möglich.

8 bis unter 14 Stunden	= 6 Euro (max. weitere 6 Euro pauschal versteuern)
14 bis unter 24 Stunden	= 12 Euro (max. weitere 12 Euro pauschal versteuern)
24 Stunden	= 24 Euro (max. weitere 24 Euro pauschal versteuern)

Übernachtungskostenerstattung an Arbeitnehmer

Die reinen Übernachtungskosten können Sie in voller Höhe übernehmen. Übernehmen Sie allerdings auch das Frühstück, muss Ihr Arbeitnehmer für das Frühstück Sachbezüge für Verpflegung versteuern.

Achtung:
Hat das Unternehmen die Übernachtung für den Arbeitnehmer gebucht, liegt also eine Buchungsbestätigung auf den Namen des Unternehmens vor, muss der Arbeitnehmer nur einen Sachbezug von 1,57 Euro für das Frühstück versteuern. Ansonsten ist der ausgewiesene Frühstücksbetrag oder der pauschale Kürzungsbetrag von 4,80 Euro als Sachbezug zu versteuern.

Liegt keine Übernachtungsrechnung vor, besteht die Möglichkeit, Ihrem Arbeitnehmer eine Übernachtungspauschale steuer- und beitragsfrei zu erstatten. Diese beträgt im Inland pro Nacht 20 Euro. Für Auslandsreisen finden Sie die Pauschalen der verschiedenen Länder auf der CD-ROM.

Siehe CD-ROM

Achtung:
Melden Sie der Lohn- und Gehaltsbuchhaltung unbedingt alle Beträge, die Sie außerhalb der Abrechnung an die Arbeitnehmer auszahlen.

Sind die Gehaltsabrechnungen erstellt, erhalten Sie eine Buchungsliste. So werden alle Lohn- und Lohnnebenkosten in der Buchhaltung erfasst. In der Regel werden diese Buchungslisten automatisch in die Buchführung übernommen.

7.7 Schuldzinsen

7.7.1 Zinsaufwendungen bei Personenfirmen

Zinsen für Darlehen, die aufgenommen wurden, um Anlagevermögen anzuschaffen, sind zu 100 % abzugsfähig. Alle anderen Schuldzinsen in jedem Fall bis zu 2.050 Euro.
Liegen Ihre sonstigen Zinsaufwendungen über 2.050 Euro, müssen Sie zunächst die Berechnung der privaten Überentnahmen durchführen, um zu prüfen, ob ggf. noch mehr Zinsen anerkannt werden, § 4 Abs. 4 a EStG.
Überentnahmen heißt, es gab mehr Privatentnahmen als Privateinlagen und Gewinn. Im umgekehrten Fall, wenn die Privatentnahmen niedriger sind, spricht man von Unterentnahmen.

> **Achtung:**
> Wichtig! Es ist nicht nur das aktuelle Jahr zu betrachten, sondern auch die Vorjahre bis 1999. Für die Berechnungen sind Gewinn oder Verlust jeweils vor Abzug der Zinsen einzutragen.

Liegen private Überentnahmen vor, sind davon 6 % nicht abzugsfähig. Was ist günstiger?

Kürzung um 6 % der Überentnahmen	oder	Bagatellgrenze
tatsächliche sonstige Zinsen – 6 % der privaten Überentnahmen = abzugsfähige Zinsen		2.050 Euro abzugsfähige tatsächliche sonstige Zinsen

Erledigen Sie die Buchführung für eine Personenfirma, sollten Sie beim Buchen der Zinsen genau darauf achten, ob es sich um ein Darlehen handelt, das mit der Anschaffung von Anlagevermögen zusammenhängt oder nicht.

> **Tipp:**
> Erfassen Sie die Zinsen auf unterschiedlichen Konten, erspart das viel Rechnerei am Jahresende.
> Zinsaufwendungen kurzfristige Verbindlichkeiten (2110/7310) oder Zinsaufwendungen langfristige Verbindlichkeiten (2120/7320).

7.7.2 Buchung

Siehe CD-ROM

> **Beispiel:**
> Im Abschlussjahr liegen durch Zahlung der privaten Miete vom Geschäftskonto und einigen Überweisungen auf das Privatkonto 30.000 Euro Privatentnahmen vor. Die Privateinlagen lagen bei 4.000 Euro und der Gewinn ohne die sonstigen Schuldzinsen beträgt 20.000 Euro. Die sonstigen Schuldzinsen betragen 3.000 Euro. Berechnen Sie die privaten Überentnahmen und ermitteln Sie die abzugsfähigen Zinsen. Buchen Sie anschließend die „nicht abzugsfähigen Zinsen" auf das entsprechende Konto um. Auf was sollten Sie achten beim Buchen der Zinsaufwendungen?

Ermittlung der privaten Überentnahmen	
+ Privatentnahmen	+ 30.000 €
− Privateinlagen	− 4.000 €
− Gewinn vor Zinsen	− 20.000 €
+ Überentnahme Vorjahr	+ 0 €
− Unterentnahme Vorjahr abzüglich Verluste	− 0 €
= Private Überentnahme	= + 6.000 €

Kürzung um 6 % der Überentnahmen		oder	Bagatellgrenze
Sonstige Zinsen	3.000 €		2.050 € von
− 6 % x Überentnahmen 6000	− 360 €		3.000 €
= abzugsfähige Zinsen	= 2.640 €		

Die Berechnung der Überentnahmen hat sich gelohnt. Von den 3.000 Euro Zinsen sind nicht nur 2.050 Euro sondern 2.640 Euro abzugsfähig. Also sind 360 Euro nicht abzugsfähig.

Buchung

Konto SKR 03 Soll	Konto SKR 04 Soll	Konten-bezeichnung	Betrag	an	Konto SKR 03 Haben	Konto SKR 04 Haben	Konten-bezeichnung	USt oder VSt
2114	7314	Nicht abzugs-fähige Zinsen	360		2110	7310	Zinsauf-wendungen für kurzfristige Verbindl.	keine

Die bildliche Darstellung ist ähnlich wie bei den Bewirtungskosten in Kapitel 7.4.

In jedem Jahr ist die Über- bzw. die Unterentnahme zu berechnen und das Ergebnis auf das Folgjahr vorzutragen, es ist also der jährliche Stand festzustellen.

Verluste werden von Unterentnahmen abgezogen. Das heißt: Solange es keine Unterentnahmen gibt, gehen die Verluste nicht in die Berechnung ein. Liegen Unterentnahmen vor, sind davon zunächst die Verluste abzuziehen. Nur verbleibende Unterentnahmen mindern die Überentnahmen.

Für die Berechnung der nicht abzugsfähigen Schuldzinsen gibt es ein amtliches Formular. Auf der CD-ROM finden Sie neben dem For-

Siehe CD-ROM

mular auch verschiedene Berechnungsbeispiele, die zeigen, wie das Formular auszufüllen ist.

Siehe CD-ROM

> **Achtung:**
> Bei Personengesellschaften sind die Kapitalkonten für jeden Mitunternehmer zu führen. Liegen hier unterschiedliche Gewinnverteilungen, Privatentnahmen oder Einlagen vor, müssen Sie die Berechnung der Überentnahmen pro Mitunternehmer durchführen. Ein Berechnungsbeispiel sehen Sie im BMF Schreiben vom 07.05.08 auf der CD-ROM.

7.7.3 Zinsschranke

Die Zinsschranke gilt für Personenfirmen und Kapitalgesellschaften. Sie betrifft nur Unternehmen, die Schuldzinsen über drei Mio. Euro als Betriebsausgabe ansetzen möchten.

Unternehmen, die keinem Konzern angehören bzw. es auch nicht könnten oder nur zu einem geringen Anteil beteiligt sind, sind von dieser Regelung befreit, § 4 h Abs. 2 EStG.

Liegen die Zinsen über drei Mio. Euro, wird der Schuldzinsenabzug begrenzt. In diesem Fall sind Zinsen maximal bis zu 30 % vom EBITDA (Gewinn + Zinsen + Abschreibung) abzugsfähig, wie das folgende Beispiel zeigt.

	Variante 1	Variante 2
Zinserträge	100.000 €	100.000 €
- Zinsaufwendungen	- 2.900.000 €	- 3.400.000 €
= verbleibende Zinsen	-2 800.000 €	- 3.300.000 €
Freigrenze 1. Mio.	innerhalb der Freigrenze; Zinsen in voller Höhe abzugsfähig	Überschreitung der Freigrenze; Zinsen abzugsfähig bis max. 30 % des EBITDA
abzugsfähige Zinsen	2.800.000 €	??

Bei Variante 1 wird die Freigrenze nicht überschritten, die Zinsen können also in voller Höhe abgezogen werden. Bei Variante 2 dagegen wird die Freigrenze überschritten und aus diesem Grund muss eine weitere Berechnung erfolgen.

	Variante 2 a	Variante 2 b
Gewinn	8.100.000 €	1.100.000 €
+ Zinsaufwendungen	+ 3.300.000 €	+ 3.300.000 €
+ Abschreibung	+ 600.000 €	+ 600.000 €
= EBITDA	12.000.000 €	5.000.000 €
davon 30 %	3.600.000 €	1.500.000 €
abzugsfähige Zinsen	3.300.000 €	1.500.000 €
tatsächliche Zinsen	3.300.000 €	3.300.000 €
Zinsvortrag	0 €	1.800.000 €
zu versteuernder Gewinn	8.100.000 €	2.900.000 €

Die Berechnungsgrundlage ist seit 2010 das EBITDA der letzten fünf Jahre. Bei Variante 2 a beträgt das EBITDA 12.000.000 Euro, es ist also hoch genug, um alle Zinsen abzuziehen. Bei Variante 2 liegt das EBITDA nur bei 5.000.000 Euro. In diesem Fall ist der Schuldzinsenabzug begrenzt auf 1.500.000 Euro. Der übersteigende, nicht abzugsfähige Betrag in Höhe von 1.800.000 Euro kann auf Folgejahre vorgetragen werden. Das heißt: Diese Zinsen können in Folgejahren abgezogen werden, wenn der Gewinn hoch genug ist. Im aktuellen Jahr muss das Unternehmen einen Gewinn in Höhe von 2.900.000 Euro versteuern, obwohl der tatsächliche Gewinn bei 1.100.000 Euro liegt.

Die Zinsen, die im aktuellen Jahr nicht abzugsfähig sind, werden nicht umgebucht. Sie werden außerhalb der Bilanz, also in der Steuererklärung, erfasst und auf Folgejahre vorgetragen.

Achtung:

Aktivierte Bauzeitzinsen und Erbbauzinsen zählen nicht zu den Zinsaufwendungen, BMF Schreiben vom 04.07.08. Die nicht abzugsfähigen Zinsen werden in der gewerbesteuerlichen Hinzurechnung auch nicht berücksichtigt. Die Ermittlung der Gewerbesteuer finden Sie in Kapitel 10.3 „Steuerrückstellungen".

Siehe CD-ROM

7.8 Sonstige Steuern

Bauabzugsteuern, Kapitalertragsteuern, Zinsabschlagsteuern. Hier handelt es sich um Vorauszahlungen auf die Einkommensteuer bzw. Körperschaftsteuer, die Sie leisten mussten. Diese werden am Jahresende mit der Steuerlast verrechnet.

Gezahlte sonstige Steuern	Wofür?
Bauabzugsteuer	Das Unternehmen hat Bauleistungen erbracht und besitzt keine Freistellungsbescheinigung.
Kapitalertragsteuer	Das Unternehmen erhielt Kapitalerträge. Die Freistellungsbescheinigung lag nicht vor oder die Erträge haben den Freibetrag überschritten.
Zinsabschlagsteuer	Das Unternehmen hat Geld angelegt und erhielt Zinserträge.

Verwenden Sie für die verschiedenen Steuern die entsprechenden Konten, sieht der Steuerberater sofort, welche Steuern gezahlt wurden.

Mehr zur Gewerbesteuer, Körperschaftssteuer und sonstigen Steuern erfahren Sie in Kapitel 10.3 „Steuerrückstellungen".

Einkommensteuer für Personenfirmen

Einkommensteuer sowie dazugehörige Kirchensteuer und Solidaritätszuschlag sind keine Betriebsausgaben, hier handelt es sich um private Ausgaben. Vorauszahlungen, Erstattungen und Nachzahlungen werden auf das Konto „Privatsteuern" gebucht.

8 Kapital

Auf der Passiva der Bilanz wird das Kapital bzw. das Eigenkapital des Unternehmens ausgewiesen. Der Bilanzausweis erfolgt bei Kapital-gesellschaften, Personenfirmen und Einzelunternehmen unter-schiedlich.

Für alle Unternehmen gilt gleichermaßen, der Gewinn oder Verlust des aktuellen Jahres wird in der Bilanz lediglich in einer Summe ausgewiesen, und in der Gewinn- und Verlust-Rechnung sehen Sie, wie sich das Ergebnis zusammensetzt.

Folgende Beispiele zeigen, dass die Gewinn- und Verlust-Rechnung ein Unterkonto des Eigenkapitals ist und dass Gewinn das Kapital erhöht und Verlust das Kapital mindert.

Geschäftsvorfall	Veränderung Bilanz	Veränderung G+V
Eine Maschine wird angeschafft, die Rechnung liegt vor	Anlagevermögen steigt Verbindlichkeiten steigen	keine
Eine Maschine wird abgeschrieben	Anlagevermögen sinkt Kapital sinkt	Aufwand steigt Gewinn sinkt
Ein Darlehen wird ausgezahlt	Umlaufvermögen steigt Verbindlichkeiten steigen	keine
Die private Miete wird vom Geschäftskonto bezahlt	Umlaufvermögen sinkt Eigenkapital sinkt	keine
Die Telefonrechnung von März wird erfasst	Verbindlichkeiten steigen Kapital sinkt	Aufwand steigt Gewinn sinkt
Die erfasste Telefonrech-nung wird bezahlt	Umlaufvermögen sinkt Verbindlichkeiten sinken	keine

8.1 Kapital von Einzelfirmen

Das Kapital von Einzelfirmen setzt sich zusammen aus Privateinla-gen, Privatentnahmen, Gewinnen des Unternehmens sowie dessen Verluste. Bei einer Einzelfirma genügt es, die vorhandenen Privat-konten des Standardkontenrahmens zu verwenden. Es gibt keine Teilhafter, der Einzelunternehmer haftet nicht nur mit dem Kapital seines Unternehmens, sondern auch mit seinem Privatvermögen.

Privateinlagen und Gewinne erhöhen das Kapital, Privatentnahmen und Verluste mindern es. Das Kapitalkonto wird zu Beginn des Jahres in einer Summe vorgetragen.

8.1.1 Bilanzansatz

Kapital von Einzelfirmen
Kapitalkonto bis 2007
+ Thesaurierungsrücklage nach § 34 a EStG seit 2008
+ Privateinlagen, Jahresüberschuss
− Privatentnahmen, Jahresfehlbetrag
= **Eigenkapital**

8.1.2 Buchung und bildliche Darstellung

Siehe CD-ROM

Beispiel:

Folgende Schlussbestände weist die letzte Bilanz aus:

Forderungen	20.000 Euro
Banksaldo	15.000 Euro
Kapital	20.000 Euro
Privateinlagen	5.000 Euro
Privatentnahmen	15.000 Euro
Gewinn	25.000 Euro

Wie sind die Anfangsbestände der Konten Forderungen, Bank und Kapital zu buchen?

Im Januar des aktuellen Jahres wird die Miete für die Privatwohnung von 1.200 Euro vom Geschäftskonto abgebucht und kurz darauf geht dort eine Rückerstattung der Einkommensteuer von 2.000 Euro ein. Wie ist zu buchen?

Das Kapital wird in einer Summe vorgetragen, es setzt sich zusammen aus dem Anfangssaldo 20.000 Euro, dem Gewinn 25.000 Euro, den Privateinlagen 5.000 Euro abzüglich der Privatentnahmen 15.000 Euro.

Buchungen

Konto SKR 03 Soll	Konto SKR 04 Soll	Konten-bezeichnung	Betrag	an	Konto SKR 03 Haben	Konto SKR 04 Haben	Konten-bezeichnung	USt oder VSt
Anfangsbestände								
10000	10000	Debitoren	20.000		9008	9008	Saldovortrag Debitoren	keine
1200	1800	Bank	15.000		9000	9000	Saldovortrag Sachkonten	keine
9000	9000	Saldovortrag Sachkonten	35.000		0880	2010	Variables Kapital	keine
Privatentnahme und Privateinlage								
1800	2100	Privat-entnahmen	1.200		1200	1800	Bank	keine
1200	1800	Bank	2.000		1890	2180	Privateinlagen	keine

Die Einkommensteuer ist keine Betriebsausgabe, sondern eine private Ausnahme des Unternehmers.

Bilanz			
Vermögen (Aktiva)		Kapital (Passiva)	
Forderungen aus L+L		**Kapital**	
Stand	**20.000 €**	Stand vorher	35.000 €
Bank		– Privatentnahme	– 1.200 €
Stand vorher	15.000 €	+ Privateinlage	+ 2.000 €
– Privatentnahme	– 1.200 €	Stand nachher	**35.800 €**
+ Privateinlage	+ 2.000 €		
Stand nachher	**15.800 €**		
Bilanzsumme	35.800 €	Bilanzsumme	35.800 €

8.2 Kapital bei Personengesellschaften

Das Kapital einer Personengesellschaft steigt durch Privateinlagen der Gesellschafter und Gewinn des Unternehmens, und es sinkt durch Privatentnahmen und Verluste. An einer Personengesellschaft sind mindestens zwei Personen beteiligt. Oft sind die Beteiligungs-verhältnisse und damit die Gewinnverteilung unterschiedlich ver-einbart. Außerdem tätigt in der Regel jeder Gesellschafter Privatein-lagen und Privatentnahmen in unterschiedlicher Höhe.

Da jeder Gesellschafter den Stand seines Kapitalkontos sehen möchte, ist für jeden Gesellschafter das Kapital gesondert auszuweisen. Die verschiedenen Kapitalkonten werden zu Beginn des Jahres jeweils in einer Summe vorgetragen.

8.2.1 Bilanzansatz

Kapital von Personengesellschaften
Kapital Vollhafter
+ **Festkapital Teilhafter**
+ **Verbindlichkeiten Teilhafter, wenn Festkapital eingezahlt**
+ Rücklagen in besonderen Fällen, Kapitel 9. Seit 2010 nur in der Steuerbilanz.
+ Gewinnvortrag
− Verlustvortrag
+ **Jahresüberschuss**
− **Verlust**
= Eigenkapital

Da für jeden Gesellschafter das Kapital gesondert auszuweisen ist, sollten Sie für jeden Gesellschafter eigene Konten für Kapital, Privateinlagen und Privatentnahmen anlegen und verwenden.

Wenn diese Kapitalkonten nicht separat in der Bilanz geführt werden, müssen Sie das in einer Anlage nachholen.

Kapitalanteile pro Vollhafter
Kapitalanteile Vollhafter
+ Einlagen, Gewinnanteile, ggf. thesaurierte Gewinnanteile, § 34 a EStG
− Entnahmen, Verlustanteile
= **Kapital Vollhafter, für jeden Vollhafter einzeln**

Festkapital pro Teilhafter
Festkapital Teilhafter
− Verlustanteil
= **Festkapital Teilhafter, für jeden Teilhafter einzeln**

Verbindlichkeiten pro Teilhafter
Verbindlichkeiten Teilhafter, wenn Einlage eingezahlt
+ Einlagen, Gewinnanteile, ggf. thesaurierte Gewinnanteile, § 34 a EStG
− Entnahmen, Verlustanteile
= **Verbindlichkeiten Teilhafter, für jeden Teilhafter einzeln**

Rücklagen von Personengesellschaften

Hier handelt es sich um steuerfreie Rücklagen in besonderen Fällen.

- Rücklage gemäß § 6 b EStG (Ersatzbeschaffung von Immobilien)
- Rücklage für Ersatzbeschaffung aufgrund höherer Gewalt, R 6.6 EStR
- Zuschussrücklage, R 6.5 EStR

Ab 2010 werden diese nur noch in der Steuerbilanz ausgewiesen.

8.2.2 Besonderheit KG

Gesellschafter einer Personengesellschaft haften in der Regel alle mit dem Betriebs- und dem Privatvermögen. Bei der Gesellschaftsform (KG) gibt es Teilhafter, die nur in Höhe ihrer Kapitaleinlage haften, soweit das Haftungskapital eingezahlt ist.

Teilhafter legen Geld in das Unternehmen ein und sind mit einem bestimmten Prozentsatz am Gewinn beteiligt. Teilhafter haben in der Regel nur geringe Mitbestimmungsrechte.

Die Vollhafter sind Geschäftsführer und haften wie Einzelunternehmer mit dem Betriebs- und Privatvermögen.

KG		
Kommanditisten (Teilhafter)		Komplementär (Vollhafter)
Person A	Person B	Person C Geschäftsführer

Das Kapitalkonto von Teilhaftern muss in der Bilanz getrennt von dem der Vollhafter ausgewiesen werden.

Die Gewinnanteile, auch die der Teilhafter, zählen zu den Einkünften aus Gewerbebetrieb.

8.2.3 Buchung und bildliche Darstellung

Siehe CD-ROM

Beispiel 1:

Folgende Schlussbestände weist die letzte Bilanz aus:

Forderungen	+ 32.000 Euro
Banksaldo	+ 18.000 Euro
Kapital Vollhafter A	+ 15.000 Euro
Privateinlagen Vollhafter A	+ 15.000 Euro
Privatentnahmen Vollhafter A	- 10.000 Euro
Gewinn	+ 20.000 Euro
Kapital Teilhafter B	+ 10.000 Euro

Teilhafter B erhält 10 % vom Gewinn

Wie sind die Anfangsbestände der Konten „Forderungen", „Bank" und „Kapital" zu buchen?

Im aktuellen Jahr zahlt Teilhafter B 5.000 Euro ein und Vollhafter A zahlt eine private Versicherung von 1.000 Euro vom Geschäftskonto. Außerdem legt Vollhafter A 500 Euro in die Kasse von seinem privaten Geld. Wie ist zu buchen?

Das Kapital von Vollhafter A setzt sich zusammen aus dem Anfangssaldo 15.000 Euro, dem anteiligen Gewinn 18.000 Euro, den Privateinlagen 15.000 Euro abzüglich den Privatentnahmen von 10.000 Euro.

Beim Teilhafter B beträgt das Festkapital 10.000 Euro. Da das Kapital in voller Höhe eingezahlt wurde, wird der anteilige Gewinn von 2.000 Euro als Verbindlichkeit gegenüber Gesellschaftern erfasst.

Buchungen

Konto SKR 03 Soll	Konto SKR 04 Soll	Kontenbezeichnung	Betrag	an	Konto SKR 03 Haben	Konto SKR 04 Haben	Kontenbezeichnung	USt oder VSt
Anfangsbestände								
10000	10000	Debitorenkonto	32.000		9008	9008	Saldovortrag Debitoren	keine
1200	1800	Bank	18.000		9000	9000	Saldovortrag Sachkonten	keine
9000	9000	Saldovortrag Sachkonten	38.000		0880	2010	Variables Kapital Vollhafter A	keine

Konto SKR 03 Soll	Konto SKR 04 Soll	Konten-bezeichnung	Betrag	an	Konto SKR 03 Haben	Konto SKR 04 Haben	Konten-bezeichnung	USt oder VSt
Anfangsbestände								
9000	9000	Saldovortrag Sachkonten	2.000		0730	3510	Verb. gegen Gesellschafter	keine
9000	9000	Saldovortrag Sachkonten	10.000		0900	2050	Kapital Teilhafter B	keine
Privateinlagen und Privatentnahmen								
1200	1800	Bank	5.000		0730	3510	Verb. gegen Gesellschafter	keine
1800	2100	Privat-entnahmen A	1.000		1200	1800	Bank	keine
1000	1600	Kasse	500		1890	2180	Privateinlagen A	keine

Bilanz	
Vermögen (Aktiva)	Kapital (Passiva)
Forderungen aus L+L	**Kapital Vollhafter A**
Stand **32.000 €**	Stand vorher 38.000 €
Bank	– Privatentnahme A – 1.000 €
Stand vorher 18.000 €	+ Privateinlage A + 500 €
+ Einzahlung Teilhafter + 5.000 €	Stand nachher **37.500 €**
– Privatentnahme A – 1.000 €	**Kapital Teilhafter B**
Stand nachher **22.000 €**	Stand **10.000 €**
Kasse	**Verbindlichkeiten g. Gesellschafter**
+ Privateinlage A + 500 €	Stand vorher 2.000 €
Stand nachher **500 €**	+ Einzahlung Teilhafter + 5.000 €
	Stand nachher **7.000 €**
Bilanzsumme 54.500 €	Bilanzsumme 54.500 €

8.2.4 Buchung und bildliche Darstellung

Beispiel 2:

Der Jahresüberschuss soll wie folgt verteilt werden:

Siehe CD-ROM

Gewinnanteil Vollhafter   30.000 Euro

Gewinnanteil Teilhafter   10.000 Euro

Wie ist zu buchen, wenn die Verteilung das Ergebnis der Gewinn- und Verlust-Rechnung nicht verändern soll?

Bilanz vorher			
Vermögen (Aktiva)		Kapital (Passiva)	
Anlagevermögen		**Vollhafter var. Kapital**	
Stand	120.000 €	Stand	**90.000 €**
Forderungen aus L+L		**Teilhafter Festkapital**	
Stand	20.000 €	Stand	**30.000 €**
+ Kundenrechnungen	+ 280.000 €	**Rücklagen**	
Stand nachher	**300.000 €**	Stand	20.000 €
		Jahresüberschuss	80.000 €
		Verbindlichkeiten aus L+L	
		+ Lieferantenrechnungen	200.000 €
		Stand nachher	**200.000 €**
Bilanzsumme	420.000 €	Bilanzsumme	420.000 €

Gewinn- und Verlust-Rechnung vorher			
Aufwendungen		Erlöse	
Wareneinkauf	200.000 €	Verkaufserlös	280.000 €
Gewinn	80.000 €		
Summe	280.000 €	Summe	280.000 €

Buchungen

Konto SKR 03 Soll	Konto SKR 04 Soll	Konten-bezeichnung	Betrag	an	Konto SKR 03 Haben	Konto SKR 04 Haben	Konten-bezeichnung	USt oder VSt
Gewinnanteil Vollhafter								
9610	9610	Tätigkeitsver-gütung Voll-hafter	30.000		9600	9600	Name des Vollhafters	keine
Gewinnanteil Teilhafter								
9710	9710	Tätigkeitsver-gütung Teil-hafter	10.000		9700	9700	Name des Teilhafters	keine

Bilanz nachher			
Vermögen (Aktiva)		**Kapital (Passiva)**	
Anlagevermögen		**Vollhafter var. Kapital**	
Stand	120.000 €	Stand	90.000 €
Forderungen aus L+L		**Teilhafter Festkapital**	
Stand	20.000 €	Stand	30.000 €
+ Kundenrechnungen	+ 280.000 €	**Rücklagen**	
Stand nachher	300.000 €	Stand	20.000 €
		Jahresüberschuss	80.000 €
		Verbindlichkeiten aus L+L	
		Stand vorher	0 €
		+ Lieferantenrechnungen	200.000 €
		Stand nachher	200.000 €
Bilanzsumme	420.000 €	Bilanzsumme	420.000 €

Gewinn- und Verlust-Rechnung nachher			
Aufwendungen		Erlöse	
Wareneinkauf	200.000 €	Verkaufserlös	280.000 €
Gewinn	80.000 €	Vollhafter	30.000 €
Tätigkeitsvergütung Vollhafter	30.000 €	Teilhafter	10.000 €
Tätigkeitsvergütung Teilhafter	10.000 €		
Summe	320.000 €	Summe	320.000 €

Auf der CD-ROM finden Sie weitere Buchungen zur Kapitalkonten-entwicklung von Personenfirmen wie die Gewinnverteilung und den Ausweis von negativen Kapitalkonten.

Siehe CD-ROM

8.2.5 Besonderheit GmbH & Co KG

Eine GmbH & Co KG ist eine KG ohne die natürliche Person, die mit ihrem Gesamtvermögen haftet. Hier wird diese vollhaftende Person durch eine GmbH ersetzt und diese GmbH haftet mit dem gezeichneten Kapitel, der Stammeinlage. Dadurch ist die Haftung des Unternehmens begrenzt auf die Einlagen.

KG	
Kommanditisten (Teilhafter)	**Komplementär (Vollhafter)**
Person A	Person B	Person C= GmbH Geschäftsführer

Die Personen A und B sind in der Regel auch die Gesellschafter-Geschäftsführer der GmbH (Person C). Die GmbH erhält von der KG eine Haftungsvergütung.

In diesem Fall handelt es sich um einen Zusammenschluss von zwei Unternehmen, einer Personenfirma und einer Kapitalgesellschaft. Für jedes Unternehmen wird die Buchführung gemacht. Zur besseren Übersicht sehen wir uns das Beispiel einer 1 Mann GmbH & Co KG an.

Bei einer 1-Mann GmbH & Co KG ist diese eine Person Teilhafter der KG und gleichzeitig Gesellschafter-Geschäftsführer der GmbH. Die GmbH haftet mit der Stammeinlage und erhält dafür eine Haftungsentschädigung. Für beide Unternehmen muss die Buchführung erstellt werden, wobei das Hauptgeschäft in der Regel über die KG läuft. In der Buchführung der GmbH wird lediglich die Haftungsentschädigung als Erlös erfasst. Der Geschäftsführer erhält von der GmbH ein Geschäftsführergehalt, das die KG allerdings an die GmbH vergütet.

Alle Vergütungen, die die Inhaber von der GmbH & Co KG erhalten, zählen, im Gegensatz zu Kapitalgesellschaften, zu Einkünften aus Gewerbebetrieb.

	Personengesellschaft	**Kapitalgesellschaft**
Gewinnausschüttung	Einkünfte aus Gewerbebetrieb	Einkünfte aus Kapitalvermögen
Geschäftsführergehalt	Einkünfte aus Gewerbebetrieb	Einkünfte aus nicht selbstständiger Arbeit
Darlehenszinsen	Einkünfte aus Gewerbebetrieb	Einkünfte aus Kapitalvermögen
Vermietung	Einkünfte aus Gewerbebetrieb	Einkünfte aus Vermietung und Verpachtung (Betriebsaufspaltung = Einkünfte aus Gewerbebetrieb)

Natürlich kann die GmbH neben der Haftungstätigkeit auch eigene Geschäfte machen. In diesem Fall ist auch bei der GmbH die Buchführung etwas umfangreicher. Diese Gesellschaftsform bietet sehr viele Gestaltungsmöglichkeiten.

Der Vorteil an dieser Gesellschaftsform ist es, dass Sie sehr viele Kommanditisten (Teilhafter) aufnehmen können ohne die Geschäftsführung zu teilen. Sie erhalten Kapitalgeber, beteiligen diese am Gewinn, aber nicht an Ihren Entscheidungen. Eine beliebte Gesellschaftsform für Immobilienfonds oder Erbenbeteiligungen an Unternehmen.

8.3 Gewinnthesaurierung bei Personenfirmen

Seit 2008 haben Personenfirmen die Möglichkeit, Gewinne, die sie nicht entnehmen, sondern im Unternehmen belassen, zu einem festen, ggf. günstigeren Steuersatz von 28,25 % zu versteuern. Man spricht hier von Gewinnthesaurierung und diese muss beim Finanzamt beantragt werden.

Wird dieser Gewinn später entnommen, muss der verbleibende Betrag (Gewinn abzüglich 28,25 %) mit 25 % nachversteuert werden. Zu den o. g. Steuersätzen kommen natürlich Solidaritätszuschlag und Kirchensteuer dazu.

Diese Regelung betrifft nur bilanzierende Unternehmen, Einnahme-Überschussrechner sind davon ausgeschlossen.

Vergleichen wir nun die beiden Möglichkeiten:

Die normale Besteuerung wie bisher

	Gewinn
–	Einkommensteuer zum pers. individuellen Steuersatz
=	versteuerter Gewinn

Diese Variante ist günstiger, solange der persönliche Steuersatz niedrig ist. Das heißt: Ob die Thesaurierung günstiger ist, hängt von Ihrem persönlichen Steuersatz ab.

Thesaurierung + Nachversteuerung seit 2008

Nicht entnommener Gewinn
− Einkommensteuer zum festen Steuersatz 28,25 %
= Gewinn verbleibt im Unternehmen (Nachversteuerung bei Entnahme)

= Nachversteuerungsbetrag bei Entnahme
− Einkommensteuer zum festen Steuersatz 25 %
= versteuerter Gewinn (kann entnommen werden)

Da der Gewinn mit feststehenden Steuersätzen versteuert wird, ist diese Variante für Unternehmer/innen günstiger, die sonst dem Spitzensteuersatz unterliegen.

Bei allen anderen Unternehmen muss gut vorausgeplant werden, um die persönlich günstigere Variante zu finden. Wer thesauriert, versteuert zu festen Steuersätzen, wer darauf verzichtet, versteuert den Gewinn mit dem persönlichen Steuersatz, der ggf. günstiger sein kann.

Sprechen Sie mit Ihrem Steuerberater, ob die Gewinnthesaurierung für Sie tatsächlich günstiger ist.

Achtung:
Wenden Sie die Gewinnthesaurierung an, müssen Sie den Nachversteuerungsbetrag gesondert ausweisen.

Wann kann der Gewinn thesauriert werden?

Seit 2008 können Sie in dem Jahr, in dem der Gewinn höher ist als die Privatentnahmen, die Möglichkeit der Thesaurierung anwenden.

	Variante 1	Variante 2
Stand Kapitalkonto 31.12.07	150.000 €	0 €
+ Gewinn Abschlussjahr	+ 100.000 €	+ 100.000 €
− Entnahmen	− 210.000 €	− 60.000 €
+ Einlagen	+ 0 €	+ 0 €
= verbleibendes Kapital	+ 40.000 €	+ 40.000 €
Möglichkeit der Thesaurierung	0 €	+ 40.000 €

Bei Variante 1 wurde mehr Geld entnommen, als im aktuellen Jahr erwirtschaftet wurde. In diesem Fall wurde Kapital aus Vorjahren entnommen, und diese Entnahme mindert den Thesaurierungsbetrag. Vielleicht wurde bei Variante 2 das Kapital bereits im Jahr 2007 entnommen, auf jeden Fall stand es am 01.01.08 auf 0 Euro. Im aktuellen Jahr wurden nur 60.000 Euro vom Gewinn (100.000 Euro) entnommen, und es verbleibt ein Thesaurierungsbetrag von 40.000 Euro.

Angenommen, Sie wenden bei Variante 2 die Thesaurierungsmöglichkeit an, dann dürfen Sie auch in Folgejahren nicht mehr entnehmen, als Sie im laufenden Jahr erwirtschaften.

Möchten Sie mehr Geld entnehmen, vielleicht das Kapital aus Zeiten vor der Thesaurierung, müssen Sie zunächst den thesaurierten und günstiger besteuerten Gewinn nachversteuern. Das heißt: Eine Thesaurierung muss gut geplant werden.

8.4 Kapital von Kapitalgesellschaften

Durch die Gründung einer Kapitalgesellschaft entsteht nicht nur eine juristische Person, sondern auch ein neuer Steuerpflichtiger für das Finanzamt.

Das Kapital einer Kapitalgesellschaft kann aus vier Bereichen bestehen.

*   Stammkapital
*   Kapitalrücklagen
*   Gewinnrücklagen
*   Gewinn- oder Verlustvortrag

8.4.1 Stammkapital

Die Gründer einer Kapitalgesellschaft sind Privatpersonen, die Geld in ein Unternehmen einlegen, das Stammkapital. Im Idealfall ist dieses Geld das Startkapital für das Unternehmen.

Bei Kapitalgesellschaften haften die Gesellschafter nicht mit dem gesamten Privatvermögen, sondern nur in Höhe der Einlage. Man spricht hier auch von Haftungskapital, und dieses sollte eingezahlt sein. Ansonsten besteht die Gefahr, dass die Haftung auf die Privatpersonen der Gesellschafter übergeht.

Ist die Stammeinlage nicht eingezahlt, muss das in der Bilanz ausgewiesen werden als Forderungskonto „Ausstehende Einlage". Außerdem muss das ausstehende Kapital verzinst werden, sonst vermutet das Finanzamt eine verdeckte Gewinnausschüttung, siehe Kapitel 8.6 „Verdeckte Gewinnausschüttung bei Kapitalgesellschaften".

Achtung:
Bei den Gründungskosten handelt es sich um Anschaffungsnebenkosten des Geschäftsanteils, und dieser liegt im Privatvermögen des Gesellschafters. Diese Kosten können in der Regel nicht als Aufwendungen des Unternehmens erfasst werden. Erst bei einer Veräußerung des Geschäftsanteils mindern diese Ausgaben den Veräußerungsgewinn.

Keine Privatentnahmen und Privateinlagen bei Kapitalgesellschaften

Privatentnahmen gibt es bei einer Kapitalgesellschaft nicht. Arbeiten die Gesellschafter im Unternehmen mit, werden diese steuerlich wie Angestellte gesehen und deren Gehälter mindern den Gewinn.

Die Gesellschafter können sich Geld von der Firma leihen in Form eines Gesellschafterdarlehens oder umgekehrt können sie dem Unternehmen Geld leihen, das allerdings verzinst werden sollte. Verbleibende Gewinne nach Abzug der Gewerbesteuer und der Körperschaftsteuer können ausgeschüttet werden. Mehr dazu im folgenden Kapitel sowie in Kapitel 1.7.2 „Gewinne von Kapitalgesellschaften".

Tipp:
Seit November 2008 bietet das deutsche Recht eine Alternative zur englischen Limited, nämlich die „Unternehmergesellschaft (haftungsbeschränkt)". Diese kann mit einer Einlage von nur einem Euro gegründet werden und muss den Zusatz „UG (haftungsbeschränkt)" führen. Sowie das Unternehmen Gewinne erzielt, wird die Stammeinlage aufgestockt. Jeweils 25 % der Gewinne verbleiben im Unternehmen bis das Stammkapital von 25.000 Euro erreicht ist. Dann kann die UG in eine voll haftende GmbH umgewandelt werden.

8.4.2 Rücklagen

Kapitalrücklagen

Hier kommt das Geld von außen, die Privatpersonen Gesellschafter zahlen es ein, § 272 (2) HGB.

- Eigenkapitalerhöhung
- Aufgeldzahlungen auf Anteile von neuen Gesellschaftern

Gewinnrücklagen

Bei Gewinnrücklagen handelt es sich um versteuerten Gewinn von Kapitalgesellschaften, der nicht ausgeschüttet wird und bis zur weiteren Verwendung im Unternehmen bleibt. Dies ist entweder vom Gesetz vorgeschrieben oder wird von den Gesellschaftern beschlossen, § 272 HGB.

- gesetzliche Rücklage laut § 150 AKtG
- Rücklagen laut Gesellschaftsvertrag oder Satzung

8.4.3 Gewinnvortrag/Verlustvortrag

Gewinne bzw. Verluste aus Vorjahren werden hier in einer Summe dargestellt, als Gewinnvortrag oder Verlustvortrag.

> **Beispiel:**
>
> Im Jahr 01 gründeten Sie eine GmbH und leisteten eine Einlage von 25.000 Euro. So sehen die Ergebnisse der ersten drei Jahre aus: Jahr 01 Verlust 10.000 Euro, Jahr 01 Gewinn 8.000 Euro und Jahr 03 Gewinn 20.000 Euro. Wie sieht die Kapitalentwicklung über mehrere Jahre aus?

Siehe CD-ROM

Auszug Bilanz zum 31.12. Jahr 01		
Vermögen	Kapital	
	gezeichnetes Kapital	25.000 €
	Verlustvortrag	0 €
	Jahresergebnis	– 10.000 €
	Kapital	15.000 €

Auszug G+V Jahr 01		
Aufwendungen	Erlöse	
	Verlust	10.0000 €

Im 2. Jahr wird der Verlust vorgetragen.

Auszug Bilanz zum 31.12. Jahr 02		
Vermögen	Kapital	
	gezeichnetes Kapital	25.000 €
	Verlustvortrag	– 10.000 €
	Jahresergebnis	8.000 €
	Kapital	23.000 €

Auszug G+V Jahr 02		
Aufwendungen	Erlöse	
Gewinn	8.000 €	

Im 3. Jahr ist der Verlustvortrag schon niedriger.

Auszug Bilanz zum 31.12. Jahr 03		
Vermögen	Kapital	
	gezeichnetes Kapital	25.000 €
	Verlustvortrag	– 2000 €
	Jahresergebnis	20.000 €
	Kapital	43.000 €

Auszug G+V Jahr 03		
Aufwendungen	Erlöse	
Gewinn	20.000 €	

Im 4. Jahr wird es einen Gewinnvortrag geben.

8.4.4 Bilanzansatz

Kapital von Kapitalgesellschaften
Stammeinlage
= **Gezeichnetes Kapital**

Gesellschafter erhöhen das Kapital durch Einlage
= **Kapitalrücklagen**
Versteuerter Gewinn wird nicht ausgeschüttet
= **Gewinnrücklagen**

+ Gewinnvortrag
– Verlustvortrag
+ Jahresüberschuss
– Jahresfehlbetrag
= **Gewinn- oder Verlustvortrag**

8.4.5 Buchung und bildliche Darstellung

Beispiel:

Siehe CD-ROM

Folgende Schlussbestände weist die letzte Bilanz aus:

Forderungen	+ 59.000 Euro
Banksaldo	+ 30.000 Euro
Verbindlichkeiten Lohn u. Gehalt	– 4.000 Euro
Gezeichnetes Kapital	+ 25.000 Euro
Verlustvortrag	–40.000 Euro
Jahresüberschuss	+ 100.000 Euro

Wie sind die Anfangsbestände der Konten „Forderungen", „Bank", „Verbindlichkeiten" und „Kapital" zu buchen?

Im Januar wird das Gehalt des Gesellschafter-Geschäftsführers nach Abzug der Lohnsteuer überwiesen, und der Gesellschafter hat aus seinem Privatvermögen 500 Euro in die Kasse eingelegt. Wie ist zu buchen?

Buchungen

Konto SKR 03 Soll	Konto SKR 04 Soll	Konten-bezeichnung	Betrag	an	Konto SKR 03 Haben	Konto SKR 04 Haben	Konten-bezeichnung	USt oder VSt
Anfangsbestände								
10000	10000	Debitoren-konto	59.000		9008	9008	Saldovortrag Debitoren	keine
1200	1800	Bank	30.000		9000	9000	Saldovortrag Sachkonten	keine
9000	9000	Saldovortrag Sachkonten	4.000		1740	3720	Verbindlich-keiten Lohn und Gehalt	keine
9000	9000	Saldovortrag Sachkonten	25.000		0800	2900	Gezeichnetes Kapital	keine
9000	9000	Saldovortrag Sachkonten	60.000		0860	2970	Gewinnvortrag	keine
Gehaltszahlung und Einlage Kasse								
1740	3720	Verbindlich-keiten Lohn und Gehalt	3.000		1200	1800	Bank	keine
1000	1600	Kasse	500		0730	3510	Verbindlich-keiten Gesellschafter	keine

Bilanz			
Vermögen (Aktiva)		**Kapital (Passiva)**	
Forderungen aus L+L		**Gezeichnetes Kapital**	
Stand	**59.000 €**	Stand	25.000 €
Bank		+ Gewinnvortrag	+ 60.000 €
Stand vorher	30.000 €	Stand nachher	**85.000 €**
– Gehaltszahlung	– 3.000 €	**Verbindlichkeiten Gesellschafter**	
Stand nachher	**27.000 €**	+ Einlage Gesellschafter	+ 500 €
Kasse		Stand nachher	**500 €**
+ Einlage Gesellschafter	+ 500 €	**Verbindlichkeiten L+G**	
Stand nachher	**500 €**	Stand vorher	4.000 €
		– Gehaltszahlung	– 3.000 €
		Stand nachher	**1.000 €**
Bilanzsumme	86.500 €	Bilanzsumme	86.500 €

8.4.6 Negatives Kapital bei Kapitalgesellschaften

Ist das Kapital einer Kapitalgesellschaft negativ, muss es durch eine statistische Buchung auf dem Konto „Nicht durch Eigenkapital gedeckter Fehlbetrag" auf der Aktiva und der Passiva dargestellt werden.

Beispiel:

Eine GmbH weist ein negatives Kapital in Höhe von 20.000 Euro aus. Wie ist zu buchen?

Siehe CD-ROM

Buchung

Konto SKR 03 Soll	Konto SKR 04 Soll	Konten- bezeichnung	Betrag	an	Konto SKR 03 Haben	Konto SKR 04 Haben	Konten- bezeichnung	USt oder VSt
9310	9310	Nicht durch Eigenkapital gedeckter Fehlbetrag (Aktiva)	20.000		9300	9300	Nicht durch Eigenkapital gedeckter Fehlbetrag (Passiva)	keine

Bilanz			
Vermögen (Aktiva)		**Kapital (Passiva)**	
		Kapital	
		gez. Kapital	25.000 €
		– Verlustvortrag	– 25.000 €
		Jahresergebnis	– 20.000 €
Nicht durch Eigenkapital gedeckter Fehlbetrag	20.000 €	**Nicht durch Eigenkapital gedeckter Fehlbetrag**	20.000 €
		Stand nachher	0 €
Bilanzsumme	20.000 €	Bilanzsumme	20.000 €

Achtung:

Ein negatives Kapital muss in der Schlussbemerkung der Bilanz erläutert werden. Vielleicht verfügt das Unternehmen über stille Reserven, die erst bei der Veräußerung aufgedeckt werden oder nach Abschluss eines Auftrags. Fehlt diese Erläuterung, kann eine verschleppte Insolvenz vermutet werden.

Erklärbare Gründe für ein negatives Kapital
- Das Anlagevermögen ist noch sehr hochwertig, aber bereits abgeschrieben.
- Ein im Anlagevermögen befindliches Grundstück soll bebaut werden. Danach wird dieses Objekt gewinnbringend veräußert.
- Das Unternehmen führt größere Projekte aus, die über mehrere Jahre laufen. In dieser Zeit gehen zwar Anzahlungen ein, aber erst nach Abschluss des Auftrags fließt der Gewinn.
- Ein laufendes Verfahren ist noch nicht abgeschlossen, in dem die Gewinnchancen sehr hoch sind.
- Es ist mit einer Entschädigung oder einem Zuschuss zu rechnen.

8.5 Gewinnausschüttung an Gesellschafter

Hat die Kapitalgesellschaft Gewinne erwirtschaftet, muss sie dafür Gewerbesteuer und Körperschaftsteuer zahlen. Ist danach das Kapital des Unternehmens positiv, kann der verbleibende Gewinn an die beteiligten Privatpersonen, d. h. die Gesellschafter, ausgeschüttet werden.

In dem Moment, in dem der Gewinn die GmbH verlässt, sinkt das Kapital. Die Privatperson Gesellschafter musste bis 2008 50 % dieser Gewinnausschüttung in seiner privaten Einkommensteuererklärung als „Einkünfte aus Kapitalvermögen" versteuern, auch genannt Halbeinkünfteverfahren.

Das Unternehmen muss von dem Gewinn 20 % Kapitalertragsteuer und 5,5 % Solidaritätszuschlag einbehalten.

Diese Steuern zählen zu den Vorauszahlungen auf die Einkommensteuer des Gesellschafters.

Liegt die Beteiligung im Privatvermögen, zahlt der Gesellschafter seit 2009 für den gesamten Ausschüttungsbetrag 25 % Abgeltungsteuer zuzüglich Solidaritätszuschlag und ggf. Kirchensteuer. Der Sparerfreibetrag ist abzugsfähig, Werbungskosten nicht. Diese Erträge sind dann nicht mehr in der privaten Steuererklärung anzugeben und können auf diesem Weg sogar anonym versteuert werden.

> **Tipp:**
>
> Ist Ihr persönlicher Einkommensteuersatz (vermutlich) niedriger, können Sie die Erträge sowie die Werbungskosten wie bisher in der Einkommensteuererklärung angeben. In diesem Fall wird eine Günstigerprüfung durchgeführt, wonach Sie entweder weniger Steuern zahlen oder doch 25 %.

Es kann auch das Teileinkünfteverfahren (40 % steuerfrei und 60 % steuerpflichtig) beantragt werden und die damit verbundene Versteuerung mit dem persönlichen Steuersatz, wenn der Steuerpflichtige folgende Voraussetzungen erfüllt:

* Beteiligung am Unternehmen mindestens 25 % oder

* Beteiligung am Unternehmen mindestens 1 % und im Unternehmen tätig

Liegt die Beteiligung im Betriebsvermögen, gilt seit 2009 das Teileinkünfteverfahren. In diesem Fall sind 40 % der Gewinnbeteiligung steuerfrei und 60 % steuerpflichtig.

Hinweis zur neuen Handelsbilanz seit 2010

Der Handelsbilanzgewinn ist die Grundlage für die Gewinnausschüttung. Gewinnerhöhungen, die durch die Aktivierung von selbst hergestellten immateriellen Anlagegütern, Aktivierung des Firmenwerts oder der Aktivierung von aktiven latenten Steuern, unterliegen einer Ausschüttungssperre § 268 HGB (neu). Diese Gewinne dürfen nicht ausgeschüttet werden bzw. nur, wenn genügend freie Gewinnrücklagen vorhanden sind. Sprechen Sie darüber mit Ihrem Steuerberater.

Zur besseren Übersicht sollten Sie pro Gesellschafter jeweils zwei Kapitalkonten führen, eines für den ausschüttbaren und eines für den nicht ausschüttbaren Gewinn.

8.5.1 Buchung und bildliche Darstellung

Siehe CD-ROM

Im aktuellen Jahr wurde eine Gewinnausschüttung in Höhe von 100.000 Euro an den einzigen GmbH-Gesellschafter beschlossen. Die Beteiligung liegt im Privatvermögen und der Gewinnvortrag lag bei 155.000 Euro.

Vom Gewinn müssen 25 % Abgeltungsteuer und 5,5 % Solidaritätszuschlag einbehalten werden. Der ausgeschüttete Gewinn sowie die einbehaltene Steuer wurden im gleichen Jahr bezahlt. Wie ist zu buchen?

Buchungen

Konto SKR 03 Soll	Konto SKR 04 Soll	Konten-bezeichnung	Betrag	an	Konto SKR 03 Haben	Konto SKR 04 Haben	Konten-bezeichnung	USt oder VSt
Zeitpunkt des Gesellschafterbeschlusses über Gewinnausschüttung								
0860	2970	Gewinnvortrag	73.625		0730	3510	Verbindl. Gesellschafter	keine
0860	2970	Gewinnvortrag	25.000		1736	3700	Verbindl. aus Betriebssteuern	keine
0860	2970	Gewinnvortrag	1.375		1736	3700	Verbindl. aus Betriebssteuern	keine
Zeitpunkt der Zahlungen								
1736	3700	Verbindl. aus Betriebssteuern	26.375		1200	1800	Bank	keine
0730	3510	Verbindl. Gesellschafter	73.625		1200	1800	Bank	keine

Für die bildliche Darstellung wurden die Saldovorträge bereits erfasst. Der Gewinnvortrag in Höhe von 155.000 Euro, das gezeichnete Kapital von 25.000 Euro, der Banksaldo in Höhe von 100.000 Euro und das Anlagevermögen in Höhe von 80.000 Euro.

Bilanz			
Vermögen (Aktiva)		**Kapital (Passiva)**	
Anlagevermögen		**Gezeichnetes Kapital**	
Stand	80.000 €	Stand	25.000 €
Bank		**Gewinnvortrag**	
Stand vorher	100.000 €	Stand vorher	155.000 €
– Zahlung Gesellschafter	– 73.625 €	– Gesellschafter	– 73.625 €
– Zahlung Finanzamt	– 26.375 €	– Abgeltungsteuer	– 25.000 €
Stand nachher	0 €	– Solidaritätszuschlag	– 1.375 €
		Stand nachher	55.000 €
		Verbindlichkeiten Kapital	
		+ Gesellschafter	73.625 €
		+ Abgeltungsteuer	25.000 €
		+ Solidaritätszuschlag	1.375 €
		– Zahlung Gesellschafter	– 73.625 €
		– Zahlung Finanzamt	– 26.375 €
		Stand nachher	0 €
Bilanzsumme	80.000 €	Bilanzsumme	80.000 €

8.6 Verdeckte Gewinnausschüttung bei Kapitalgesellschaften

Davon spricht das Finanzamt, wenn sich beherrschende Gesellschafter von Kapitalgesellschaften und deren nahe Angehörige Vorteile verschaffen.

Dies betrifft die Fälle, wenn Gesellschafter mehr als den Gewinn entnehmen, ohne dafür Zinsen zu zahlen, oder mehr Gehalt beziehen als vertraglich vereinbart wurde usw. In den Körperschaftsteuerrichtlinien Abschnitt 36 und den Verwaltungsanweisungen werden diese Themen umfassend dargestellt.

Grundsätzlich darf eine Kapitalgesellschaft keine Zahlungen an Gesellschafter vornehmen, die zuvor nicht von der Gesellschaft beschlossen wurden. Sei es durch den Arbeitsvertrag, den Darlehensvertrag oder durch einen Gesellschafterbeschluss.

> **Achtung:**
> Darauf sollten Sie in der Praxis achten, denn fehlt solch ein Vertrag oder Gesellschafterbeschluss, wird hinter diesen Zahlungen sofort eine verdeckte Gewinnausschüttung vermutet.

Bei folgenden Zuwendungen kann eine verdeckte Gewinnausschüttung vermutet werden:

- Überhöhte Gehaltszahlung
- Tantieme aus dem Jahresgewinn, ohne die Berücksichtigung von Verlustvorträgen aus Jahren, in denen der Geschäftsführer tätig war.
- Pensionszusagen ohne Erfüllung der Voraussetzungen
- Zinsgünstiges Darlehen
- Ausstehende Einlage wird nicht verzinst
- Überhöhte Abfindungen an ausscheidende Gesellschafter
- Überhöhte Vermietung

Besonders genau sehen die Betriebsprüfer auf derartige Bezüge, wenn das Unternehmen Verluste oder nur niedrige Gewinne ausweist.

> **Tipp:**
> Hinter einer Tantiemenzahlung an einen Arbeitnehmer, der nicht am Unternehmen beteiligt ist, wird sicher keine verdeckte Gewinnausschüttung stecken, sondern eher eine angemessene Bezahlung. Denn, wer verschafft schon fremden Dritten einen Vorteil, ohne es zu müssen?
> Davon geht das Gesetz wohl auch aus, zum Beispiel bei der Anerkennung von Pensionszusagen. Nur wenige Voraussetzungen müssen erfüllt sein, wenn es um einen echten Arbeitnehmer geht, und sehr viele, wenn es um einen beherrschenden Gesellschafter-Geschäftsführer geht.

8.6.1 Bezüge von beherrschenden Gesellschaftern

Der mitarbeitende Gesellschafter einer Kapitalgesellschaft, in der Regel der Gesellschafter-Geschäftsführer, wird vor dem Gesetz behandelt wie ein Arbeitnehmer, und Gehalt, Tantiemen und Pensionen von Arbeitnehmern mindern den Gewinn des Unternehmens.

Hat dieser Gesellschafter das Recht, seine Gehaltshöhe frei zu bestimmen oder die Pensionszusagen selbst zu erteilen, wie das bei einem beherrschenden Gesellschafter-Geschäftsführer der Fall ist, könnte er theoretisch seine Bezüge soweit erhöhen, bis dem Unternehmen kein Gewinn mehr bleibt.

Aus diesem Grund sagt das Gesetz, dass Gehälter und sonstige Bezüge eines beherrschenden Gesellschafters angemessen sein und einem Fremdvergleich standhalten müssen, H 36 KStR. Was heißt das? **Fremdvergleich**

Die Gehaltshöhe hält einem Fremdvergleich stand, wenn Sie folgende Fragen mit „Ja" beantworten können.

* Innerbetrieblicher Vergleich: Würden Sie an einen fremden Dritten, der die gleichen Arbeiten des Gesellschafters erledigen würde, auch dieses Gehalt zahlen?

* Außerbetrieblicher Vergleich: Könnte dieser Gesellschafter für die gleichen Tätigkeiten in einem fremden Unternehmen auch dieses Gehalt erhalten?

Damit sind die Gestaltungsmöglichkeiten begrenzt. Hält also das Gehalt eines Gesellschafter-Geschäftsführers einem Fremdvergleich nicht stand, spricht das Finanzamt von einer verdeckten Gewinnausschüttung.

Leider gibt es keine eindeutigen Regeln, wie hoch das Gehalt eines Gesellschafter-Geschäftsführer sein darf, und bei verschiedenen Betriebsprüfern gibt es auch verschiedene Meinungen.

Bei Pensionszusagen an beherrschende Gesellschafter genügen die Angemessenheit und der Fremdvergleich nicht, hierfür sind weitere Voraussetzungen zu erfüllen. Diese sind in Kapitel 10.2 „Rückstellungen für Pensionen und ähnliche Verpflichtungen" beschrieben. **Pensionszusagen**

8.6.2 Feststellung einer verdeckten Gewinnausschüttung

Verdeckte Gewinnausschüttungen werden in der Regel erst durch eine Betriebsprüfung aufgedeckt, und die neue Steuerberechnung findet außerhalb der Bilanz statt. **Betriebsprüfung**

Wie in diesem Fall der Betriebsprüfer vorgehen wird, soll das folgende Beispiel zeigen.

Beispiel:

Die Kapitalgesellschaft erwirtschafte einen Gewinn von 0 Euro nach Abzug des Gehalts für den Gesellschafter-Geschäftsführer in Höhe von 200.000 Euro.

Das Gehalt setzte sich zusammen aus 122.000 Euro Gehaltszahlung und 78.000 Euro Lohnsteuer.

Die Betriebsprüfung hat ergeben, dass das Gehalt um 100.000 Euro zu hoch angesetzt wurde, und eine verdeckte Gewinnausschüttung von 100.000 Euro festgestellt.

Zur besseren Übersicht entsprechen die Höhe der einbehaltenen Lohnsteuer und Kapitalertragsteuer der Höhe der Einkommensteuer.

	Ergebnis vorher	Steuern vorher
Gewinn des Unternehmens	200.000 €	
– Gehalt	– 122.000 €	
– einbehaltene Lohnsteuer	– 78.000 €	(Lohnst.) – 78.000 €
= Gewinn	= 0 €	
Gewerbesteuer		0 €
Körperschaftsteuer		0 €
Summe Steuern Unternehmen		**ca. 78.000 €**
Einkünfte Unternehmer/in		
Gehalt	200.000 €	
Einkommensteuer Unternehmer/in wurde als Lohnsteuer vorausgezahlt		*ca. 78.000 €*

Vor der Betriebsprüfung zahlte das Unternehmen weder Gewerbe- noch Körperschaftsteuer. Das Gehalt in Höhe von 122.000 Euro wurde netto ausgezahlt und die einbehaltene Lohnsteuer von 78.000 Euro wurde an das Finanzamt gezahlt.

	Ergebnis nachher	Steuern nachher
Gewinn des Unternehmens	200.000 €	
– Gehalt	– 65.000 €	
– einbehaltene Lohnsteuer	– 35.000 €	(Lohnsteuer) 35.000 €
= Gewinn	100.000 €	
Gewerbesteuer		ca. 13.000 €
Körperschaftsteuer		ca. 23.000 €
verbleibender Gewinn	64.000 €	
Kapitalertragsteuer Ausschüttung		ca. 13.000 €
Summe Steuern Unternehmen		**ca. 84.000 €**
Einkünfte Unternehmer/in		
Gehalt	100.000 €	
+ 50 % der Gewinnausschüttung	32.000 €	
Einkommensteuer Unternehmer/in wurde als Lohnsteuer und Kapitalertragsteuer vorausgezahlt		ca. 48.000 €

Nach der Betriebsprüfung wurde das überhöhte Gehalt dem Gewinn des Unternehmens zugerechnet. Für das verbleibende Gehalt von 100.000 Euro hätte das Unternehmen nur 35.000 Euro statt 78.000 Euro abführen müssen, daher wird es hier zu einer Lohnsteuererstattung von 43.000 Euro kommen.

Jetzt liegt der Gewinn bei 100.000 Euro, wofür Gewerbe- und Körperschaftsteuer anfallen von insgesamt 36.000 Euro. Der verbleibende Gewinn wird nun theoretisch ausgeschüttet, da ja das Geld bereits an den Gesellschafter-Geschäftsführer ausgezahlt wurde. Von dem auszuschüttenden Gewinn von 64.000 Euro muss das Unternehmen 13.000 Euro Kapitalertragsteuer einbehalten.

	Vorher	Nachher	Differenz
Lohnsteuer	78.000 €	35.000 €	– 43.000 €
Kapitalertragsteuer	0 €	13.000 €	13.000 €
Gewerbesteuer	0 €	13.000 €	13.000 €
Körperschaftsteuer	0 €	23.000 €	23.000 €
Summe	**78.000 €**	**84.000 €**	**6.000 €**

Nach der Betriebsprüfung sind insgesamt 84.000 Euro Steuern zu zahlen, statt vorher 78.000 Euro. Es kommt zu einer Nachzahlung von 6.000 Euro.

> **Achtung:**
> Im Gegensatz zu Personenfirmen sieht das Gesetz den Gesellschafter und die Kapitalgesellschaft wie zwei voneinander unabhängige Personen, obwohl es sich um einen Unternehmer handelt, der eine Firma gegründet und statt der Unternehmensform Einzelfirma die GmbH gewählt hat.
> Das vorherige Beispiel zeigt also die Mehrbelastung von 6.000 Euro für diese beiden Personen zusammen.

Nur: Wer zahlt das Geld? Die Kapitalgesellschaft oder der Gesellschafter? Wie ist zu buchen?

Spätestens jetzt müssen Sie beginnen, T-Konten aufzumalen, und sich den Sachverhalt aufzeichnen.

Bilanz vorher

Bilanz vor der Betriebsprüfung			
Vermögen (Aktiva)		Kapital (Passiva)	
Bank		**Gewinnvortrag**	
+ Eingang Erlöse	+ 200.000 €	Stand nachher	**0 €**
– Zahlung Gehalt	– 122.000 €		
– Zahlung Lohnsteuer	– 78.000 €		
Stand nachher	**0 €**		
Bilanzsumme	0 €	Bilanzsumme	0 €

Gewinn- und Verlust-Rechnung vorher			
Aufwendungen		Erlöse	
Gehalt Geschäftsführer	122.000 €	Erlöse	200.000 €
Gehalt (Lohnsteuer)	78.000 €		
Gewinn	0 €		
Summe	200.000 €	Summe	200.000 €

Buchungen

Konto SKR 03 Soll	Konto SKR 04 Soll	Kontenbezeichnung	Betrag	an	Konto SKR 03 Haben	Konto SKR 04 Haben	Kontenbezeichnung	USt oder VSt
Gehalt = Forderung Gesellschafter								
1330	0730	Forderungen an Gesellschafter	57.000		4120	6020	Geschäftsführergehalt	keine
Korrektur Lohnsteuer								
1736	3700	Verbindl. aus Betriebssteuern	43.000		4120	6020	Geschäftsführergehalt	keine
Steuern für den Gewinn								
4320	7610	Gewerbesteuer	13.000		1736	3700	Verbindl. aus Betriebssteuern	keine
2200	7600	Körperschaftsteuer	23.000		1736	3700	Verbindl. aus Betriebssteuern	keine
Gewinnausschüttung an Gesellschafter								
2900	3700	Gewinnvortrag	51.000		1330	0730	Forderungen an Gesellschafter	keine
2900	3700	Gewinnvortrag	13.000		1736	3700	Verbindlichkeiten aus Betriebssteuern	keine
Falls der Gesellschafter die Verbindlichkeiten gegenüber dem Finanzamt übernimmt								
1736	3700	Verbindl. aus Betriebssteuern	6.000		1330	0730	Forderungen an Gesellschafter	keine

Zum Glück erledigt in der Regel der Betriebsprüfer diese Umbuchungen und Sie erhalten lediglich neue Bescheide sowie eine neue Bilanz (Prüferbilanz).

Bilanz nachher

Bilanz nach der Betriebsprüfung			
Vermögen (Aktiva)		**Kapital (Passiva)**	
Forderung an Gesellschafter		**Gewinnvortrag**	
+ Überhöhtes Gehalt	+ 57.000 €	+ Gewinn	+ 64.000 €
− Ausschüttung	− 51.000 €	− Ausschüttung	− 51.000 €
Stand nachher	**6.000 €**	− Kapitalertragsteuer	− 13.000 €
		Stand nachher	**0 €**
		Verbindlichkeiten	
		+ Gewerbesteuer	+ 13.000 €
		+ Körperschaftsteuer	+ 23.000 €
		− Lohnsteuer	− 43.000 €
		+ Kapitalertragsteuer	+ 13.000 €
		Stand nachher	**6.000 €**
Bilanzsumme	6.000 €	Bilanzsumme	6.000 €

Gewinn- und Verlust-Rechnung nachher			
Aufwendungen		Erlöse	
Gehalt nachher		Erlöse	200.000 €
(200.000 - 57.000 - 43.000) = 100.000 €			
Gewerbesteuer	13.000 €		
Körperschaftsteuer	23.000 €		
Gewinn	64.000 €		
Summe	200.000 €	Summe	200.000 €

Die Buchung nach einer Betriebsprüfung sehen Sie in Kapitel 1.3.1 „Anpassung nach einer Betriebsprüfung".

9 Sonderposten mit Rücklageanteil

9.1 Überblick

Die Sonderposten mit Rücklageanteil unterteilen sich in zwei Gruppen:

- steuerfreie Rücklagen
- Investitionsabzugsbetrag (vorher Ansparrücklage)

Jede Rücklage ist an strenge Voraussetzungen geknüpft, der begünstigte Personenkreis, das begünstigte Wirtschaftsgut und weitere Bedingungen sind im Gesetz genau geregelt.
Außerdem ist jede Rücklage einzeln zu dokumentieren.

9.1.1 Gewinnzuschlag

Für jedes Jahr, in dem die steuerfreie Rücklage oder Ansparrücklage zu Unrecht bestanden hat, fällt ein Gewinnzuschlag i. H. v. 6 % des aufzulösenden Rücklagenbetrags an. Dieser Gewinnzuschlag wird nicht in Ihrer Buchführung erfasst, sondern ist dem Gewinn außerhalb der Gewinn- und Verlust-Rechnung hinzuzurechnen. Das gilt nicht für den Investitionsabzugsbetrag. Dieser wird bei Nichtinvestition in dem Jahr hinzugerechnet, in dem er abgezogen wurde, und die daraus resultierende Steuernachzahlung wird verzinst.

9.1.2 Hinweis zur Bilanz nach Steuer- und Handelsrecht

Hier handelt es sich um rein steuerrechtliche Möglichkeiten, die das Handelsrecht nicht kennt. Diese durften Sie bis 2009 in der Steuerbilanz nur nutzen bzw. ansetzen, wenn Sie das in der Handelsbilanz auch tun (umgekehrte Maßgeblichkeit, Kapitel 1.2.4).
Das neue Handelsrecht hat die umgekehrte Maßgeblichkeit abgeschafft. So werden Sonderposten mit Rücklageanteil und Sonderabschreibungen nur noch in der Steuerbilanz erfasst. Allerdings ist ein

Verzeichnis mit Anschaffungsdatum, Anschaffungspreis und einer Beschreibung der steuerlichen Behandlung zu führen.

9.2 Steuerfreie Rücklagen

In diesen Fällen werden Einnahmen wie Veräußerungsgewinn, Entschädigung oder Zuschuss nicht in der Gewinnermittlung erfasst, sondern in der Bilanz als „Rücklage". Diese Erlöse werden also zunächst nicht versteuert.

9.2.1 Rücklage nach § 6 b EStG

Wird ein Anlagegut, das zum Betriebsvermögen gehört, veräußert, ist der Veräußerungsgewinn, d. h. Verkaufserlös abzüglich Restbuchwert, in voller Höhe zu versteuern.

Handelt es sich allerdings um die Veräußerung eines Grundstücks oder eines Gebäudes und ist eine Ersatzbeschaffung geplant, ist das unter bestimmten Voraussetzungen anders.

Eine Ersatzbeschaffung kann die Anschaffung eines anderen Grundstücks oder Gebäudes sein oder die Herstellung eines neuen Gebäudes. Es kann aber auch ein vorhandenes Gebäude erweitert werden durch Ausbau, Umbau oder Anbau.

Voraussetzungen:

- Das veräußerte Grundstück oder Gebäude gehörte mindestens sechs Jahre zum Betriebsvermögen

- Die Anschaffung eines neuen Grundstücks oder Gebäudes erfolgt innerhalb von vier Jahren

- Die Herstellung oder der Umbau beginnen innerhalb von 4 Jahren und die Fertigstellung innerhalb von sechs Jahren

Sind alle Voraussetzungen erfüllt, müssen Sie den Veräußerungsgewinn nicht in voller Höhe versteuern, sondern können diesen von den Anschaffungs- oder Herstellungskosten des neuen Anlageguts abziehen. Dadurch mindern Sie die Bemessungsgrundlage für die Abschreibung und versteuern den Veräußerungsgewinn indirekt verteilt auf die Nutzungsdauer.

Findet die Veräußerung ein oder mehrere Jahre vor der Ersatzbe-schaffung statt, können Sie in Höhe des Veräußerungsgewinns eine Rücklage bilden. Dadurch bleibt der Veräußerungsgewinn in der Gewinn- und Verlust-Rechnung ergebnisneutral. Im Jahr der Er-satzbeschaffung lösen Sie die Rücklage auf durch die Buchung auf das Anlagekonto.

9.2.2 Rücklage nach 6.6 EStR

Versicherungsentschädigungen oder sonstige Entschädigungen zählen in der Regel in voller Höhe zu den Betriebseinnahmen.
Verlässt ein Gegenstand des Anlage- oder Umlaufvermögens auf-grund höherer Gewalt oder behördlichen Eingriffs das Betriebsver-mögen und ist eine Ersatzbeschaffung geplant, können Sie eine mögliche Entschädigung von den Anschaffungs- oder Herstellungs-kosten des neuen Wirtschaftsguts abziehen.
Voraussetzungen:

• Die Ersatzbeschaffung von Grundstücken oder Gebäuden muss innerhalb von zwei Jahren erfolgen

• Für sonstige Wirtschaftsgüter, die zum Anlage- oder Umlauf-vermögen gehören, muss die Ersatzbeschaffung innerhalb von einem Jahr erfolgen

• Diese Fristen können im Einzelfall verlängert werden, wenn glaubhaft gemacht wird, dass die Ersatzbeschaffung tatsächlich geplant ist oder vielleicht sogar schon bestellt oder beauftragt wurde

Geht die Entschädigung bei Ihnen ein, noch bevor Sie den Ersatz beschafft haben, können Sie in Höhe der Entschädigung eine Rück-lage bilden. Dadurch bleibt diese in der Gewinn- und Verlust-Rechnung ergebnisneutral. Im Jahr der Ersatzbeschaffung lösen Sie die Rücklage nicht gewinnerhöhend auf, sondern mindern die An-schaffungs- oder Herstellungskosten des neuen Wirtschaftsguts.

9.2.3 Rücklage nach 6.5 EStR

Zuschüsse zum Erwerb von Anlagevermögen können von den Anschaffungs- oder Herstellungskosten des Anlageguts abgezogen werden. In diesem Fall schreiben Sie von den niedrigeren Kosten ab.

Ganz gleich, wann Sie den Zuschuss erhalten, vor oder nach der Anschaffung müssen Sie diesen nicht als Betriebseinnahme erfassen.

Erhalten Sie den Zuschuss schon vor der Anschaffung, bilden Sie in dieser Höhe eine Rücklage und lösen diese später wieder auf.

9.2.4 Buchung und bildliche Darstellung

Siehe CD-ROM

Beispiel:

Sie verkaufen im Mai ein Gebäude für 700.000 Euro, der Verkaufspreis wurde im gleichen Monat überwiesen. Das Gebäude gehörte über sechs Jahre zum Betriebsvermögen und stand am 01.01. in der Bilanz mit einem Buchwert von 400.000 Euro, die jährliche Abschreibung betrug 12.000 Euro. In den Kosten ist keine Umsatzsteuer enthalten. Sie planen im nächsten Jahr eine Ersatzbeschaffung. Wie ist zu buchen?

Die anteilige Abschreibung einschließlich des Monats der Veräußerung beträgt 5.000 Euro. Der verbleibende Restbuchwert in Höhe von 395.000 Euro wird ausgebucht. Daraus ergibt sich ein Veräußerungsgewinn von 305.000 Euro, für den eine Rücklage gebildet wird.

Buchungen

Konto SKR 03 Soll	Konto SKR 04 Soll	Kontenbezeichnung	Betrag	an	Konto SKR 03 Haben	Konto SKR 04 Haben	Kontenbezeichnung	USt oder VSt
1200	1800	Bank	700.000		8820	4845	Erlöse aus Sachanlagenverkäufen	keine
4831	6221	Abschreibung Gebäude	5.000		0080	0230	Gebäude auf eigenen Grundstücken	keine
2315	4855	Abgang Anlagevermögen	395.000		0080	0230	Gebäude auf eigenen Grundstücken	keine
2340	6925	Einstellung Sonderposten mit Rücklageanteil	305.000		0930	2980	Sonderposten mit Rücklageanteil (steuerfreie Rücklagen)	keine

Bilanz			
Vermögen (Aktiva)		**Kapital (Passiva)**	
Gebäude		**Kapital**	
Stand vorher	400.000 €	Stand vorher	400.000 €
– Restabschreibung	– 5.000 €	– Verlust	– 5.000 €
– Anlagenabgang	– 395.000 €	Stand nachher	**395.000 €**
Stand nachher	0 €	**Sonderposten mit Rücklageanteil**	
Bank		+ Verkaufserlös	+ 305.000 €
+ Verkaufserlös	+ 700.000 €	Stand nachher	**305.000 €**
Stand nachher	**700.000 €**		
Bilanzsumme	700.000 €	Bilanzsumme	700.000 €

Gewinn- und Verlust-Rechnung			
Aufwendungen		Erlöse	
Abschreibung	5.000 €	Verkauf Anlageverm.	700.000 €
Abgang Anlagevermögen	395.000 €	Verlust	5.000 €
Einstellung Sonderposten	305.000 €		
Summe	705.000 €	Summe	705.000 €

Im Jahr der Ersatzbeschaffung wird diese Rücklage aufgelöst. War die Rücklage höher, als die neuen Anschaffungskosten es waren, wird der Differenzbetrag gewinnerhöhend aufgelöst.

Siehe CD-ROM

Beispiel:

Bereits ein Jahr nach dem Verkauf des alten Gebäudes haben Sie ein neues Gebäude für 600.000 Euro gekauft. Jetzt muss die Rücklage in Höhe von 305.000 Euro aufgelöst werden über das Anlagekonto „Gebäude". Wie sind die Zahlung und die Auflösung der Rücklage zu buchen?

Buchungen

Konto SKR 03 Soll	Konto SKR 04 Soll	Kontenbezeichnung	Betrag	an	Konto SKR 03 Haben	Konto SKR 04 Haben	Kontenbezeichnung	USt oder VSt
0090	0240	Geschäftsbauten	600.000		1200	1800	Bank	keine
0931	2980	Sonderposten mit Rücklageanteil (steuerfreie Rücklagen)	305.000		0090	0240	Geschäftsbauten	keine

Bilanz		
Vermögen (Aktiva)	**Kapital (Passiva)**	
Geschäftsbauten	**Kapital**	
+ Anschaffungsk.	+ 600.000 €	Stand	**395.000 €**
– Auflösung Sonderp.	– 305.000 €	**Sonderposten mit Rücklageanteil**	
Stand nachher	**295.000 €**	Stand vorher	305.000 €
Bank		– Auflösung Sonderp.	– 305.000 €
Stand vorher	700.000 €	Stand nachher	**0 €**
– Ansch. Gebäude	– 600.000 €		
Stand nachher	**100.000 €**		
Bilanzsumme	395.000 €	Bilanzsumme	395.000 €

9.3 Investitionsabzugsbetrag, Ansparrücklage

In der Regel konnte die Ansparrücklage nach § 7 g EStG letztmalig beim Jahresabschluss 2006 gebildet werden. Danach wurde sie abgelöst vom Investitionsabzugsbetrag. Im nächsten Abschnitt zeige ich Ihnen kurz, wie das Bilden der Ansparrücklage gebucht wurde und wie beim Auflösen zu buchen ist. Ansonsten geht es in diesem Kapitel vor allem um den jetzt gültigen Investitionsabzugsbetrag.

Hier handelt es sich um die Möglichkeit, für eine geplante Investition von Anlagegütern Abschreibungen vorzuziehen. Ihr Gewinn wird bereits im Jahr der Planung gekürzt. Sie sparen noch vor der Investition Steuern, haben dadurch mehr Liquidität, was ein Investitionsanreiz ist.

Diese Regelung gilt nur für kleine und mittelständige Unternehmen und nur für die Anschaffung von beweglichem Anlagevermögen (Maschinen, Betriebsausstattung etc.). Das Unternehmen und das Anlagegut müssen also bestimmte Voraussetzungen erfüllen.

Voraussetzungen für das Unternehmen:

Investitionsabzugsbetrag
Das Betriebsvermögen liegt am Schluss des Jahres, in dem der Abzug vorgenommen wird, nicht über 235.000 € (335.000 € in 2009 und 2010).
Bei land- und forstwirtschaftl. Betrieben liegt der Wirtschaftswert im Jahr des Abzugs nicht über 125.000 € (175.000 € in 2009 und 2010).
Die Gewinn von Einnahme-Überschussrechnern liegt im Jahr des Abzugs nicht über 100.000 € (200.000 € in 2009 und 2010).

Damit ist das Betriebsvermögen vor Abzug des Investitionsabzugsbetrags gemeint.

Voraussetzungen für das Anlagegut:

Investitionsabzugsbetrag
neue und gebrauchte bewegliche Wirtschaftsgüter
Verbleib im Betriebsvermögen bis Ende des Folgejahres
fast ausschließlich betriebliche Nutzung 90 %

Beim Investitionsabzugsbetrag haben sich nicht nur die Voraussetzungen geändert, sondern auch die Vorgehensweise und die Höhe der Abzugsbeträge.

Die Ansparrücklage wurde manchmal dazu genutzt, Gewinne von einem Jahr in andere Jahre zu verschieben. Diese Möglichkeit entfällt nun. Da bei Nichtinvestition der Investitionsabzug in dem Jahr rückgängig gemacht wird, in dem er vorgenommen wurde.

Dafür sind die neuen Abzugsbeträge ggf. höher. Wenn Sie also tatsächlich investieren und die Anschaffungskosten nicht zu hoch sind, können Sie wesentlich höhere Betriebsausgaben geltend machen als bei der Ansparrücklage.

9.3.1 Ansparrücklage bis max. 2007

Wer eine Ansparrücklage gebildet hatte, durfte zusätzlich zur planmäßigen Abschreibung die Sonderabschreibung nach § 7 g EStG vornehmen, 20 % der Anschaffungskosten verteilt auf ein bis fünf Jahre. Lediglich Existenzgründer konnten die Sonderabschreibung auch vornehmen ohne die vorherige Bildung einer Ansparrücklage. Seit 2008 kann die Sonderabschreibung unabhängig vom Investitionsabzugsbetrag vorgenommen werden, wie im Kapitel 3.8.2 beschrieben.

9.3.2 Buchung und bildliche Darstellung Ansparrücklage

Siehe CD-ROM

Beispiel:

Sie sind kein Existenzgründer, aber alle anderen Voraussetzungen nach § 7 g EStG sind erfüllt. Sie planen eine neue Maschine anzuschaffen. Da der Gewinn des aktuellen Jahres besonders hoch war, bilden Sie eine Ansparrücklage in Höhe von 20.000 Euro. Wie ist zu buchen?

Buchungen

Konto SKR 03 Soll	Konto SKR 04 Soll	Kontenbezeichnung	Betrag	an	Konto SKR 03 Haben	Konto SKR 04 Haben	Kontenbezeichnung	USt oder VSt
2341	6926	Einstellung in SoPo (Ansparrücklage)	20.000		0947	2997	Ansparrücklage nach § 7 g Abs. 1	keine

Bilanz			
Vermögen (Aktiva)		Kapital (Passiva)	
		Kapital	
		– Verlust	– 20.000 €
		Stand nachher	**– 20.000 €**
		Sonderposten mit Rücklageanteil	
		+ Bildung Ansparrücklage	+ 20.000 €
		Stand nachher	**20.000 €**
Bilanzsumme	0 €	Bilanzsumme	0 €

Gewinn- und Verlust-Rechnung			
Aufwendungen		Erlöse	
Bildung Ansparrücklage	20.000 €	Verlust	20.000 €
Summe	20.000 €	Summe	20.000 €

Im Jahr der Investition wird die Rücklage aufgelöst, die planmäßige Abschreibung vorgenommen und ggf. sogar die Sonderabschreibung nach § 7 g EStG, 20 % der Anschaffungskosten verteilt auf ein bis fünf Jahre.

Beispiel:

Im Januar des übernächsten Jahres haben Sie eine Maschine für 59.500 Euro inkl. 19 % USt gekauft. Sie schreiben die Maschine linear ab und nehmen die Sonderabschreibung in voller Höhe vor. Die Nutzungsdauer beträgt zehn Jahre. Wie ist zu buchen?

Siehe CD-ROM

Die lineare Abschreibung beträgt 5.000 Euro und die Sonderabschreibung 10.000 Euro. Die Ansparrücklage von 20.000 Euro wird aufgelöst.

Buchungen

Konto SKR 03 Soll	Konto SKR 04 Soll	Konten- bezeichnung	Betrag	an	Konto SKR 03 Haben	Konto SKR 04 Haben	Konten- bezeichnung	USt oder VSt
0210	0440	Maschinen	59.500		70000	70000	Kreditoren- konto	VSt 19 %
4830	6220	Abschreibung Sachanlagen	5.000		0210	0440	Maschine	keine

Konto SKR 03 Soll	Konto SKR 04 Soll	Konten-bezeichnung	Betrag	an	Konto SKR 03 Haben	Konto SKR 04 Haben	Konten-bezeichnung	USt oder VSt
4851	6241	Sonder-abschreibung nach § 7 g	10.000		0210	0440	Maschine	keine
0947	2997	Ansparrücklage nach § 7g Abs. 2	20.000		2739	4936	Erträge aus Auflösung SoPo (Ansparrück-lage)	keine

Bilanz			
Vermögen (Aktiva)		**Kapital (Passiva)**	
Maschinen		**Kapital**	
+ Anschaffungsk.	+ 50.000 €	Stand vorher	– 20.000 €
– lineare AfA	– 5.000 €	Gewinn	**+ 5.000 €**
– Sonder-AfA	– 10.000 €	Stand nachher	– 15.000 €
Stand nachher	**35.000 €**	**Sonderposten mit Rücklageanteil**	
Vorsteuer		Stand vorher	20.000 €
+ VSt Maschine	+ 9.500 €	– Auflösung Ansparrückl.	– 20.000 €
Stand nachher	**9.500 €**	Stand nachher	**0 €**
		Verbindlichkeiten	
		+ Ansch. Maschine	+ 59.500 €
		Stand nachher	**+ 59.500 €**
Bilanzsumme	44.500 €	Bilanzsumme	44.500 €

Gewinn- und Verlust-Rechnung			
Aufwendungen		**Erlöse**	
Abschreibung	5.000 €	Erträge Auflösung	20.000 €
Sonderabschreibung	10.000 €		
Gewinn	5.000 €		
Summe	20.000 €	Summe	20.000 €

9.3.3 Investitionsabzugsbetrag

In Wirtschaftsjahren die nach dem 17.08.07 enden, können Sie den Investitionsabzugsbetrag abziehen, soweit das Unternehmen und das Anlagegut die Voraussetzungen erfüllen.

Allerdings nur, wenn Sie tatsächlich eine Investition im Laufe der nächsten drei Jahre planen. Sie können für zukünftige Investitionen einen Abzug vornehmen, d. h. zukünftige Abschreibungen vorziehen. Investieren Sie innerhalb dieser Zeit nicht oder zu einem niedrigeren Betrag, wird dieser Vorgang rückgängig gemacht bzw. korrigiert im ursprünglichen Jahr des Abzugs. Die dadurch entstehende Steuernachzahlung wird verzinst.

Höhe des Investitionsabzugsbetrags

Sie können im Jahr der Planung 40 % der Anschaffungs- oder Herstellungskosten abziehen, jedoch maximal 200.000 Euro je Betrieb innerhalb von 4 Jahren, d. h. im Jahr des Abzugs und in den 3 Vorjahren darf diese Grenze nicht überschritten werden. Es gibt keine Vergünstigungen für Existenzgründer.

Was ist neu im Jahr der Investition?

Wie bei der Ansparrücklage wird auch der Investitionsabzugsbetrag im Jahr der Investition hinzugerechnet. Neu ist, dass Sie 40 % der Anschaffungskosten, aber maximal den tatsächlich vorab angesetzten Investitionsabzugsbetrag von den Abschaffungskosten abziehen und als Betriebsausgabe geltend machen. Zweifelsfragen werden im BMF-Schreiben vom 08.05.2008 beantwortet, siehe CD-ROM.

Siehe CD-ROM

Zusätzlich können Sie von den verbleibenden Anschaffungs- oder Herstellungskosten die Sonderabschreibung und die normale Abschreibung vornehmen. Die Sonderabschreibung ist in Kapitel 3.8.2 beschrieben.

9.3.4 Buchung und bildliche Darstellung Investitionsabzugsbetrag

Beispiel:

Sie planen, eine neue Maschine anzuschaffen, und ziehen einen Investitionsabzugsbetrag in Höhe von 20.000 Euro ab. Wie ist zu buchen?

Das Steuerrecht verlangt keine Buchungen mehr. Der Investitionsabzugsbetrag ist im Jahr der Planung und im Jahr der Investition außerhalb der Bilanz zu erfassen. Lediglich im Jahr der Investition ist die Abschreibung zu buchen.

Möchten Sie den Investitionsabzugsbetrag im Jahr der Planung doch buchen, gehen Sie vor, wie bei der Bildung der Ansparrücklage (siehe vorheriges Kapitel 9.3.2).

Siehe CD-ROM

Beispiel:

Im Januar des übernächsten Jahres haben Sie eine Maschine für 59.500 Euro inkl. 19 % USt gekauft. Sie schreiben die Maschine linear ab und nehmen die Sonderabschreibung nach § 7 g EStG in voller Höhe vor. Die Nutzungsdauer beträgt zehn Jahre.

Wie ist zu buchen?

Im Jahr der Investition wird der Investitionsabzugsbetrag von 20.000 Euro von den Anschaffungskosten abgezogen.
Dadurch beträgt die verbleibende Bemessungsgrundlage für die Abschreibung 30.000 Euro. Die lineare Abschreibung beträgt 3.000 Euro und die Sonderabschreibung 6.000 Euro (20 % von 30.000).
Der Investitionsabzugsbetrag von 20.000 Euro wird außerhalb der Bilanz hinzugerechnet bzw. gebucht wie die Auflösung der Ansparabschreibung.

Buchungen

Konto SKR 03 Soll	Konto SKR 04 Soll	Konten-bezeichnung	Betrag	an	Konto SKR 03 Haben	Konto SKR 04 Haben	Konten-bezeichnung	USt oder VSt
0210	0440	Maschinen	59.500		70000	70000	Kreditoren-konto	VSt 19 %
4853	6243	Kürzung der AK/HK gemäß § 7 g	20.000		0210	0440	Maschine	keine
4830	6220	Abschreibung Sachanlagen	3.000		0210	0440	Maschine	keine
4851	6241	Sonder-abschreibung nach § 7 g	6.000		0210	0440	Maschine	keine

Bilanz				
Vermögen (Aktiva)		**Kapital (Passiva)**		
Maschinen		**Kapital**		
+ Anschaffungsk.	+ 50.000 €	Stand vorher		0 €
- Kürzung AK/HK § 7g	- 20.000 €	- Verlust		-29.000 €
- lineare AfA	- 3.000 €	Stand nachher		**-29.000 €**
- Sonder-AfA	- 6.000 €	**Verbindlichkeiten**		
Stand nachher	**21.000 €**	+ Ansch. Maschine		+ 59.500 €
Vorsteuer		Stand nachher		**+ 59.500 €**
+ VSt Maschine	+ 9.500 €			
Stand nachher	**9.500 €**			
Bilanzsumme	30.500 €	Bilanzsumme		30.500 €

Gewinn- und Verlust-Rechnung			
Aufwendungen		**Erlöse**	
Abschreibung	3.000 €	Verlust	29.000 €
Kürzung AK/HK § 7 g	20.000 €		
Sonderabschreibung	6.000 €		
Summe	29.000 €	Summe	29.000 €

Achtung:
Wenn Sie investieren wie geplant, können Sie den neuen Investitionsabzugsbetrag optimal ausnutzen. Wenn Sie aber Ihre geplante Investition zu niedrig oder zu hoch einschätzen, entstehen Nachteile.

Der geplante Investitionsabzugsbetrag ist höher als die tatsächlichen Anschaffungskosten

In diesem Fall wird der Abzugsbetrag in dem Jahr auf die richtige Höhe korrigiert, in dem er abgezogen wurde. Dadurch kommt es zu einer Steuernachzahlung, die verzinst wird. Allerdings wird dann im Jahr der Investition genau so vorgegangen, als hätten Sie richtig geplant, wie im vorherigen Abschnitt beschrieben.

Schätzung war zu hoch

Der geplante Investitionsabzugsbetrag ist niedriger als die tatsächlichen Anschaffungskosten

Schätzung war zu niedrig

Haben Sie die Kosten zu niedrig geschätzt, wird der Abzugsbetrag im Jahr des Abzugs nicht korrigiert, er bleibt so bestehen. Leider können Sie dann im Jahr der Investition nur diesen zu niedrigen Abzugsbetrag von den Anschaffungskosten abziehen, da das Gesetz nur den Abzug des tatsächlich abgezogenen Investitionsabzugsbetrags zulässt. In diesem Fall können Sie nicht gleich im ersten Jahr den höchstmöglichen Abschreibungsbetrag abziehen, sondern erst später, im Rahmen der Abschreibung.

Beispiel:

Im Vorjahr haben Sie einen Investitionsabzugsbetrag in Höhe von nur 12.000 Euro statt 20.000 Euro abgezogen. Im Jahr der Investition können Sie dann nur folgende Betriebsausgaben abziehen:

- Investitionsabzugsbetrag, 40 % der AK/HK, max. der Abzugsbetrag des Planungsjahres	12.000 Euro
- Sonderabschreibung 20 % der verbleibenden AK/HK von 38.000 Euro (50.000 – 12.000)	7.600 Euro
- lineare Abschreibung von 38.000 Euro	3.800 Euro
Summe Betriebsausgaben	23.500 Euro

Hätten Sie richtig geschätzt und den Investitionsabzug in Höhe von 20.000 Euro geltend gemacht, wäre, wie im vorherigen Beispiel beschrieben, ein Betriebsausgabenabzug in Höhe von 29.000 Euro möglich gewesen.

Achtung: Investitionsabzugsbetrag und GWG-Grenze

Der Investitionsabzugsbetrag mindert im Jahr der Investition die Anschaffungskosten bzw. die Bemessungsgrundlage für die Abschreibung. Bilden Sie zum Beispiel einen Investitionsabzugsbetrag für einen Laptop im Wert von 1.666 Euro in Höhe von 40 %, sind im Jahr der Anschaffung diese 40 % (666 Euro) von den Anschaffungskosten abzuziehen. Dadurch betragen die Anschaffungskosten nur noch 1.000 Euro und der Laptop wird ein GWG des Sammelpostens, der über 5 Jahre abzuschreiben ist. Obwohl die ursprünglichen Anschaffungskosten über 1.000 Euro lagen und die Nutzungsdauer bei drei Jahren liegt. Denken Sie daran!

10 Rückstellungen

10.1 Überblick

Rückstellungen werden gebildet für tatsächlich eingetretene Verbindlichkeiten, die wirtschaftlich in das Abschlussjahr gehören, aber in ihrer Höhe noch nicht feststehen. Die Höhe muss vorsichtig berechnet bzw. geschätzt werden.

Was ist bei Rückstellungen zu beachten?

Zunächst sollten Sie sich einen Überblick verschaffen, welche Arten von Rückstellungen es gibt. Anschließend überprüfen Sie, welche dieser ungewissen Verbindlichkeiten auf Ihr Unternehmen zutreffen. In diesem Fall helfen natürlich immer die Bilanzen der Vorjahre sowie der Branchenvergleich.

Mögliche Rückstellungen

Auf der beiliegenden CD-ROM finden Sie ein ABC der Rückstellungen.

Siehe CD-ROM

Die Rückstellungen werden vorsichtig berechnet und gebucht. In den Folgejahren ist zu beachten, dass Kosten, für die bereits Rückstellungen gebildet wurden, nicht erneut als Aufwand erfasst werden. Fällt die Verbindlichkeit weg, sind die Rückstellungen wieder aufzulösen.

Rückstellung bilden und auflösen

Wurde die Rückstellung zu hoch oder zu niedrig gebildet, buchen Sie die Differenz auf die entsprechenden Konten.

Differenz	Konto
Die Rückstellung ist höher als die tatsächliche Verbindlichkeit?	Erträge aus der Auflösung von Rückstellungen
Die Rückstellung ist niedriger als die tatsächliche Verbindlichkeit?	Aufwendungen bzw. periodenfremde Aufwendungen

An jede Rückstellung sind viele Voraussetzungen geknüpft. Sie darf erst gebildet werden, wenn die Verbindlichkeit tatsächlich entstanden ist. Denken Sie auch an die möglichen Erkenntnisse zwischen dem Bilanzstichtag und dem Tag der Bilanzerstellung. Was fließt in die Bewertung ein und was nicht, wie in Kapitel 1.5.1 „Zeitpunkt der Bewertung beschrieben".

Folgende Rückstellungen müssen laut Steuer- und Handelsrecht gebildet werden, wenn Sie in Ihrem Unternehmen vorkommen.

- Rückstellungen für Pensionen und ähnliche Verpflichtungen
- Steuerrückstellungen
- Sonstige Rückstellungen für ungewisse Verbindlichkeiten

10.1.1 Hinweis zur Bilanz nach Steuer- und Handelsrecht

Siehe Kapitel 1.2.4

Wer eine reine Steuerbilanz nach § 4 (1) EStG erstellt, muss sich lediglich an das Steuerrecht halten. Wer dagegen, wie die meisten Bilanzierenden, eine Steuerbilanz nach § 5 EStG erstellt, muss das Handels- und das Steuerrecht beachten. Was heißt das im Bereich der Rückstellungen?

Wie in Kapitel 1.2.4 „Bilanz nach Steuer- und Handelsrecht" beschrieben, gilt zunächst folgender Grundsatz:

Schreibt das Handelsrecht Gebote vor, gelten diese auch für das Steuerrecht, soweit das Steuerrecht nicht widerspricht.

Das Handelsrecht schreibt folgende Rückstellungs**gebote** vor:

- ungewisse Verbindlichkeiten
- drohende Verluste aus schwebenden Geschäften
- Aufwand für unterlassene Instandhaltung, die innerhalb von 3 Monaten nachgeholt werden
- Aufwand für Abraumbeseitigung
- Gewährleistung ohne rechtliche Verpflichtung

Nur die Drohverlustrückstellung verbietet das Steuerrecht.

Rückstellungen für	Handelsrecht § 249 HGB	Steuerrecht § 5 EStG R 5.7 EStR
drohende Verluste aus schwebenden Geschäften	Pflicht	Verbot

Der zweite Grundsatz lautet:

Bietet das Handelsrecht Wahlrechte, dürfen diese in der Steuerbilanz nur angewandt werden, wenn sie zu einem höheren Gewinn führen.

Noch bietet das Handelsrecht folgende Rückstellungs**wahlrechte**:

* Aufwand für unterlassene Instandhaltung, die innerhalb von 12 Monaten nachgeholt wird
* Aufwandsrückstellungen

Da das Bilden von Rückstellungen den Gewinn mindert, sind diese Rückstellungen in der Steuerbilanz verboten.

Rückstellungen für	Handelsrecht § 249 HGB	Steuerrecht § 5 EStG R 5.7 EStR
unterlassene Instandhaltung, die innerhalb von 12 Monaten erfolgt	Wahlrecht seit 2010 Verbot	Verbot
zu erwartende Großreparaturen	Wahlrecht seit 2010 Verbot	Verbot

Im neuen Handelsrecht wurden die Wahlrechte für Rückstellungen für unterlassene Instandhaltung, die innerhalb von 12 Monaten nachgeholt werden, und Aufwandsrückstellungen, für die keine rechtliche Verpflichtung gegenüber Dritten (Außenverpflichtung) besteht, gestrichen, § 249 (neu).

Auf den ersten Blick sieht das nach einer Vereinfachung aus. In beiden Bilanzen dürfen – bis auf die Drohverlustrückstellung – die gleichen Rückstellungen gebildet werden. Aber das sind noch nicht alle Änderungen, die uns erwarten.

In der neuen Handelsbilanz wird es bei der Bewertung bzw. Berechnung von Rückstellungen bedeutende Änderungen geben. Es müssen zukünftige Kosten- und Preissteigerungen berücksichtigt werden, was den Wertansatz in der Regel erhöht, § 253 HGB (neu). Man spricht hier vom notwendigen Erfüllungsbetrag.

Außerdem verlangt bisher nur das Steuerrecht die Abzinsung von unverzinsten Verbindlichkeiten und Rückstellungen, deren Laufzeit über zwölf Monaten liegt. Diese Vorschrift verbietet das Handelsrecht noch! Erst in der neuen Handelsbilanz sind Rückstellungen mit einer Laufzeit von über 12 Monaten ebenfalls abzuzinsen, allerdings zum durchschnittlichen Marktzins der letzten sieben Jahre. Dieser Zinssatz wird regelmäßig von der Deutschen Bundesbank veröffentlicht. Außerdem sind Abzinsung und Aufzinsung im Rückstellungsspiegel zu erfassen, § 253 (neu).

Da das Steuerrecht weiterhin die Berücksichtigung von Preissteigerungen verbietet und die Abzinsung zum Zinssatz von 5,5 % verlangt, wird es bei der Bewertung von Rückstellungen zwangsläufig zu Abweichungen von Steuer- und Handelsbilanz kommen. Das hat für mittelgroße und große Kapitalgesellschaften zur Folge, dass ggf. latente Steuern zu erfassen sind. Mehr dazu erfahren Sie im Kapitel 12 „Latente Steuern".

10.2 Rückstellungen für Pensionen und ähnliche Verpflichtungen

Für Pensionszusagen an Mitarbeiter oder Gesellschafter-Geschäftsführer oder Provisionsvereinbarungen müssen Sie zum Zeitpunkt der Entstehung der Rechtsverpflichtung Rückstellungen bilden. Rückstellungen für Pensionszusagen dürfen laut Steuer- und Handelsrecht nur unter bestimmten Voraussetzungen gebildet werden.

10.2.1 Voraussetzungen für alle Pensionsberechtigten

- Pensionszusagen müssen schriftlich vereinbart werden und rechtsverbindlich ohne Widerrufsvorbehalt sein.
- Der Pensionsberechtigte muss das 28. Lebensjahr vollendet haben.
- Die Pensionszusage muss unabhängig sein von späteren gewinnabhängigen Bezügen.

10.2.2 Zusätzliche Voraussetzungen für Gesellschafter-Geschäftsführer

- Die Pensionsverpflichtung muss finanzierbar sein, und alle Gesellschafter müssen im Vertrag oder in Form eines Gesellschafterbeschlusses zustimmen.
- Erteilung darf erst nach der Probezeit von 2–3 Jahren erfolgen. Bei Neugründung einer GmbH beträgt die Probezeit fünf Jahre.

- Die Probezeit kann verkürzt werden, wenn eine Personenfirma in eine Kapitalgesellschaft umgewandelt wurde und der Gesellschafter-Geschäftsführer vorher schon an der Personenfirma beteiligt war.
- Bei Pensionszusage darf der Pensionsberechtigte das 60. Lebensjahr noch nicht vollendet haben.
- Ansparzeit muss mindestens zehn Jahre betragen. Das gilt auch für nachträglich erteilte Erhöhungen.
- Das vereinbarte Pensionsalter ist je nach Geburtsjahr 65 bis 67 Jahre. Das früheste Pensionsalter von 65 gilt für Geburtsjahrgänge bis 1952. Für Jahrgänge von 1953 bis 1961 gelten 66 Jahre und für Jahrgänge ab 1962 gelten 67 Jahre.
- Die Pensionsbezüge müssen angemessen sein, die Höhe von 75 % aller Aktivbezüge inkl. der Versicherungsbeiträge gilt als angemessen.
- Liegen die vereinbarten Pensionsbezüge bei 30 % der Aktivbezüge, wird auf die Prüfung der Überversorgung verzichtet.

Sind die Voraussetzungen nicht erfüllt oder sind die Pensionsrückstellungen zu hoch angesetzt, wird das Finanzamt eine verdeckte Gewinnausschüttung vermuten, wie in den Kapiteln 1.7.2 „Gewinne von Kapitalgesellschaften" und 8.6 „Verdeckte Gewinnausschüttung bei Kapitalgesellschaften" beschrieben.

10.2.3 Bilanzansatz und Bewertung

Hier zeige ich Ihnen zunächst die Regeln des Handelsrechts bis 2009 sowie die Regeln des Steuerrechts, die auch weiterhin gelten.

Pensionsrückstellungen	
	berechneter Barwert lt. Versicherung oder Gutachter
+	Erhöhung des Barwerts im Folgejahr
–	Minderung des Barwerts im Folgejahr
–	Pensionszahlungen an ehemalige Mitarbeiter
=	Wert in der Bilanz Passiva

Pensionsrückstellungen sind mit dem Barwert auszuweisen. Diese Ermittlung übernehmen in der Regel Versicherungen oder Versicherungsmathematiker.

Achtung:
Die Rückstellung darf nur in Höhe des jährlichen Zugangs gebildet werden, eine Nachholung für Vorjahre ist nicht zulässig.

Haben Sie zur Absicherung der Pensionsverpflichtungen eine Rückdeckungsversicherung abgeschlossen, wird Ihnen diese Versicherung in jedem Jahr den Barwert der Rückstellung sowie den Rückkaufswert der Versicherung mitteilen.

Ansprüche aus Rückdeckungsversicherung
Rückkaufswert der Lebensversicherung
+ Erhöhung des Rückkaufswerts im Folgejahr
− Minderung des Rückkaufswerts im Folgejahr
− Auszahlung der Versicherungssumme bei Pensionsbeginn
= Wert in der Bilanz Aktiva

Bilanzansatz in der neuen Handelsbilanz

Bisher kann der Barwert von Pensionsrückstellungen aus der Steuerbilanz ebenfalls in der Handelsbilanz angesetzt werden. Das gilt auch für den Ansatz von Vermögensgegenständen zur Finanzierung dieser Pensionsverpflichtungen. Das wird in der neuen Handelsbilanz nicht mehr möglich sein, da es drei Änderungen gibt.

1. Bei der Berechnung von Pensionsrückstellungen sind zukünftige Gehalts- und Rentensteigerungen zu berücksichtigen, was zu einem höheren Ausweis in der Handelsbilanz führen wird, § 253 HGB (neu).

Tipp:
Diese Werte liefern die Versicherungsmathematiker ebenfalls mit..

2. Die Abzinsung wird nicht mehr zum steuerlichen Zinssatz erfolgen. Es sind zwei Methoden für die Abzinsung vorgeschrieben, die Einzelbewertung sowie die Pauschalbewertung, § 253 HGB (neu).

3. Gibt es Vermögen, das ausschließlich und insolvenzsicher der Sicherung von Pensionsverpflichtungen dient, wird der Zeitwert des Vermögens vom Rückstellungsbetrag abgezogen. Sind die Rückstellungen höher, wird der verminderte Rückstellungsbetrag ausgewiesen.

Ist das Vermögen höher, wird der verbleibende Vermögenswert in der neuen Bilanzposition „Aktiver Unterschiedsbetrag aus der Vermögensverrechnung" ausgewiesen, wie im Kapitel 3.9 „Finanzanlagen" beschrieben. In beiden Fällen sind die Verrechnungen im Anhang zu erläutern, § 246 HGB (neu).

Einzelbewertung:

Sie lassen für jeden Mitarbeiter einzeln den Barwert der Pensionszusage ermitteln, entsprechend der individuellen Laufzeit. Mit Laufzeit ist die Zeit gemeint, in wie viel Jahren der Mitarbeiter in Ruhestand geht. Der Barwert wird in der Regel von finanzmathematischen Gutachtern ermittelt, dazu wird die Höhe der Pensionszusage sowie die Laufzeit benötigt. Es wird dann anhand der Sterbetafel und Abzinsungstabellen berechnet, welcher Betrag für die aktiven Mitarbeiter jährlich in die Rückstellung einzustellen ist, um am Ende der Laufzeit, also zu Rentenbeginn, einen realistischen Rückstellungswert zu haben. Für die Mitarbeiter im Ruhestand ist der Barwert der Rückstellungen ebenfalls jährlich entsprechend der Lebenserwartung anzupassen. In der neuen Handelsbilanz sind für die Berechnung zusätzlich zukünftige Rentensteigerungen einzubeziehen.

Pauschalbewertung:

Hier wird bei jeder Pensionsverpflichtung von einer Laufzeit von 15 Jahren ausgegangen. Allerdings ist anschließend zu überprüfen, ob dieser ermittelte Wert überhaupt der Realität entspricht. Das kann der Fall sein, wenn der zu bewertende Bestand hauptsächlich aus Rentnern oder hauptsächlich aus Aktiven besteht. In diesem Fall müsste dann doch die Einzelbewertung angewandt werden.

10.2.4 Ansparphase – Buchung und bildliche Darstellung

Siehe CD-ROM

> **Beispiel:**
>
> Der Geschäftsführer hat im Abschlussjahr eine Pensionszusage erhalten, gleichzeitig wurde eine Rückdeckungsversicherung abgeschlossen. Der jährliche Versicherungsbeitrag von 9.000 Euro wurde auf „Aufwendungen für Altersversorgung (4165/6140)" gebucht. Laut dem Schreiben der Versicherung ist eine Pensionsrückstellung in Höhe von 82.600 Euro zu bilden, und der Rückkaufswert beträgt 11.300 Euro. Wie ist zu buchen?

Der Beitrag für die Rückdeckungsversicherung wird auf das Konto „Versicherungen" gebucht. Das Konto „Aufwendungen für Altersversorgung" ist das Gegenkonto für die Pensionsrückstellungen in Höhe von 82.600 Euro. Der Rückkaufswert der Versicherung von 11.300 Euro stellt einen Vermögenswert dar, der zu aktivieren ist.

Buchungen

Konto SKR 03 Soll	Konto SKR 04 Soll	Konten-bezeichnung	Betrag	an	Konto SKR 03 Haben	Konto SKR 04 Haben	Konten-bezeichnung	USt oder VSt
Korrektur des Versicherungsbeitrags								
4360	6400	Versicherungen	9.000		4165	6140	Aufwendungen für Altersvorsorge	keine
Bildung der Rückstellung								
4165	6140	Aufwendungen für Altersvorsorge	82.600		0950	3010	Pensionsrück-stellung	keine
Aktivierung des Versicherungswertes								
0595	0990	Ansprüche aus Rückdeckungs-versicherung	11.300		2700	4830	Sonstige betriebliche Erträge	keine

In der Ansparphase erfassen Sie den Versicherungsbeitrag auf dem Aufwandskonto „Versicherungen" und die jährliche Erhöhung des Rückkaufswerts der Versicherung auf dem Erlöskonto „Zinsen und sonstige Erträge".

Diese Werte müssen Sie in jedem Jahr anpassen. Dadurch steigt in jedem Jahr die Forderung gegenüber der Versicherung und auf der anderen Seite die Verbindlichkeit gegenüber dem Pensionsberechtigten.

Bilanz Ansparphase			
Vermögen (Aktiva)		Kapital (Passiva)	
Rückdeckungsversicherung		**Kapital**	
+ Wert lt. Gutachten	+ 11.300 €	Stand vorher	0 €
Stand nachher	**11.300 €**	Verlust	– 80.300 €
		Stand nachher	**– 80.300 €**
		Verbindlichkeiten Bank	
		Stand	**9.000 €**
		Pensionsrückstellung	
		+ Wert lt. Gutachten	+ 82.600 €
		Stand nachher	**82.600 €**
Bilanzsumme	11.300 €	Bilanzsumme	11.3000 €

Gewinn- und Verlust-Rechnung Ansparphase			
Aufwendungen		Erlöse	
Aufw. Altersvorsorge		Erträge Rückdeckungs-	
Stand vorher	9.000 €	versicherung	11.300 €
– Umb. Versicherung	– 9.000 €	Verlust	80.300 €
+ Pensionsrückstellung	+ 82.600 €		
Stand nachher	82.600 €		
Versicherungen	9.000 €		
Summe	91.600 €	Summe	91.600 €

Tipp:

Im ersten Jahr der Rücklagenbildung ist der Rückstellungsbetrag sehr hoch. Diesen Grundstock können Sie sofort als Aufwand erfassen oder auf zwei oder drei Jahre verteilen.

In der neuen Handelsbilanz wird die Rückdeckungsversicherung nicht mehr gesondert ausgewiesen, sondern mit den Rückstellungen verrechnet, vorausgesetzt sie sichert ausschließlich und insolvenzsicher diese Pensionsverpflichtungen.

Buchungen

Konto SKR 03 Soll	Konto SKR 04 Soll	Konten-bezeichnung	Betrag	an	Konto SKR 03 Haben	Konto SKR 04 Haben	Konten-bezeichnung	USt oder VSt
Umbuchung der Rückdeckungsversicherung								
0950	3010	Pensionsrück-stellung	11.300		0595	0990	Ansprüche aus Rückdeckungs-versicherung	keine

	Neue Bilanz Ansparphase
Vermögen (Aktiva)	Kapital (Passiva)
Rückdeckungsversicherung	**Kapital**
+ Wert lt. Gutachten + 11.300 €	Stand vorher 0 €
- Umbuchung Rückst. - 11.300 €	Verlust – 80.300 €
Stand nachher 0 €	Stand nachher – 80.300 €
	Verbindlichkeiten Bank
	Stand 9.000 €
	Pensionsrückstellung
	+ Wert lt. Gutachten + 82.600 €
	- Rückdeckungsvers. – 11.300 €
	Stand nachher 71.300 €
Bilanzsumme 0 €	Bilanzsumme 0 €

10.2.5 Erwerbsphase – Buchung und bildliche Darstellung

Siehe CD-ROM

Beispiel:

Der Mitarbeiter hatte am 31.12. das vereinbarte Pensionsalter erreicht. Seit Januar werden die Pensionszahlungen in Höhe von 1.000 Euro monatlich gezahlt. Im Januar wurde die Rückdeckungsversicherung in voller Höhe ausgezahlt: 250.000 Euro. Zu diesem Zeitpunkt betragen die bis dahin gebildeten Pensionsrückstellungen ebenfalls 250.000 Euro, diese werden jeweils in Höhe der Pensionszahlungen aufgelöst. Wie ist zu buchen?

Zur besseren Übersicht werden hier die Pensionszahlungen sowie die Auflösung der Rückstellungen in einer Summe gebucht, in der

Praxis sollte nicht nur die Pensionszahlung monatlich gebucht werden, sondern auch die Auflösung der Rückstellungen. So werden die monatlichen Auswertungen aussagekräftiger.

Buchungen

Konto SKR 03 Soll	Konto SKR 04 Soll	Konten-bezeichnung	Betrag	an	Konto SKR 03 Haben	Konto SKR 04 Haben	Konten-bezeichnung	USt oder VSt
monatliche Pensionszahlungen								
4120	6020	Gehälter	12.000		1200	1800	Bank	keine
Auflösung der Rückstellungen								
0950	3010	Pensionsrück-stellung	12.000		2735	4930	Erträge aus der Auflösung von Rückstellungen	keine
Auszahlung der Versicherung								
1200	1800	Bank	250.000		0595	0990	Ansprüche aus Rückdeckungs-versicherung	keine

Die Rückdeckungsversicherung wurde im Laufe der Jahre angespart und die Erträge jährlich versteuert. Zum Zeitpunkt der Auszahlung wird die Forderung gegenüber der Versicherung ausgeglichen.

Bilanz Erwerbsphase			
Vermögen (Aktiva)		Kapital (Passiva)	
Rückdeckungsversicherung		**Kapital**	
Stand vorher	250.000 €	Stand Verlust	**0 €**
– Auszahlung Vers.	– 250.000 €	**Pensionsrückstellung**	
Stand nachher	**0 €**	Stand vorher	250.000 €
Bank		– Pensionszahlung	– 12.000 €
Stand vorher	0 €	Stand nachher	**238.000 €**
+ Auszahlung Vers.	+ 250.000 €		
– Pensionszahlung	– 12.000 €		
Stand nachher	**238.000 €**		
Bilanzsumme	238.000 €	Bilanzsumme	238.000 €

Gewinn- und Verlust-Rechnung Erwerbsphase			
Aufwendungen		**Erlöse**	
Gehälter (Pensionen)	12.000 €	Erträge aus der Auflösung	
Gewinn	0 €	von Rückstellungen	12.000 €
Summe	12.000 €	Summe	12.000 €

10.3 Steuerrückstellungen

Kapitel 4.7.1
Steuer-
erstattungen

Die genaue Höhe der Gewerbesteuerlast für das Abschlussjahr steht erst fest, wenn Ihnen der Bescheid vom Finanzamt vorliegt. Es steht aber fest, dass Gewerbesteuer zu zahlen ist. Aus diesem Grund müssen Sie vorab die Gewerbesteuerrückstellung berechnen und im Abschlussjahr erfassen. Das Gleiche gilt für die Körperschaftsteuer bei Kapitalgesellschaften. Die Einkommensteuer bei Personenfirmen fließt nicht in das Ergebnis ein.

Erhalten Sie im Folgejahr den Bescheid und zahlen Sie die Steuerschulden, buchen Sie diese Zahlungen auf die entsprechenden Rückstellungskonten.

Liegt die tatsächliche Zahllast über dem Rückstellungsbetrag, buchen Sie den übersteigenden Betrag zu den Aufwendungen des aktuellen Jahres. Liegt die tatsächliche Zahllast darunter, müssen Sie den Restbetrag der Rückstellung gewinnerhöhend auflösen.

10.3.1 Körperschaftsteuer

Körperschaftsteuer wird auf folgende Konten gebucht:

Körperschaftsteuer – Vorauszahlungen	Aufwand Körperschaftsteuer
Körperschaftsteuer – Erstattung Vorjahr	Steuerüberzahlungen
Körperschaftsteuer – Nachzahlung Vorjahr	Steuerrückstellungen

Hier handelt es sich um eine Betriebsausgabe der Kapitalgesellschaft. Beim Erstellen des Jahresabschlusses wird die Körperschaftsteuerlast sowie der dazugehörige Solidaritätszuschlag ermittelt und gebucht. Wurde zuviel vorausgezahlt, wird die Betriebsausgabe gemindert um den Erstattungsbetrag.

> „Steuerüberzahlungen" an „Aufwand Körperschaftsteuer"   Buchung

Ist eine Nachzahlung fällig, werden die Betriebsausgaben erhöht um den Nachzahlungsbetrag.

> „„Aufwand Körperschaftsteuer" an „Steuerrückstellungen"   Buchung

Achten Sie daher bei Steuerzahlungen auf die betreffenden Zeiträume.

* Körperschaftsteuer-Vorauszahlungen für das laufende Jahr erfassen Sie auf den Aufwandskonten „Körperschaftsteuer"
* Nachzahlungen für Vorjahre erfassen Sie auf den Konten „Rückstellungen für Körperschaftsteuer"

10.3.2 Gewerbesteuer

Gewerbesteuer-Vorauszahlungen des laufenden Jahres werden auf das Konto 4320/7610 „Gewerbesteuer" gebucht.

Stellt sich heraus, dass Sie im laufenden Jahr zu viel vorausgezahlt haben, wird die Betriebsausgabe um den Erstattungsbetrag korrigiert.

> „Steuerüberzahlungen" an „Aufwand Gewerbesteuer"   Buchung

Im umgekehrten Fall werden die Betriebsausgaben um den zu erwartenden Nachzahlungsbetrag erhöht.

Buchung
> „Aufwand Gewerbesteuer" an „Gewerbesteuerrückstellungen"

Die Gewerbesteuer für Gewinne seit 2008 ist steuerlich keine Betriebsausgabe mehr, § 4 Abs. 5 b EStG. Trotz dieser Änderung wird die Gewerbesteuer weiterhin gebucht. Die Gewerbesteuer mindert zum Beispiel das Betriebsvermögen, das ggf. für die Bildung des Investitionsabzugsbetrags notwendig ist.

Die nicht mehr abzugsfähige Gewerbesteuer wird außerhalb der Bilanz dem zu versteuernden Gewinn hinzugerechnet. Um diese Gewinnzurechnung zu erleichtern, wurden neue Konten eingerichtet. Wurden die Gewerbesteuerrückstellungen ermittelt, buchen Sie den Betrag wie folgt:

> 4320/7610 „Gewerbesteuer" an „Gewerbesteuerrückstellungen"

Ab sofort unterscheiden Sie aber bei der Wahl des Rückstellungskontos.

GewSt für Gewinne bis 2007	GewSt für Gewinne seit 2008
0957/3030 Gewerbesteuerrückstellungen	0956/3035 Gewerbesteuerrückstellungen § 4 (5 b) EStG

Wurde die Rückstellung zu hoch gebildet, lösen Sie diese im Folgejahr über folgende Konten auf.

GewSt für Gewinne bis 2007	GewSt für Gewinne seit 2008
2284/7644 Erträge aus der Auflösung von Gewerbesteuerrückstellungen	2283/7643 Erträge aus der Auflösung von Gewerbesteuerrückstellungen § 4 (5 b) EStG

Wurde die Rückstellung zu niedrig gebildet, buchen Sie den übersteigenden Betrag im Folgejahr auf folgende Konten.

GewSt für Gewinne bis 2007	GewSt für Gewinne seit 2008
2280/7640 Gewerbesteuernachzahlung Vorjahre	2281/7641 Gewerbesteuernachzahlung Vorjahre § 4 (5 b) EStG

Neue Berechnung der Gewerbesteuer

Die Steuermesszahl wird einheitlich für alle Unternehmen auf 3,5 % gesenkt. Der Freibetrag für Personenfirmen in Höhe von 24.500 Euro bleibt erhalten.

Der Teil der Gewerbesteuer, der bei Personenfirmen auf die Einkommensteuer angerechnet wird, ist höher. Er beträgt das 3,8-fache vom Gewerbesteuermessbetrag, maximal die tatsächliche Gewerbesteuer.

Beispiel:

Liegt der Gewinn abzüglich Freibetrag bei 100.000 Euro, beträgt der Gewerbesteuermessbetrag 3.500 Euro. Und beträgt der Hebesatz der Gemeinde bei 400 %, sind 3.500 Euro Gewerbesteuer zu zahlen. In diesem Fall werden (3.500 Euro x 3,8) 13.300 Euro auf die Einkommensteuer angerechnet.

Geändert hat sich bei der Berechung der Messzahl die Hinzurechnung von Zinsen und Zinsanteilen. Wer also hohe Schuldzinsen, Zinsanteile aus Mieten und Leasingraten als Betriebsausgaben abzieht, ist davon betroffen und zahlt ggf. mehr Gewerbesteuer als vorher.

Beispiel: Hinzurechnung von Zinsen und Zinsanteilen:

+	Zinsen aus kurz- und langfristigen Darlehen
+	Zinsanteile aus Mieten, Leasingraten und Lizenzgebühren. Berechnung pauschal aus Mieten etc. für – mobile Wirtschaftsgüter (Fahrzeuge, Maschinen) 20 % – Immobilien 50 % (65 % bis 2009) – geschützte Rechte, Lizenzen 25 %
=	Summe aller Zinsen
–	**Freibetrag 100.000 Euro**
=	**Verbleibende Zinsen, davon 25 % Hinzurechnung**

Um die Hinzurechnungen bei der Ermittlung der Gewerbesteuer zu erleichtern, wurden neue Konten bzw. Beschriftungen eingerichtet. Es empfiehlt sich für Mieten und Leasingraten die folgenden neuen Konten zu verwenden.

SKR 03	SKR 04	Kontenbezeichnung
4210	6310	Miete (unbewegliche Wirtschaftsgüter)
4220	6315	Pacht (unbewegliche Wirtschaftsgüter)
4215	6316	Leasing (unbewegliche Wirtschaftsgüter)
4570	6560	Leasingfahrzeugkosten
4810	6840	Mieteleasing (bewegliche Wirtschaftsgüter)

Aktivierte Bauzeitzinsen und Zinsen aus der Auf- bzw. Abzinsung von Verbindlichkeiten müssen nicht hinzugerechnet werden (Ländererlass vom 04.07.2008).

Bilanzansatz

Steuerrückstellungen
+ Körperschaftsteuerrückstellungen Abschlussjahr, Vorjahre
– Zahlung Körperschaftsteuer in Folgejahren
= Wert in der Bilanz

Buchung und bildliche Darstellung

Siehe CD-ROM

Beispiel:

Kurz bevor der Jahresabschluss fertig gestellt wird, ist die Gewerbe-steuerrückstellung zu berechnen und zu buchen. Der Gewinn vor Steuern beträgt 40.000 Euro, die Berechnung ergibt 6.000 Euro Gewerbesteuer. Im laufenden Jahr haben Sie bereits 4.000 Euro vorausgezahlt. Wie ist zu buchen?

Es wird zu einer Gewerbesteuer-Nachzahlung in Höhe von 2.000 Euro kommen.

Buchung

Konto SKR 03 Soll	Konto SKR 04 Soll	Konten-bezeichnung	Betrag	an	Konto SKR 03 Haben	Konto SKR 04 Haben	Konten-bezeichnung	USt oder VSt
Gewerbesteuer für Gewinne seit 2008								
4320	7610	Gewerbesteuer	2.000		0956	3035	Gewerbesteuer-rückstellungen § 4(5 b)	keine

Für die bildliche Darstellung wurden die Erlöse sowie die bisher gezahlte Gewerbesteuer bereits gebucht.

Bilanz 1. Jahr			
Vermögen (Aktiva)		**Kapital (Passiva)**	
Bank		**Kapital**	
+ Erlöse Kunden	+ 40.000 €	+ Gewinn	+ 34.000 €
− Gewerbesteuer	− 4.000 €	Stand nachher	**34.000 €**
Stand nachher	**36.000 €**	**Gewerbesteuerrückstellung**	
		+ Steuer Abschlussjahr	+ 2.000 €
		Stand nachher	**2.000 €**
Bilanzsumme	36.000 €	Bilanzsumme	36.000 €

Gewinn- und Verlust-Rechnung 1. Jahr			
Aufwendungen		Erlöse	
Gewerbesteuer		Erlöse	40.000 €
Stand vorher	4.000 €		
+ Gewerbesteuer Rest	+ 2.000 €		
Stand nachher	6.000 €		
Gewinn	34.000 €		
Summe	40.000 €	Summe	40.000 €

Beispiel:

Im Folgejahr erhalten Sie den Gewerbesteuerbescheid, danach müssen Sie nicht 2.000 Euro, sondern 2.100 Euro nachzahlen.

Wie ist zu buchen?

Siehe CD-ROM

Buchungen

Konto SKR 03 Soll	Konto SKR 04 Soll	Konten-bezeichnung	Betrag	an	Konto SKR 03 Haben	Konto SKR 04 Haben	Konten-bezeichnung	USt oder VSt
Gewerbesteuer für Gewinne seit 2008								
0956	3035	Gewerbesteuer-rückstellungen § 4 (5 b)	2.000		1200	1800	Bank	keine
2281	7641	Gewerbesteu-ernachzahlung Vorjahre § 4 (5 b)	100		1200	1800	Bank	keine

Nur der übersteigende Betrag, für den keine Rückstellung gebildet wurde, wird im Folgejahr als Aufwand erfasst.

Bilanz Folgejahr			
Vermögen (Aktiva)		**Kapital (Passiva)**	
Bank		**Kapital**	
Stand vorher	36.000 €	Stand vorher	34.000 €
– Gewerbesteuerzahlung	– 2.100 €	– Verlust	– 100 €
Stand nachher	**33.900 €**	Stand nachher	**33.900 €**
		Gewerbesteuerrückstellung	
		Stand vorher	2.000 €
		– Gewerbesteuerzahlung	– 2.000 €
		Stand nachher	**0 €**
Bilanzsumme	33.900 €	Bilanzsumme	33.900 €

Gewinn- und Verlust-Rechnung Folgejahr			
Aufwendungen		Erlöse	
Gewerbesteuer	100 €	Verlust	100 €
Summe	100 €	Summe	100 €

10.4 Sonstige Rückstellungen für ungewisse Verbindlichkeiten

Hier kommt es weitgehend auf die Gegebenheiten des Unternehmens und die Branche an. In diesem Kapitel werden Ihnen Beispiele gezeigt, die ggf. auf Ihr Unternehmen zutreffen.

Jede Rückstellung müssen Sie vorsichtig berechnen und ausreichend dokumentieren. Sie wird nur gebildet, wenn mit der Verbindlichkeit ernsthaft zu rechnen ist und die Wahrscheinlichkeit ihres Entstehens sehr hoch ist. Rückstellungen müssen in jedem Jahr erneut überprüft werden und Veränderungen sind zu dokumentieren, HGB §§ 249, 274, EStG § 5, R 5.7. EStR.

Außerdem müssen Sie wertaufhellende Informationen, die Sie in der Zeit vom Bilanzstichtag bis zum Tag der Bilanzerstellung erhalten, bei der Bewertung berücksichtigen. Sie müssen den objektiven Wert zum Bilanzstichtag ermitteln, wie in Kapitel 1.5.1 „Zeitpunkt der Bewertung" beschrieben.

10.4.1 Beispiele Rückstellungen für ungewisse Verbindlichkeiten

- Abfallentsorgung, die innerhalb von zwölf Monaten nachgeholt wird

- Altersteilzeit-Blockmodell, wenn der Mitarbeiter einen bestimmten Zeitraum bei gleicher Stundenzahl ein verringertes Gehalt erhält (Beschäftigungsphase) und im Anschluss genauso lang ohne zu arbeiten das verringerte Gehalt weiter erhält (Freistellungsphase). Die Rückstellung wird in der Beschäftigungsphase ratierlich gebildet und entsprechend der Laufzeit abgezinst. In der Freistellungsphase muss ggf. abgezinst werden, es kommt auf den Vertrag an, BMF-Schreiben vom 28.03.2007

Siehe CD-ROM

- Aufbewahrung von Geschäftsunterlagen in Höhe der anteiligen Raum- und Archivierungskosten

- Beseitigung von Umweltschäden, wenn die zuständige Behörde Sie in Anspruch nehmen kann

- Garantieverpflichtungen mit Rechtsverpflichtung zum Zeitpunkt der Veräußerung

- Garantieverpflichtungen ohne Rechtsverpflichtung wie regelmäßige Kulanzleistungen, wenn Sie anhand einer Statistik nachweisen, in welcher Höhe Sie regelmäßig Kulanzleistungen erbringen

- Inanspruchnahme aus Bürgschaften, wenn Sie also tatsächlich in die Pflicht genommen werden

- Jubiläumsrückstellungen für Mitarbeiter mit einer Betriebszugehörigkeit von mindestens 15 Jahren. Das Handelsrecht fordert die Bildung der Rückstellung und das Steuerrecht erlaubt die Bildung frühestens nach zehnjähriger Betriebszugehörigkeit, wenn die Zusage schriftlich vereinbart ist

- Nachträgliche Kosten für realisierte Erlöse wie nachträgliche Herstellungskosten für verkaufte und übergebene Gebäude oder Anlagen

- Prozesskosten, wenn der Prozess begonnen hat

- Steuerberater- und Prüfungskosten für das Abschlussjahr und Vorjahre

- Tantiemen, die sich auf den Erfolg des Abschlussjahres beziehen. Bei Gesellschafter-Geschäftsführern sind Verlustvorträge abzuziehen, wie im Kapitel 8.6. beschrieben.
- Unterlassene Reparaturen, die innerhalb von drei Monaten nach Bilanzstichtag nachgeholt werden
- Urlaubsrückstellungen
- Verbraucherschutz und Fernabsatzrecht, hier wird den Kunden regelmäßig ein Rücktrittsrecht eingeräumt. Anhand einer Statistik ist nachzuweisen, welcher Anteil Ihres Umsatzes in der Regel nicht zustande kommt
- Elektronikschrottgesetz, für Geräte, die nach dem 13.08.2005 ausgeliefert wurden

10.4.2 Bilanzansatz und Bewertung

Sonstige Rückstellungen
+ vorsichtig berechneter bzw. geschätzter Wert
– Abzinsung von unverzinsten Rückstellungen, bei einer längeren Laufzeit als
_ 12 Monate (bisher nur in der Steuerbilanz, ab 2010 auch in der Handelsbilanz)
_ Umwandlung in Verbindlichkeit, weil Rechnung vorliegt
direkte Zahlung der Verbindlichkeiten
= Wert in der Bilanz

Bilanzansatz in der neuen Handelsbilanz

Rückstellungen dürfen auch in der Handelsbilanz nur noch gebildet werden, wenn eine rechtliche Verpflichtung gegenüber Dritten, also eine echte Außenverpflichtung besteht, sei es durch Gesetz oder Verträge.

Im Gegensatz zur bisherigen Regelung und im Gegensatz zum Steuerrecht ist der Erfüllungsbetrag von Rückstellungen zu ermitteln, d. h. Sie müssen zukünftige Kosten- und Preissteigerungen einkalkulieren, § 253 HGB. Und schließlich ist dieser Betrag ggf. abzuzinsen, wie im Kapitel 11.1.2 „Abzinsung von Verbindlichkeiten" beschrieben.

10.4.3 Buchung und bildliche Darstellung

Beispiel:

Eine größere Reparatur in Höhe von 10.000 Euro netto, die im Abschlussjahr vorgenommen werden sollte, wird aus zeitlichen Gründen im März des Folgejahres nachgeholt. Wie ist zu buchen?

Siehe CD-ROM

Buchung

Konto SKR 03 Soll	Konto SKR 04 Soll	Kontenbezeichnung	Betrag	an	Konto SKR 03 Haben	Konto SKR 04 Haben	Kontenbezeichnung	USt oder VSt
4260	6335	Instandhaltung betrieblicher Räume	10.000		0971	3075	Rückstellungen Instandhaltung bis 3 Monate	keine

Bilanz 1. Jahr	
Vermögen (Aktiva)	**Kapital (Passiva)**
	Kapital
	– Verlust – 10.000 €
	Stand nachher **– 10.000 €**
	Sonstige Rückstellungen
	+ Reparaturaufwand 10.000 €
	Stand nachher **10.000 €**
Bilanzsumme 0 €	Bilanzsumme 0 €

Gewinn- und Verlust-Rechnung 1. Jahr	
Aufwendungen	Erlöse
Instandhaltung betr. Räume 10.000 €	Verlust 10.000 €
Summe 10.000 €	Summe 10.000 €

Sowie die ungewissen Verbindlichkeiten in Ihrer Höhe feststehen und die Rechnung vorliegt, sind die Rückstellungen aufzulösen.

Siehe CD-ROM

Beispiel:

Im März des Folgejahres wurde die Reparatur der Lagerhalle durchgeführt, und Sie erhalten eine Rechnung über 10.710 Euro inkl. 19 %
USt. Sie erfassen die Rechnung zunächst auf dem Konto „Instandhaltung betriebliche Räume" und nehmen den Vorsteuerabzug vor. Wie
ist zu buchen?

Das ist ein Beispiel, das in der Praxis ganz schnell passiert. Sie sollten
die Vorjahresbilanz beim Buchen griffbereit haben und immer wieder überprüfen, für welche Kosten bereits Rückstellungen gebildet
wurden, nur so bleiben Ihre Buchführungsauswertungen aussagekräftig.

Buchungen

Konto SKR 03 Soll	Konto SKR 04 Soll	Konten- bezeichnung	Betrag	an	Konto SKR 03 Haben	Konto SKR 04 Haben	Konten- bezeichnung	USt oder VSt
Handwerkerrechnung								
4260	6335	Instandhaltung betrieblicher Räume	10.710		70000	70000	Kreditoren- konto	VSt 19 %
Umbuchung der Reparaturkosten und Auflösung der Rückstellungen								
0971	3075	Rückstellungen Instandhaltung bis 3 Monate	9.000		4260	6335	Instandhaltung betrieblicher Räume	keine
0971	3075	Rückstellungen Instandhaltung bis 3 Monate	1.000		2735	4930	Erträge aus der Auflösung von Rückstellungen	keine

Vorsteuerabzug

Der Vorsteuerabzug ist korrekt, es zählt das Datum des Rechnungseingangs.

Bilanz Folgejahr			
Vermögen (Aktiva)		Kapital (Passiva)	
Vorsteuer		**Kapital**	
+ RG Reparatur	1.710 €	Stand vorher	– 10.000 €
Stand nachher	**1.710 €**	+ Gewinn	+ 1.000 €
		Stand nachher	**– 9.000 €**
		Rückstelllungen	
		Stand vorher	10.000 €
		– RG Reparatur	– 9.000 €
		– Erträge aus Auflösung	– 1.000 €
		Stand nachher	**0 €**
		Verbindlichkeiten	
		+ RG Reparatur	+ 10.710 €
		Stand nachher	**10.710 €**
Bilanzsumme	1.710 €	Bilanzsumme	1.710 €

Gewinn- und Verlust-Rechnung Folgejahr			
Aufwendungen		Erlöse	
Instandhaltung Räume		Erträge aus Auflösung	
+ RG Reparatur	9.000 €	von Rückstellungen	1.000 €
– Umbuchung Rückst.	– 9.000 €		
Gewinn	1.000 €		
Summe	1.000 €	Summe	1.000 €

10.5 Rückstellungsspiegel

Im Anhang der Bilanz ist ein Rückstellungsspiegel zu führen. Hier wird die Entwicklung der Rückstellungen in Tabellenform dargestellt.

Beispiel:

Siehe CD-ROM

Beim letzten Jahresabschluss lag der Barwert der Pensionsrückstellungen laut Gutachten bei 80.000 Euro.

Es wurde mit einer Steuernachzahlung in Höhe von 16.500 Euro gerechnet.

Die Steuerberatungskosten wurden auf 4.000 Euro geschätzt.

Welche Werte sind am 01.01. in den Rückstellungsspiegel einzutragen?

293

Art der Rückstellung	Stand 01.01.	Inanspruch-nahme	Auflösung	Zuführung	Stand 31.12.
Pensionsrückstellungen	80.000				
Steuerrückstellungen	16.500				
Rechts- und Beratungs-kosten	4.000				

Es werden nicht nur die Rückstellungswerte eingetragen, die in der Bilanz ausgewiesen werden, sondern auch deren Entwicklung. Welche Rückstellungen wurden in Anspruch genommen, welche aufgelöst und welche wurden neu gebildet?

Siehe CD-ROM

Beispiel:

Im Abschlussjahr ist der Barwert der Pensionsrückstellungen laut Gutachten auf 86.000 Euro gestiegen. Noch hat kein Mitarbeiter Pensionszahlungen erhalten.

Der Steuerbescheid des Vorjahres beträgt, wie zuvor berechnet, 16.500 Euro und im Abschlussjahr wird mit einer Steuerlast von 14.200 Euro gerechnet.

Da einige Mitarbeiter ihren Jahresurlaub nicht genommen haben, sind Urlaubsrückstellungen in Höhe von 2.500 Euro zu bilden.

Die Rechnung des Steuerberaters in Höhe von 3.800 Euro netto ging im Abschlussjahr ein. Die Kosten für den aktuellen Jahresabschluss werden auf 4.100 Euro geschätzt.

Welche Werte sind in den Rückstellungsspiegel einzutragen?

Art der Rückstellung	Stand 01.01.	Inanspruch-nahme	Auflösung	Zuführung	Stand 31.12.
Pensionsrückstellungen	80.000	- 0	- 0	+ 6.000	86.000
Steuerrückstellungen	16.500	- 16.500	- 0	+ 14.200	14.200
Rechts- und Beratungs-kosten	4.000	- 3.800	- 200	+ 4.100	4.100
Urlaubsrückstellungen	0	0	0	2.500	2.500

Das Bilden von Rückstellungen mindert den Gewinn und ist daher eine Möglichkeit der Gewinnsteuerung. Durch den Rückstellungsspiegel wird sichtbar, ob das Unternehmen die Rückstellungen tatsächlich vorsichtig schätzt und berechnet und inwieweit Abweichungen vorliegen.

11 Verbindlichkeiten

11.1 Überblick

Verbindlichkeiten eines Unternehmens werden in folgende Bereiche unterteilt.

- Verbindlichkeiten gegenüber Kreditinstituten
- Erhaltene Anzahlungen zum Zeitpunkt des Geldeingangs
- Verbindlichkeiten aus Lieferungen und Leistungen
- Sonstige Verbindlichkeiten
- Verbindlichkeiten gegenüber verbundenen Unternehmen oder Beteiligten des Unternehmens
- Umsatzsteuer

11.1.1 Hinweis zur Bilanz nach Steuer und Handelsrecht

Siehe Kapitel 1.2.4

Das Handelsrecht schreibt bei Verbindlichkeiten das Höchstwertprinzip vor. Ist die Verbindlichkeit durch Kursverlust gestiegen, muss der höhere Wert angesetzt werden. Dieses Passivierungsgebot gilt auch für das Steuerrecht.

Das Steuerrecht schreibt vor, dass unverzinste Verbindlichkeiten bzw. Rückstellungen, die länger als zwölf Monate vorliegen, abgezinst werden müssen. In diesem Fall ist kein gemeinsamer Nenner zu finden. Das wird auch so bleiben. In der neuen Handelsbilanz sind nur Rückstellungen abzuzinsen, und das zu einem anderen Zinssatz.

11.1.2 Abzinsung von Verbindlichkeiten, Rückstellungen

Nicht verzinste Verbindlichkeiten und Rückstellungen, die länger als zwölf Monate bestehen, müssen laut Steuerrecht mit 5,5 % abgezinst werden. Davon ausgenommen sind erhaltene Anzahlungen, § 6 (1) Nr. 3 EStG.

Zum Glück werden die meisten Verbindlichkeiten verzinst (Darlehen bei Kreditinstituten, Steuern vom Finanzamt). Damit haben Sie keine Zusatzarbeiten.

Hier geht es also um langfristige Verbindlichkeiten und Rückstellungen, die fest vereinbart wurden, wie Abbruchverpflichtung im Pachtvertrag, Abfindungen, zinslose Darlehen. Mithilfe einer Abzinsungstabelle ist der Barwert zu ermitteln. Für Pensionsrückstellungen sind finanzmathematische Gutachten erforderlich, die in der Regel von Versicherungen erstellt werden.

Siehe CD-ROM

In der Handelsbilanz sind diese noch mit dem Nennwert und in der Steuerbilanz mit dem Barwert anzusetzen. Die steuerliche Abzinsungstabellen des BMF-Schreibens vom 26.05.05 finden Sie auf der CD-ROM.

Das neue Handelsrecht verlangt auch die Abzinsung von Rückstellungen mit einer Restlaufzeit von mehr als einem Jahr, allerdings zum durchschnittlichen Marktzins der letzten sieben Jahre unter Berücksichtigung der Restlaufzeit der Verbindlichkeit. Dieser Zinssatz wird regelmäßig von der Deutschen Bundesbank veröffentlicht.

Außerdem sind Abzinsung und Aufzinsung im Rückstellungsspiegel zu erfassen, d. h. die Tabelle erhält zwei zusätzliche Spalten, § 253 HGB (neu).

Siehe CD-ROM

Beispiel:

Sie erhalten ein zinsloses Darlehen über 100.000 Euro mit einer Laufzeit von fünf Jahren. Dieses Darlehen ist in der Steuerbilanz mit 5,5 % abzuzinsen, und das ergibt einen Barwert von 76.500 Euro, der Barwert bei einer Laufzeit von vier Jahren beträgt 80.700 Euro. Wie ist im Abschlussjahr und im Folgejahr zu buchen?

Buchungen

Konto SKR 03 Soll	Konto SKR 04 Soll	Kontenbezeichnung	Betrag	an	Konto SKR 03 Haben	Konto SKR 04 Haben	Kontenbezeichnung	USt oder VSt
Auszahlung Darlehen								
1200	1800	Bank	100.000		1705	3560	Darlehen	keine
Abzinsung der Verbindlichkeit im Abschlussjahr								
1705	3560	Darlehen	23.500		2734	4933	Erträge aus steuerlich niedriger Bewertung von Verbindl.	keine
Anpassung der Abzinsung im Folgejahr								
2348	6916	Aufwendungen aus Zuschreibung von Verbindl.	4.200		1705	3560	Darlehen	keine

Eine abgezinste Verbindlichkeit erhöht Ihren Gewinn im Jahr der Darlehensaufnahme um 23.500 Euro. In den Folgejahren steigt der Barwert, und der Erhöhungsbetrag wird dem Darlehen zugeschrieben, wodurch Ihr Gewinn sinkt.

Bilanz 1. Jahr			
Vermögen (Aktiva)		Kapital (Passiva)	
Bank		**Kapital**	
+ Auszahlg. Darlehen	+ 100.000 €	+ Gewinn	+ 23.500 €
Stand nachher	**100.000 €**	Stand nachher	**23.500 €**
		Darlehen	
		+ Auszahlg. Darlehen	+ 100.000 €
		– Abzinsung Darlehen–	23.500 €
		Stand nachher	**76.500 €**
Bilanzsumme	100.000 €	Bilanzsumme	100.000 €

Gewinn- und Verlust-Rechnung 1. Jahr			
Aufwendungen		Erlöse	
Gewinn	23.500 €	Erträge aus Abzinsung von Verbindlichkeiten	23.500 €
Summe	23.500 €	Summe	23.500 €

Im Folgejahr ist der Barwert um 4.200 Euro gestiegen.

Bilanz Folgejahr			
Vermögen (Aktiva)		Kapital (Passiva)	
Bank		**Kapital**	
Stand	**100.000 €**	Stand vorher	23.500 €
		– Verlust	– 4.200 €
		Stand nachher	**19.300 €**
		Darlehen	
		Stand vorher	76.500 €
		+ Zuschreibung Darl.	+ 4.200 €
		Stand nachher	**80.700 €**
Bilanzsumme	100.000 €	Bilanzsumme	100.000 €

Gewinn- und Verlust-Rechnung Folgejahr			
Aufwendungen		Erlöse	
Zuschreibung Darlehen	4.200 €	Verlust	4.200 €
Summe	4.200 €	Summe	4.200 €

11.2 Verbindlichkeit gegenüber Kreditinstituten, Darlehen

Langfristige und kurzfristige Verbindlichkeiten gegenüber Kreditinstituten werden hier gesondert ausgewiesen. Der Stand von jedem Darlehenskonto und jedem Bankkonto ist auszuweisen. Girokonten, die kurzfristig überzogen werden, sind ebenfalls auf der Passiva der Bilanz auszuweisen.

Regelmäßig wiederkehrende Zinszahlungen sind in dem Jahr zu erfassen, in das sie wirtschaftlich gehören. Das gilt auch für Zinsen, die nicht gezahlt, sondern dem Darlehensstand zugeschrieben werden.

11.2.1 Bilanzansatz

Verbindlichkeiten gegenüber Kreditinstituten
Girokontostand, bei negativem Saldo
Darlehen langfristig
Tatsächlicher Darlehensstand laut Kontoauszug oder Zins- und Tilgungsplan
= Wert in der Bilanz

11.2.2 Buchung und bildliche Darstellung

Beispiel:

In den Monaten Januar bis September haben Sie die monatliche Rückzahlung eines Darlehens für ein Gebäude von 900 Euro auf das Konto „Zinsaufwendungen für Gebäude, die zum Betriebsvermögen gehören" (2125/7325) gebucht.

Siehe CD-ROM

Dem Zins- und Tilgungsplan entnehmen Sie folgende Zahlen:

Stand am 01.01.	150.000 Euro
Tilgung	1.300 Euro
Zinsen	6.800 Euro
Schlusssaldo am 30.09.	148.700 Euro

Die bisherigen Buchungen sind zu korrigieren. Wie ist die Oktober-Rate zu buchen, sie besteht aus Zinsen 750 Euro und Tilgung 150 Euro?

Ja, das geschieht oft in der Praxis, denn auf dem Kontoauszug sehen Sie nur den Gesamtbetrag. Sie sollten eine Kopie des Zins- und Tilgungsplans beim Buchen griffbereit haben und die Raten monatlich aufteilen, so sehen Sie in der Bilanz den tatsächlichen Darlehensstand und der gebuchte Zinsaufwand entspricht der Realität.

Buchungen

Konto SKR 03 Soll	Konto SKR 04 Soll	Konten-bezeichnung	Betrag	an	Konto SKR 03 Haben	Konto SKR 04 Haben	Konten-bezeichnung	USt oder VSt
Anfangsbestand Darlehen und Umbuchung der Tilgung								
9000	9000	Saldovortrag	150.000		1705	3560	Darlehen	keine
1705	3560	Darlehen	1.300		2120	7320	Zinsaufwen-dungen für Gebäude	keine
Buchung der Oktober-Rate								
2120	7320	Zinsaufwen-dungen für Gebäude	750		1200	1800	Bank	keine
1705	3560	Darlehen	150		1200	1800	Bank	keine

Für die bildliche Darstellung wird von einem Banksaldo von 20.000 Euro und einem Stand des Anlagevermögens von 180.000 Euro ausgegangen.

Bilanz			
Vermögen (Aktiva)		Kapital (Passiva)	
Anlagevermögen		**Kapital**	
Stand	**180.000 €**	Stand vorher	50.000 €
Bank		– Verlust	– 7.550 €
Stand vorher	20.000 €	**Stand nachher**	**42.450 €**
– Zins und Tilgung	– 8.100 €	**Verbindlichkeiten Darlehen**	
– Zins und Tilgung	– 900 €	Stand vorher	150.000 €
Stand nachher	**11.000 €**	– Tilgung 9 Monate	– 1.300 €
		– Tilgung Oktober	– 150 €
		Stand nachher	**148.550 €**
Bilanzsumme	191.000 €	Bilanzsumme	191.000 €

Gewinn- und Verlust-Rechnung			
Aufwendungen		Erlöse	
Zinsen		Verlust	7.550 €
Stand vorher	8.100 €		
– Tilgung 9 Monate	– 1.300 €		
+ Zinsen Oktober	+ 750 €		
Stand nachher	**7.550 €**		
Summe	7.550 €	Summe	7.550 €

11.3 Erhaltene Anzahlungen

Erhaltene Anzahlungen für nicht erbrachte Leistungen sind Geldeingänge, die Sie solange erhalten, bis ein Auftrag abgeschlossen ist bzw. bis das wirtschaftliche Eigentum auf Ihren Kunden übergegangen ist.

Anzahlungsrechnungen müssen nicht gebucht werden, erst wenn das Geld eingeht, erfassen Sie den Geldeingang auf dem Konto erhaltene Anzahlungen.

Später, wenn die Lieferung erfolgt ist oder die Leistung fertig gestellt ist, schreiben Sie eine Schlussrechnung und erfassen die Erlöse.

Achtung:
Die enthaltene Umsatzsteuer muss erst abgeführt werden bei Geldeingang, auch wenn Sie vorher eine Rechnung schreiben, § 13 UStG.

11.3.1 Bilanzansatz

Erhaltene Anzahlungen
Rechnungsbetrag bzw. Zahlungsbetrag netto
= Obergrenze in der Bilanz
– Verrechnung mit der Schlussrechnung, wenn der Auftrag abgeschlossen ist
= Wert in der Bilanz

Bilanzansatz am Bilanzstichtag bis 2009:

Obwohl Sie bei Erhalt der Anzahlung die Umsatzsteuer abführen und die Anzahlung in der Regel netto ausweisen, ist die tatsächliche Verbindlichkeit gegenüber Ihrem Kunden der Bruttowert der Anzahlung. Um diesen Bruttowert in der Handelsbilanz am Bilanzstichtag darzustellen, gibt es zwei Möglichkeiten.

Entweder nehmen Sie Umbuchungen vor oder Sie erläutern in der Schlussbemerkung der Bilanz oder im Anhang, dass die erhaltenen Anzahlungen mit dem Nettowert ausgewiesen sind und die Umsatzsteuer bereits abgeführt wurde.

Umbuchungen für den Bilanzansatz bis 2009:

Buchung

Die Umsatzsteuer wird über die Buchung am 31.12. „Aktive Rechnungsabgrenzungsposten" (Kapitel 5.1) an „Erhaltene Anzahlungen" eingebucht und am 01.01. des Folgejahres wieder ausgebucht.

Ab 2010

In der neuen Handelsbilanz sind erhaltene Anzahlungen wie in der Steuerbilanz mit dem Nettowert auszuweisen.

11.3.2 Buchung und bildliche Darstellung

Siehe CD-ROM

> **Beispiel:**
>
> Ihr Kunde überweist an Sie eine Anzahlung in Höhe von 23.800 Euro inkl. 19 % USt.
>
> Einen Monat später ist der Auftrag abgeschlossen und der Gesamterlös beträgt 35.700 Euro inkl. 19 % USt. Nach Abzug der erhaltenen Anzahlung erwarten Sie noch 11.900 Euro von Ihrem Kunden. Wie ist zu buchen?

Die Schlussrechnung wird in voller Höhe gebucht und die erhaltenen Anzahlungen werden auf das Debitorenkonto umgebucht.

Buchungen

Konto SKR 03 Soll	Konto SKR 04 Soll	Kontenbezeichnung	Betrag	an	Konto SKR 03 Haben	Konto SKR 04 Haben	Kontenbezeichnung	USt oder VSt
Erhaltene Anzahlung								
1200	1800	Bank	23.800		1718	3272	Erhaltene Anzahlungen 19 % USt	USt 19 %
Schlussrechnung an den Kunden und Umbuchung der Anzahlung								
10000	10000	Debitorenkonto	35.700		8400	4400	Erlöse 19 % USt	USt 19 %
1718	3272	Erhaltene Anzahlungen 19 % USt	23.800		10000	10000	Debitorenkonto	USt 19 %

Bilanz			
Vermögen (Aktiva)		**Kapital (Passiva)**	
Forderungen aus L+L		**Kapital**	
+ Schlussrechnung	+ 35.700 €	+ Gewinn	+ 30.000 €
– Umbuchung Anzahlg.	– 23.800 €	Stand nachher	**30.000 €**
Stand nachher	**11.900 €**	**Erhaltene Anzahlungen**	
Bank		+ Geldeingang Kunde	+ 20.000 €
+ Geldeingang Kunde	+ 23.800€	– Umbuchung Anzahlung	– 20.000 €
Stand nachher	**23.800 €**	Stand nachher	**0 €**
		Umsatzsteuer	
		+ USt Anzahlung	+ 3.800 €
		+ Schlussrechnung	+ 5.700 €
		– USt Anzahlung	– 3.800 €
		Stand nachher	**5.700 €**
Bilanzsumme	35.700 €	Bilanzsumme	35.700 €

Gewinn- und Verlust-Rechnung			
Aufwendungen		Erlöse	
Gewinn	30.000 €	Erlöse	30.000 €
Summe	30.000 €	Summe	30.000 €

Buchen Sie Anzahlungsrechnungen noch vor dem Geldeingang,
sollten Sie darauf achten, die Umsatzsteuer nicht zu früh abzuführen.

Beispiel:

Sie schreiben Ihrem Kunden eine Akontorechnung im März, für die Sie
das Geld erst im April erhalten. Wie ist die Rechnung über
11.900 Euro inkl. 19 % USt zu buchen?

Siehe CD-ROM

Buchungen

Konto SKR 03 Soll	Konto SKR 04 Soll	Kontenbezeichnung	Betrag	an	Konto SKR 03 Haben	Konto SKR 04 Haben	Kontenbezeichnung	USt oder VSt
Buchung im März								
10000	10000	Debitorenkonto	10.000		1718	3272	Erhaltene Anzahlungen 19 % USt	keine
10000	10000	Debitorenkonto	1.900		1766	3816	Umsatzsteuer nicht fällig 19 %	keine
Umbuchung der Umsatzsteuer im April beim Geldeingang								
1766	3816	Umsatzsteuer nicht fällig 19 %	1.900		1776	3806	Umsatzsteuer 19 %	keine

So wird die Umsatzsteuer nicht im März, sondern erst im April in der Umsatzsteuer-Voranmeldung erfasst.

11.4 Verbindlichkeiten aus Lieferungen und Leistungen

In der Gewinn- und Verlust-Rechnung werden alle Aufwendungen erfasst, die wirtschaftlich in das Abschlussjahr gehören, unabhängig von der Zahlung und dem Rechnungsdatum.

Hier werden alle Lieferanten-, Handwerkerrechnungen und sonstige Eingangsrechnungen ausgewiesen, die erst später gezahlt werden. So werden Aufwendungen, die wirtschaftlich in den entsprechenden Monat bzw. in das Abschlussjahr gehören, im richtigen Zeitraum erfasst.

Im Gegensatz zu Rückstellungen liegt hier eine Rechnung vor, wodurch die Beträge feststehen.

Achtung:

Verwenden Sie für die Erfassung dieser Rechnungen verschiedene Kreditorenkonten, werden diese in der Bilanz automatisch in einer Summe ausgewiesen.

Die Verwendung von Kreditorenkonten hat den Vorteil, dass Sie eine Übersicht aller offenen Rechnungen pro Lieferanten oder pro Handwerker erhalten, auch genannt „OP-Liste".

11.4.1 Bilanzansatz und Bewertung

Verbindlichkeiten aus Lieferungen und Leistungen
Rechnungsbetrag brutto
− Gutschrift wegen Mängeln und Rücklieferung
= Korrigierter Rechnungsbetrag
= Niedrigster Wert in der Bilanz
+ Erhöhung durch Kursverluste
− Abzinsung von unverzinsten Verbindlichkeiten, bei einer längeren Laufzeit als zwölf Monate (nur in der Steuerbilanz)
= Wert in der Bilanz

11.4.2 Buchung und bildliche Darstellung

Beispiel:

Ihnen liegt eine Handwerkerrechnung über eine Maschinenreparatur über 3.570 Euro inkl. 19 % USt vor. Zwei Tage später überweisen Sie die Rechnung abzüglich 2 % Skonto. Wie ist zu buchen?

Siehe CD-ROM

Buchungen

Konto SKR 03 Soll	Konto SKR 04 Soll	Konten- bezeichnung	Betrag	an	Konto SKR 03 Haben	Konto SKR 04 Haben	Konten- bezeichnung	USt oder VSt
Handwerkerrechnung erfassen								
4805	6460	Reparatur technische Anlagen und Maschinen	3.570,00		70000	70000	Kreditoren- konto	VSt 19 %
Zahlung der Rechnung abzüglich Skonto								
70000	70000	Kreditoren- konto	3.498,60		1200	1800	Bank	keine
70000	70000	Kreditoren- konto	71,40		3735	5735	Erhaltene Skonti 16 % Vorsteuer	VSt 19 %

Bei nachträglich erhaltenen Nachlässen ist auch die Vorsteuer zu korrigieren.

Vorsteuer-korrektur

Bilanz			
Vermögen (Aktiva)		**Kapital (Passiva)**	
Vorsteuer		**Kapital**	
+ RG Reparatur	+ 570,00 €	– Verlust	– 2.940,00 €
– Skonto	– 11,40 €	Stand nachher	**– 2.940,00 €**
Stand nachher	**558,60 €**	**Bank (Verbindlichkeiten)**	
		+ Zahlung RG Rep.	+ 3,498,60 €
		Stand nachher	**3.498,60 €**
		Verbindlichkeiten aus L+L	
		+ RG Reparatur	+ 3.570,00 €
		– Zahlung RG Rep.	– 3.498,60 €
		– Skonto	– 71,40 €
		Stand nachher	**0 €**
Bilanzsumme	558,60 €	Bilanzsumme	558,60 €

Gewinn- und Verlust-Rechnung			
Aufwendungen		**Erlöse**	
Reparatur	3.000 €	Verlust	2.940 €
– Skonto	– 60 €		
Summe	2.940 €	Summe	2.940 €

11.5 Sonstige Verbindlichkeiten

Über das Konto „Sonstige Verbindlichkeiten" werden Rechnungen und Bescheide erfasst, die erst später gezahlt werden. So werden Aufwendungen, die wirtschaftlich in den entsprechenden Monat bzw. in das Abschlussjahr gehören, im richtigen Zeitpunkt erfasst.

Verbindlichkeiten aus Steuern, aus Sozialversicherungsbeiträgen und sonstigen Verbindlichkeiten, sind gesondert auszuweisen.

Achtung:
Verbindlichkeiten gegenüber verbundenen Unternehmen und gegenüber Beteiligten des Unternehmens müssen in der Bilanz gesondert ausgewiesen werden.

11.5.1 Verbindlichkeiten aus Steuern

Steuerschulden wie Lohnsteuer, Grundsteuer, Bauabzugsteuer, Kapitalertragsteuer und sonstige Steuern werden hier ausgewiesen.

Kapitel 7.8 „Sonstige Steuern"

Achtung:
Für die Gewerbesteuer und die Körperschaftsteuer des Abschlussjahres werden, soweit es zu einer Nachzahlung kommt, Rückstellungen gebildet, siehe Kapitel 10.3 „Steuerrückstellungen".

Die Umsatzsteuer wird in Kapitel 11.6 „Umsatzsteuer laufendes Jahr" behandelt.

11.5.2 Verbindlichkeiten aus Sozialversicherung

Sozialversicherungsbeiträge, die noch nicht an die Krankenkassen oder die Berufsgenossenschaften überwiesen wurden.

11.5.3 Bilanzansatz und Bewertung

Sonstige Verbindlichkeiten
Rechnungsbetrag brutto
− Gutschrift wegen Mängeln und Rücklieferung
= korrigierter Rechnungsbetrag
Oder
Wert des Steuer- oder Gebührenbescheids
= Untergrenze in der Bilanz
+ Erhöhung durch Kursverluste
− Abzinsung von unverzinsten Verbindlichkeiten, bei einer längeren Laufzeit als zwölf Monate (nur in der Steuerbilanz)
= Wert in der Bilanz

11.5.4 Buchung und bildliche Darstellung

Siehe CD-ROM

Beispiel:

Die Telefonrechnung von Dezember über 238 Euro inkl. 19 % USt wird erst im Januar bezahlt.

Die Lohnsteuer von 2.000 Euro und die übrigen Sozialversicherungsbeiträge von 1.000 Euro vom Dezember werden erst im Januar bezahlt. Wie ist zu buchen?

Buchungen

Konto SKR 03 Soll	Konto SKR 04 Soll	Kontenbezeichnung	Betrag	an	Konto SKR 03 Haben	Konto SKR 04 Haben	Kontenbezeichnung	USt oder VSt
Telefonrechnung Dezember								
4920	6805	Telefon	238		1700	3500	Sonst. Verbindl.	VSt 19 %
Lohnsteuer und Sozialversicherung Dezember								
4120	6020	Gehälter	2.000		1741	3730	Verbindl. aus Lohn- und Kirchensteuer	keine
4120	6020	Gehälter	1.000		1742	3740	Verbindl. im Rahmen der sozialen Sicherheit	keine

Vorsteuerabzug

Ist die Rechnung vor dem 31.12. eingegangen, ist die Vorsteuer im Abschlussjahr abzugsfähig, geht die Rechnung aber erst im Januar ein, ist die Vorsteuer auf dem Konto „Vorsteuer im Folgejahr abzugsfähig" zu erfassen und erst im Folgejahr auf das Konto „Abziehbare Vorsteuer" umzubuchen, wie in Kapitel 2.5.2 „Diese Zahlen werden in die Formulare eingetragen" beschrieben.

Bilanz				
Vermögen (Aktiva)		**Kapital (Passiva)**		
Vorsteuer		**Kapital**		
+ VSt Telefonrechnung	38 €	– Verlust	– 3.200 €	
Stand nachher	**38 €**	Stand nachher	**– 3.200 €**	
		Verbindlichkeiten Lohnsteuer		
		+ Lohnsteuer Dezember	2.000 €	
		Stand nachher	**2.000 €**	
		Verbindlichkeiten Sozialvers.		
		+ Sozialvers. Dezember	1.000 €	
		Stand nachher	**1.000 €**	
		Sonstige Verbindlichkeiten		
		+ Telefon Dezember	+ 238 €	
		Stand nachher	**238 €**	
Bilanzsumme	38 €	Bilanzsumme	38 €	

Gewinn- und Verlust-Rechnung			
Aufwendungen		**Erlöse**	
Gehälter	3.000 €	Verlust	3.200 €
Telefonkosten	200 €		
Summe	3.200 €	Summe	3.200 €

11.6 Umsatzsteuer laufendes Jahr

Im laufenden Jahr wird die herausgerechnete Umsatzsteuer bzw. Vorsteuer auf gesonderten Konten erfasst. Auch die Umsatzsteuer-Vorauszahlungen werden getrennt von den Umsatzsteuer-Nachzahlungen oder Erstattungen aus Vorjahren erfasst.

Die Umsatzsteuer-Vorauszahlungen für die Monate Dezember und ggf. auch von November sind über das Konto „Sonstige Verbindlichkeiten" einzubuchen.

Am Jahresende wird die Umsatzsteuer verprobt, die Umsatzsteuer-Verbindlichkeit oder -Forderung ermittelt und auf einem Konto zusammengefasst.

Die Umsatzsteuer-Zahllast wird auf dem Konto „Umsatzsteuer laufendes Jahr" und eine Erstattung auf dem Konto „Steuerüberzahlungen" ausgewiesen, wie in Kapitel 4.7 „Sonstige Vermögensgegenstände" beschrieben.

Dieser Wert muss mit der ermittelten Zahllast oder Erstattung Ihrer Umsatzsteuererklärung übereinstimmen.

> **Tipp:**
>
> Bevor Sie die Umbuchungen erledigen, sollten Sie mit der Finanzkasse die Vorauszahlungen abstimmen. Dazu benötigen Sie Ihre Steuernummer sowie die von Ihnen errechnete Summe der Umsatzsteuer-Vorauszahlungen.

Die folgenden Beispiele sollen die Auswirkungen von möglichen Fehlbuchungen zeigen.

Fehlbuchung	Auswirkung
Umsatzsteuer-Vorauszahlungen werden auf „Umsatzsteuer laufendes Jahr" gebucht.	Die Umsatzsteuer-Vorauszahlungen erscheinen nicht in der Umsatzsteuererklärung.
Die Sondervorauszahlung 1/11 wird auf das Konto „Umsatzsteuer-Vorauszahlungen" gebucht.	Das 1/11 wird in der Umsatzsteuer-Voranmeldung von Dezember nicht automatisch erfasst.
Die Umsatzsteuer-Vorauszahlung für Dezember 2009 wird im Februar 2010 auf „Umsatzsteuer-Vorauszahlungen" gebucht.	Das verfälscht die Vorauszahlungen für das aktuelle Jahr.

11.6.1 Korrektur der Umsatzsteuer-Voranmeldung

Wenn Sie monatlich oder vierteljährlich Umsatzsteuer-Voranmeldungen abgeben, sollte es im Rahmen des Jahresabschlusses nicht zu hohen Nachzahlungen kommen.

In diesem Fall sollten Sie die Umsatzsteuer-Voranmeldung vom Dezember bzw. dem letzten Quartal korrigieren. Das Finanzamt sieht eine korrigierte Umsatzsteuer-Voranmeldung von Dezember lieber als eine Umsatzsteuererklärung mit einer hohen Nachzahlung.

11.6.2 Bilanzansatz

Verbindlichkeiten aus Umsatzsteuer
Soll-Versteuerung
+ Umsatzsteuer aller geschriebenen Rechnungen des Abschlussjahres (Aufträge im Abschlussjahr abgeschlossen)
Oder Ist-Versteuerung
+ Umsatzsteuer aller Rechnungen, die Ihre Kunden im Abschlussjahr gezahlt haben (Geldeingänge im Abschlussjahr)
– Vorsteuer im Abschlussjahr abzugsfähig
– Vorauszahlungen lt. Umsatzsteuer-Voranmeldungen
+ Erstattungen lt. Umsatzsteuer-Voranmeldungen
= Umsatzsteuer-Zahllast oder Erstattung

11.6.3 Buchung und bildliche Darstellung

Beispiel:

Siehe CD-ROM

Im Rahmen des Jahresabschlusses wird die Umsatzsteuer verprobt. Fassen Sie bitte folgende Zahlen zusammen und ermitteln Sie die Umsatzsteuer-Zahllast des Abschlussjahres. Abziehbare Vorsteuer 19 % 4.000 Euro, Umsatzsteuer 19 % 19.000 Euro und Umsatzsteuer-Vorauszahlungen 14.000 Euro. Wie ist zu buchen?

Die Umsatzsteuer-Zahllast beträgt 1.000 Euro, die Umsatzsteuer 19.000 Euro abzüglich der Vorsteuer 4.000 Euro und abzüglich der Vorauszahlungen 14.000 Euro.

Buchungen

Konto SKR 03 Soll	Konto SKR 04 Soll	Konten-bezeichnung	Betrag	an	Konto SKR 03 Haben	Konto SKR 04 Haben	Konten-bezeichnung	USt oder VSt
1789	3840	Umsatzsteuer laufendes Jahr	4.000		1576	1406	Vorsteuer 19 %	keine
1789	3840	Umsatzsteuer laufendes Jahr	14.000		1780	3820	Umsatzsteuer - Vorauszahlun-gen	keine
1776	3806	Umsatzsteuer 19 %	19.000		1789	3840	Umsatzsteuer laufend. Jahr	keine

311

Bilanz			
Vermögen (Aktiva)		Kapital (Passiva)	
Vorsteuer		**Kapital**	
Stand vorher	4.000 €	Stand	**– 1.000 €**
– Umbuchung	– 4.000 €	**Umsatzsteuer**	
Stand nachher	**0 €**	Stand vorher	19.000 €
Umsatzsteuer-Vorauszahlungen		– Umbuchung	– 19.000 €
Stand vorher	14.000 €	Stand nachher	**0 €**
– Umbuchung	– 14.000 €	**Umsatzsteuer laufendes Jahr**	
Stand nachher	**0 €**	+ Umsatzsteuer	+ 19.000 €
		– Vorsteuer	– 4.000 €
		– USt-Vorauszahlungen	– 14.000 €
		Stand nachher	**1.000 €**
Bilanzsumme	0 €	Bilanzsumme	0 €

12 Latente Steuern

Beim Jahresabschluss werden die tatsächlichen Steuern ermittelt und anschließend in der Steuer- sowie in der Handelsbilanz gebucht. Latente Steuern gibt es nur in der Handelsbilanz, aber auch nicht in jeder.

Wer ist davon betroffen?

Bisher besteht für alle Kapitalgesellschaften eine Passivierungspflicht für latente Steuern sowie ein Aktivierungswahlrecht, § 274 HGB. Nach dem neuen Handelsrecht gilt das nur noch für mittelgroße und große Kapitalgesellschaften. Kleine Kapitalgesellschaften sind von dieser Regelung befreit, § 274 a HGB (neu).

In welchem Fall sind latente Steuern zu erfassen?

Wie in Kapitel 1.2.4 „Bilanz nach Steuer- und Handelsrecht" beschrieben, kann es zu Differenzen zwischen Steuer- und Handelsbilanz kommen. Wenn dies der Fall ist, sind ggf. in der Handelsbilanz latente Steuern zu buchen.

Latente Steuern sind aber nicht bei allen Differenzen zu erfassen. Daher ist zunächst zu prüfen, wodurch es zu den Differenzen kam. Bei zeitlich begrenzten Differenzen sind ggf. latente Steuern zu buchen, bei permanenten Differenzen nicht.

12.1 Permanente Differenzen – keine latenten Steuern

Beispiel:

Das Unternehmen erwirtschaftete im Abschlussjahr steuerfreie Erlöse, die natürlich in der Handelsbilanz gebucht wurden. D. h. das Handelsbilanzergebnis ist höher als das zu versteuernde Ergebnis. In diesem Fall werden im Abschlussjahr tatsächlich weniger Steuern anfallen, die auch in Folgejahren nicht anfallen werden.

Liegen permanente Differenzen vor, sind keine Rückstellungen für latente Steuern zu bilden.

Weitere Gründe für permanente Differenzen

Bewirtungskosten buchen Sie in der Handelsbilanz in voller Höhe. Da das Steuerrecht diese Kosten nur zu 70 % anerkennt, werden 30 % der Bewirtungskosten dem Gewinn wieder hinzugerechnet. In diesem Fall wird das steuerliche Ergebnis höher sein und es werden tatsächlich mehr Steuern anfallen, die auch in den Folgejahren nicht erstattet werden. D. h. bei nicht abzugsfähigen oder begrenzt abzugsfähigen Betriebsausgaben kommt es zu permanenten Differenzen.

12.2   Zeitlich begrenzte Differenzen

Beispiel:

Wird ein Gebäude in der Handelsbilanz mit einer kürzeren Nutzungsdauer abgeschrieben als in der Steuerbilanz, weichen die Ergebnisse der einzelnen Abschreibungsjahre voneinander ab. Aber in beiden Bilanzen werden die tatsächlichen Anschaffungskosten den Gewinn im Laufe der Jahre mindern, eben nur zu unterschiedlichen Zeiten.

Liegen zeitlich begrenzte Differenzen vor, sind ggf. latente Steuern zu buchen.

Weitere Gründe für zeitlich begrenzte Differenzen

In der Handelsbilanz können bisher Ingangsetzungskosten (Bilanzierungshilfen) aktiviert und abgeschrieben werden. Da das Steuerrecht Bilanzierungshilfen verbietet, sind diese Kosten in der Steuerbilanz als Aufwand zu erfassen. In diesem Fall ist das zu versteuernde Ergebnis zunächst niedriger. Aber schon im Folgejahr wird das Handelsbilanzergebnis durch die Abschreibung niedriger sein. D. h. hier werden die Aufwendungen lediglich zu unterschiedlichen Zeiten anfallen. In der neuen Handelsbilanz dürfen immaterielle Vermögensgegenstände aktiviert werden, während diese Kosten in der Steuerbilanz weiterhin direkt als Aufwand zu erfassen sind. Die Berücksichtigung von Preissteigerungen bei Verbindlichkeiten, die Abzinsung von Rückstellungen zu unterschiedlichen Zinssätzen, Drohverlustrückstellungen und vieles mehr führen zu zeitlich begrenzten Differenzen. D. h. dies geschieht immer dann, wenn die Ergebnisse über mehrere Jahre gesehen gleich sind.

> **Achtung:**
> Im Bereich der latenten Steuern gibt es in der neuen Handelsbilanz grundsätzliche Änderungen. Wie bisher sind latente Steuern nur zu erfassen, wenn zeitlich begrenzte Differenzen vorliegen. Alles andere wird sich ändern.

Sie erhalten zunächst einen Überblick über das bisherige Recht und erst danach über die Änderungen für die neue Handelsbilanz.

12.3 Latente Steuern bisher

Hier werden die Ergebnisse von Steuer- und Handelsbilanz verglichen. Liegen zeitlich begrenzte Differenzen vor, sind in der Handelsbilanz ggf. latente Steuern zu buchen.

Die tatsächliche Steuerlast ist bereits ermittelt und gebucht. Durch das Erfassen von latenten Steuern werden die Steuern in der Handelsbilanz dem Ergebnis angepasst. Was heißt das?

Die ausgewiesene Steuer in der Handelsbilanz soll dem Ergebnis der Handelsbilanz entsprechen.

12.3.1 Bilanzansatz

Aktivierungswahlrecht

Die tatsächlichen Steuern sind höher als die Steuern gemäß Handelsbilanz. In diesem Fall ist das Handelsbilanzergebnis niedriger und müsste gar nicht so hohe Steuern ausweisen. Durch folgende Buchung wird die Steuer in der Handelsbilanz gemindert.

„Aktive latente Steuern an z. B. Körperschaftssteuer"	Buchung

Passivierungspflicht

Die tatsächlichen Steuern sind niedriger als die Steuern gemäß Handelsbilanz. In diesem Fall ist das Handelsbilanzergebnis höher und muss höhere Steuern ausweisen. Durch folgende Buchung wird die Steuer in der Handelsbilanz erhöht.

Buchung

> „z. B. Körperschaftssteuer an Rückstellungen für latente Steuern"

12.3.2 Buchung und bildliche Darstellung bisher

In den folgenden Beispielen wird von zeitlich begrenzten Differenzen ausgegangen. Zur besseren Übersicht wird bei der Berechnung von latenten Steuern von einem fiktiven Steuersatz von 30 % ausgegangen.

Aktivierungs-wahlrecht

Sind die tatsächlichen Steuern höher als die Steuern gemäß Handelsbilanz, besteht ein Aktivierungswahlrecht

Siehe CD-ROM

Beispiel:

Im laufenden Jahr haben Sie ein Geschäft abgeschlossen, das Ihnen einen Verlust in Höhe von 20.000 Euro bescheren wird. D. h. Sie haben mit Ihrem Kunden vertraglich vereinbart, Produkte für 60.000 Euro zu verkaufen. Leider sind die Preise für die Rohstoffe am Markt so gestiegen, dass Sie für diesen Auftrag Kosten in Höhe von 80.000 Euro haben werden. In diesem Fall verlangt das Handelsrecht eine Drohverlustrückstellung, die das Steuerrecht verbietet. Wie hoch ist die latente Steuer und wie ist zu buchen?

Durch die Rückstellung ist das Ergebnis der Handelsbilanz um 20.000 Euro niedriger. Im Rahmen der Jahresabschlussarbeiten wurden die tatsächlichen Steuern in Höhe von 30.000 Euro gebucht.

	Handelsbilanz	Steuerbilanz
Gewinn	80.000 €	100.000 €
Ertragssteuer 30 %	24.000 €	30.000 €
tatsächliche Steuern	30.000 €	30.000 €
latente Steuern	- 6.000 €	
Gewinn nach Steuern	56.000 €	70.000 €

Nach dem Ergebnis der Handelsbilanz würden aber theoretisch nur Steuern in Höhe von 24.000 Euro anfallen. Es besteht nun das Wahlrecht die Steuern in der Handelsbilanz zu korrigieren.

Buchung

Konto SKR 03 Soll	Konto SKR 04 Soll	Konten-bezeichnung	Betrag	an	Konto SKR 03 Haben	Konto SKR 04 Haben	Konten-bezeichnung	USt oder VSt
0983	1950	Aktive latente Steuern	6.000		2200	7600	z. B. Körper-schaftssteuer	keine

Durch die Buchung der latenten Steuern von 6.000 Euro wird die Steuerlast in der Handelsbilanz verringert.

Auszug aus Bilanz		
Vermögen (Aktiva)	Kapital (Passiva)	
	Kapital	
Aktive latente Steuern	Gewinn vorher	+ 50.000 €
+ Steuerminderung	+ 6.000 €	+ Steuerminderung	+ 6.000 €
Stand nachher	**6.000 €**	Gewinn nachher	**56.000 €**
	Rückstellung tatsächliche Steuern	
	Stand	30.000 €

Beispiel:

Im nächsten Jahr wird der Verlust realisiert und die Drohverlustrück-stellung ist aufzulösen. Wie ist die Auflösung der Aktiven latenten Steuern zu buchen?

Buchung

Konto SKR 03 Soll	Konto SKR 04 Soll	Konten-bezeichnung	Betrag	an	Konto SKR 03 Haben	Konto SKR 04 Haben	Konten-bezeichnung	USt oder VSt
2250	7650	Aufwendungen aus der Auflösung von latenten Steu-ern	6.000		0983	1950	Aktive latente Steuern	keine

Durch diese Buchung wird die Position „Aktive latente Steuern" aus der Bilanz verschwinden. Gleichzeitig wird der Gewinn gemindert.

Sind die tatsächlichen Steuern niedriger als die Steuern gemäß Handelsbilanz, besteht Passivierungspflicht.

Passivierungs-pflicht

Siehe CD-ROM

Beispiel:

Das Ergebnis der Handelsbilanz ist um 10.000 Euro höher als das der Steuerbilanz. Es wurden Bilanzierungshilfen aktiviert, die das Steuerrecht verbietet. Wie hoch ist die latente Steuer und wie ist zu buchen?

Im Rahmen der Jahresabschlussarbeiten wurden die tatsächlichen Steuern in Höhe von 27.000 Euro gebucht.

	Handelsbilanz	Steuerbilanz
Gewinn	100.000 €	90.000 €
Ertragssteuer 30 %	30.000 €	27.000 €
tatsächliche Steuern	27.000 €	27.000 €
latente Steuern	3.000 €	
Gewinn nach Steuern	70.000 €	63.000 €

Nach dem Ergebnis der Handelsbilanz sind aber Steuern in Höhe von 30.000 Euro zu buchen. Es besteht nun die Pflicht, die Steuern in der Handelsbilanz zu korrigieren.

Buchung

Konto SKR 03 Soll	Konto SKR 04 Soll	Kontenbezeichnung	Betrag	an	Konto SKR 03 Haben	Konto SKR 04 Haben	Kontenbezeichnung	USt oder VSt
2200	7600	z. B. Körperschaftssteuer	3.000		0963	3060	Rückstellungen für latente Steuern	keine

Durch die Buchung der latenten Steuern von 3.000 Euro werden die Steuern erhöht, sodass die ausgewiesene Steuer dem Handelsbilanzergebnis entspricht.

Auszug aus Bilanz	
Vermögen (Aktiva)	Kapital (Passiva)
	Kapital
	Gewinn vorher + 73.000 €
	– Steuererhöhung – 3.000 €
	Gewinn nachher **70.000 €**
	Rückstellung tatsächliche Steuern
	Stand 27.000 €
	Rückstellung latente Steuern
	+ Steuererhöhung + 3.000 €
	Stand nachher **3.000 €**

12.4 Latente Steuern neu

Bisher wurden die Ergebnisse von Steuer- und Handelsbilanz verglichen und ggf. latente Steuern erfasst. In der neuen Handelsbilanz werden jeweils die einzelnen Bilanzpositionen von Steuer- und Handelsbilanz verglichen. Liegen hier Ansatzdifferenzen vor, die zeitlich begrenzt sind, werden ggf. latente Steuern erfasst, § 274 HGB (neu).

12.4.1 Bilanzansatz neu

Die aktiven und passiven latenten Steuern werden in der Bilanz gesondert unter den Rechnungsabgrenzungsposten ausgewiesen, § 266 HGB (neu). In der neuen Handelsbilanz wird es die Position „Rückstellungen für latente Steuern" nicht mehr geben.

Es gibt nur noch „Aktive latente Steuern (Aktiva)" und „Passive latente Steuern (Passiva)", wie das Schaubild im Kapitel 1.2.2 „Bilanz mit Gewinn- und Verlust-Rechnung" zeigt.

Sie können die latenten Steuern saldieren und in einer Summe oder getrennt voneinander ausweisen, d. h. die aktiven latenten Steuern getrennt von den passiven latenten Steuern.

319

In der Gewinn- und Verlustrechnung sind die laufenden Steuern getrennt von den latenten Steuern auszuweisen Und im Anhang sind beide Bilanzpositionen zu erläutern. Es muss ersichtlich sein, wie die Zahlen zustande kommen.

Aktive latente Steuern (Wahlrecht)

In der Handelsbilanz wird das Vermögen niedriger bzw. das Fremdkapital höher als in der Steuerbilanz ausgewiesen. Durch folgende Buchung werden die Steuern in der Handelsbilanz gemindert.

Buchung

> „Aktive latente Steuern an Latente Steuern (Ertrag)"

Passive latente Steuern (Pflicht)

In der Handelsbilanz wird das Vermögen höher bzw. das Fremdkapital niedriger als in der Steuerbilanz ausgewiesen. Durch folgende Buchung werden die Steuern in der Handelsbilanz erhöht.

Buchung

> „Latente Steuern (Aufwand) an Passive latente Steuern"

Hier wird jeweils aus der Ansatzdifferenz die Steuer ermittelt.

12.4.2 Buchung und bildliche Darstellung

In den folgenden Beispielen wird von zeitlich begrenzten Differenzen ausgegangen und für die Berechnung von latenten Steuern wird von einem fiktiven Steuersatz von 30 % ausgegangen.

Aktivierungs-wahlrecht

Wird das Vermögen in der Handelsbilanz niedriger bzw. das Fremdkapital höher als in der Steuerbilanz ausgewiesen, besteht ein Aktivierungswahlrecht.

Siehe CD-ROM

Beispiel:

Gehen wir vom gleichen Fall aus wie im vorherigen Beispiel beschrieben. In der Handelsbilanz ist eine Drohverlustrückstellung zu bilden, die das Steuerrecht verbietet. Wie hoch ist die latente Steuer und wie ist zu buchen?

Durch die Rückstellung wird das Fremdkapital in der Handelsbilanz um 20.000 Euro höher als in der Steuerbilanz ausgewiesen.

	Handelsbilanz	Steuerbilanz
Bilanzansatz Rückstellung	20.000 €	0 €
latente Steuern	- 6.000 €	

Es besteht nun das Wahlrecht, die Steuern in der Handelsbilanz zu buchen.

Buchung

Konto SKR 03 Soll	Konto SKR 04 Soll	Konten- bezeichnung	Betrag	an	Konto SKR 03 Haben	Konto SKR 04 Haben	Konten- bezeichnung	USt oder VSt
0983	1950	Aktive latente Steuern	6.000		2255	7649	Erträge aus Zuführung / Auflösung latente Steuern	keine

Die Buchung von aktiven latenten Steuern erhöht den Handelsbilanzgewinn.

Wird das Vermögen in der Handelsbilanz höher bzw. das Fremdkapital niedriger als in der Steuerbilanz ausgewiesen, besteht Passivierungspflicht.

Passivierungspflicht

Beispiel:

In der neuen Handelsbilanz wird vom Wahlrecht Gebrauch gemacht, einen immateriellen Vermögensgegenstand zu aktivieren, was das Steuerrecht nach wie vor verbietet. Die selbst hergestellte Software im Wert von 15.000 Euro wird aktiviert. Wie hoch ist die latente Steuer und wie ist zu buchen?

Siehe CD-ROM

Durch die Aktivierung wird das Vermögen in der Handelsbilanz um 15.000 Euro höher als in der Steuerbilanz ausgewiesen.

	Handelsbilanz	Steuerbilanz
Bilanzansatz Software	15.000 €	0 €
latente Steuern	- 4.500 €	

Es besteht nun die Pflicht, die Steuern in der Handelsbilanz zu buchen.

Buchung

Konto SKR 03 Soll	Konto SKR 04 Soll	Konten-bezeichnung	Betrag	an	Konto SKR 03 Haben	Konto SKR 04 Haben	Konten-bezeichnung	USt oder VSt
2250	7645	Aufw. aus Zuführung / Auflösung latente Steuern	4.500				Passive latente Steuern	keine

Die Buchung von passiven latenten Steuern mindert den Handelsbilanzgewinn.

Auszug aus Bilanz		
Vermögen (Aktiva)	Kapital (Passiva)	
	Kapital	
	Gewinn vorher	
	+ Gewinnerhöhung (ALS)	+ 6.000 €
	– Gewinnminderung (PLS) - 4.500 €	
	Gewinn nachher	
Aktive latente Steuern 6.000 €	**Passive latente Steuern**	4.500 €

Gewinn- und Verlust-Rechnung		
Aufwendungen	Erlöse	
Aufw.Zuführung latente St. 4.500 €	Ertrag Zuführung latente St.	6.000 €
Verlust 1.500 €		
Summe 6.000 €	Summe	6.000 €

Sobald die richtigen Kontonummern bekannt sind, finden Sie diese unter www.iris-thomsen.de.

Stichwortverzeichnis

In 45 Minuten zum Erfolg

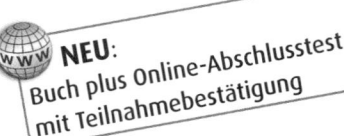